云南未来 10～30 年气候变化预估及其影响评估报告

《云南未来 10～30 年气候变化预估及其影响评估报告》
编写委员会 编著

气象出版社
China Meteorological Press

内容简介

本书在科学研究基础上，综合归纳了国内外有关云南气候变化科学研究成果，在现有科学认知水平上，概述了云南气候变化基本特征、气候变化对主要领域的影响，并对不同温室气体排放情景下云南未来10～30年降水、气温、极端天气气候事件以及气象灾害变化趋势进行预估，在此基础上进一步分析气候变化对云南主要领域可能产生的影响，并提出了适应对策建议。

本书内容共分两篇：第一篇为基本事实，共7章，主要描述云南气候变化的基本事实、主要变化特征和未来变化的可能趋势；第二篇为影响与适应，共6章，主要就气候变化对云南农业、水资源、生态系统和生物多样性、能源等领域的影响进行评估、预估，提出可供选择的适应对策建议。

本书可供各级决策部门以及气候、气象、经济、水文、生态、农业、林业、能源等领域的科研与教学人员参考使用。

图书在版编目(CIP)数据

云南未来10～30年气候变化预估及其影响评估报告/
《云南未来10～30年气候变化预估及其影响评估报告》编写委员会编著. —北京：气象出版社，2014.8
ISBN 978-7-5029-5976-0

Ⅰ.①云…　Ⅱ.①云…　Ⅲ.①气候变化-影响-评估-研究报告-云南省　Ⅳ.①P468.274

中国版本图书馆 CIP 数据核字(2014)第 181388 号

出版发行：气象出版社
地　　　址：北京市海淀区中关村南大街 46 号　　邮政编码：100081
总 编 室：010-68407112　　　　　　　　　发 行 部：010-68409198
网　　　址：http://www.cmp.cma.gov.cn　　E-mail：qxcbs@cma.gov.cn
责任编辑：陈　红　　　　　　　　　　　　终　　审：黄润恒
封面设计：易普锐创意　　　　　　　　　　责任技编：吴庭芳
印　　　刷：北京地大天成印务有限公司
开　　　本：787 mm×1092 mm　1/16　　　印　　张：14.75
字　　　数：370 千字
版　　　次：2014 年 9 月第 1 版　　　　　　印　　次：2014 年 9 月第 1 次印刷
定　　　价：65.00 元

《云南未来10～30年气候变化预估及其影响评估报告》
编写委员会

编写领导小组

组　　长：程建刚（云南省气象局局长）

　　　　　宋连春（国家气候中心主任）

副组长：方　虹　　刘洪滨

成　　员：朱　勇　　徐　影　　朱天禄　　黄　玮

　　　　　黄　磊　　周波涛　　王学锋

编写专家组

组　　长：程建刚　　宋连春

副组长：黄　玮　　徐　影

成　　员：朱　勇　　高学杰　　王学锋　　王建彬　　李　蒙

　　　　　董思言　　张明达　　姚　愚　　李　蕊　　李柔珂

　　　　　许崇海　　郑建萌　　周建琴　　戴丛蕊　　顾本文

　　　　　王美丽　　刘　瑜　　舒康宁　　石　英

《云南未来10~30年气候变化预估及其影响评估报告》
评审专家

终审专家：丁一汇（中国工程院院士，曾任政府间气候变化专门委员会（IPCC）第一工作组联合主席）

预审、初审、复审专家（按姓氏拼音排序）：

毕宝贵（正研级高级工程师，国家气象中心主任）

曹　杰（教授，云南大学资源环境与地球科学学院副院长）

陈振林（中国气象局应急减灾与公共服务司司长）

刘洪滨（研究员，国家气候中心副总工程师）

罗　勇（教授，清华大学地球系统科学研究中心副主任）

罗云峰（研究员，中国气象局科技与气候变化司司长）

普建辉（云南省人民政府副秘书长）

任国玉（研究员，国家气候中心首席专家）

吴　涧（教授，云南大学资源环境与地球科学学院院长）

晏红明（研究员，云南省气象局首席预报员）

杨光波（中共云南省委农办副主任）

杨凯民（中共云南省委政策研究室副主任）

杨士吉（云南省人民政府政策研究室党组书记）

赵宗慈（教授，清华大学地球系统科学研究中心）

郑维川（教授，云南省人大法制委员会主任委员）

序　言

以气候变暖为主要特征的全球气候变化已经是不争的事实,气候变化导致灾害性气候事件频发,冰川和积雪融化加速,水资源分布失衡,生物多样性受到威胁。应对全球气候变化是涵盖环境、科技、经济、政治和外交等诸多领域的重大战略问题,是世界各国和地区面临的重大共同挑战和拥有的重大共同利益。

我国是受气候变化影响最大的国家之一,应对全球气候变化是党中央、国务院的重大战略部署。科学应对气候变化,需要探索和把握气候规律,坚持适应和减缓并举,趋利和避害并重,减轻气候变化对自然生态系统和经济社会系统的影响。对气候变化预估及其影响的研究越深入,对气候变化及其影响规律的认识越深刻,应对气候变化的决策和行动越具有坚实的科学基础。

云南省气候和生态的多样性和脆弱性并存,是对气候变化最为敏感的区域之一,提高云南应对气候变化能力更为必要和紧迫。云南省委、省政府高度重视应对气候变化问题,积极应对推动经济社会发展和保护生态环境的双重压力。云南省气象局联合国家气候中心开展了云南未来 10～30 年气候变化预估及其影响研究,形成了《云南未来 10～30 年气候变化预估及其影响评估报告》。这是云南省科学应对气候变化的一项十分重要的基础性工作。

云南省位于青藏高原东南侧,属于我国低纬度高原地区,以其南北向发育、东西向展布的巨大山系和深切河谷为特征,构成了全球独一无二的纵向山系河谷景观。显然,这种独特的下垫面条件,对气候系统的影响将同时起着东西向的阻隔作用和南北向的通道作用。相应低纬度高原地区的云南天气和气候呈现出这种阻隔和通道作用下的一些显著特征和规律。云南气候变化的观测事实及其影响,也必然存在局部性差异。评估报告首次全面、综合归纳了国内外有关云南气候变化科学研究成果,概述了云南气候变化基本特征和规律、气候变化对主要领域的影响,给出了云南未来 10～30 年不同温室气体排放情景下降水、气温、极端天气气候事件以及气象灾害变化趋势,分析了气候变化对云南主要领域可能产生的影响。评估报告对于未来 10～30 年气候变化预估及影响评估的阐述清晰,条理清楚,对结论中的不确定性进行了合理分析,有较高的决策参考价值和实践指导意义。评估报告对云南省增强应对气候变化能力，提高防灾减灾水平，科学有效制订经济社会发展战略和城乡建设规划，都有很高的应用价值。

我希望，云南省气象局要继续加强气候和气候变化领域的持续性、针对性研究，关注云南高原特色农业应对气候变化措施，关注生态文明建设中的气候承载力和气象灾害风险等科学问题，为云南省科学应对气候变化、防灾减灾和生态文明建设等提供更加精细化的气候服务。我也希望，气象科技工作者应当将这样的研究成果转化为公众便于理解的科普知识，使各级党委和政府各部门、社会经济组织、社会公众采取科学应对气候变化的正确行动。

中国气象局局长 郑国光

2014 年 4 月于北京

前　言

　　气候变化问题是人类 21 世纪面临的严峻挑战,全球共同应对气候变化已是大势所趋。政府间气候变化专门委员会(IPCC)第五次评估报告指出,全球气候变暖的事实是毋庸置疑的,自 1950 年以来,气候系统观测到的许多变化是过去几十年甚至近千年以来史无前例的。持续的气候变暖已经对全球的生态系统以及社会经济系统产生了广泛和深远的影响,极端天气气候事件的频繁发生以及气候突变发生的潜在可能性将造成地球及其生态系统对人类社会承载能力的降低,如食物、水和能源供应的匮乏等,进而对人类生存和发展产生重大影响。在全球变暖背景下,云南气候出现了以气温升高及极端天气气候事件增多、增强为主要特征的变化,各种气象及衍生灾害频发。气候变化已对云南的生物多样性、水资源和农业生产等领域产生了不利影响,成为经济社会可持续发展面临的重大挑战。

　　云南省地处中国西南边陲,全境东西最大横距 864.9 千米,南北最大纵距 990 千米,总面积 39.4 万平方千米。云南省地势由北向南呈阶梯状下降,与纬度降低的方向一致,高纬度与高海拔结合、低纬度和低海拔相一致的特点,加剧了云南南北之间的气候差异。从整个位置看,北依广袤的亚洲大陆,南临辽阔的印度洋及太平洋,正好处在东南季风和西南季风控制之下,又受西藏高原区的影响,从而形成了复杂多样的自然地理环境。云南气候、生态的多样性和脆弱性并存,是对气候变化最为敏感的区域之一。在全球变暖背景下,由于云南地理、地貌和气候的复杂性,必然产生在全球变暖大趋势下的差异,这种差异会在什么样的水平,对哪些行业产生了什么样的影响,未来的气候变化趋势如何,将会导致气象灾害什么样的变化,会对未来国民经济和社会发展产生什么样的影响,应该采取什么样的适应对策,这些问题都直接影响着云南的可持续发展,因此,开展云南气候变化影响评估及适应对策研究工作有其必要性、重要性和紧迫性。

　　云南省委、省政府高度重视应对气候变化工作,把积极应对气候变化作为经济社会发展的重大战略。为了给云南科学决策和妥善部署应对气候变化各项工作提供科学依据,云南省气象局根据中共云南省委、省政府的指示,组织科技人员与国家气候中心联合开展了云南未来 10~30 年气候变化及其影响的研究。在以丁一汇院士为首的多名知名气候变化专家的指导下,经过云南省气象局与国家气候中心科技人员的共同努力,完成了《云南未来10～30年气候变化预估及其影响评估报告》(以下简称《报告》)。《报告》采用专题研究与文献评估相结合的方法,利用 IPCC 第五次评估报告的最新资料和数据,深入分析了云南近50年来气候变化的情况和对经济社会的影响,并对云南未来10～30年气候变化趋势及可能的影响进行了预估,有针对性地提出了云南适应气候变化的对策和建议。整个报告建立在完备的科学理论和坚实的观测数据基础上,首次全面、综合归纳了国内外有关云南气候变化科学研究成果。《报告》内容共分两篇:第一篇为基本事实,共7章,主要描述云南气候变化的基本事实、主要变化特征和未来变化的可能趋势;第二篇为影响与适应,共6章,主要就气候变化对云南农业、水资源、生态系统和生物多样性、能源等领域的影响进行评估、预估,提出可供选择的适应对策建议。

本《报告》在编写过程中,自始至终得到丁一汇(中国工程院院士)、郑维川(教授,云南省人大法制委员会主任委员)、罗云峰(研究员,中国气象局科技与气候变化司司长)、陈振林(中国气象局应急减灾与公共服务司司长)、毕宝贵(正研级高级工程师,国家气象中心主任)、普建辉(云南省人民政府副秘书长)、刘洪滨(研究员,国家气候中心副总工程师)、任国玉(研究员,国家气候中心首席专家)、罗勇(教授,清华大学地球系统科学研究中心副主任)、赵宗慈(教授,清华大学地球系统科学研究中心)、杨士吉(云南省人民政府政策研究室党组书记)、杨光波(中共云南省委农办副主任)、杨凯民(中共云南省委政策研究室副主任)、吴涧(教授,云南大学资源环境与地球科学学院院长)、曹杰(教授,云南大学资源环境与地球科学学院副院长)等专家的指导和帮助,在此一并表示感谢。

特别感谢中国气象局郑国光局长,他对云南气候变化工作给予了全面的关心和帮助,在百忙中审阅全书,并作序。

气候变化是一项长期的、全球性的问题,更是一个跨学科的极其复杂的科学问题。本《报告》虽力求组织国内相关领域的专家参与编写,但由于涉及面广,尤其云南不同地区气候变化影响及其脆弱性和适应性存在明显的时空差异、不确定性和复杂性,相关的研究还需进一步深入,不足之处在所难免,恳请广大读者批评指正,以便我们在后续报告中加以改进。

编　者
2014 年 3 月

目 录

第二篇　影响与适应

第一篇　基本事实

第 1 章　绪　论

1.1　国际气候变化评估报告介绍

气候变化已成为当今国际社会普遍关注的全球性问题。科学家们认为气候变化会造成严重的甚至不可逆转的破坏风险，并认为缺乏充分的科学确定性不应成为推迟采取行动的借口。决策者们需要了解有关气候变化成因、潜在环境和社会经济影响，以及可能的对策。因此，1988 年 11 月，WMO（世界气象组织）和 UNEP（联合国环境规划署）成立了政府间气候变化专门委员会（IPCC），在全面、客观、公开和透明的基础上，对世界上有关全球气候变化最好的现有科学、技术和社会经济信息进行评估。截至目前，IPCC 已相继推出了五次关于气候变化的科学规律、社会经济影响以及适应与减缓对策的科学报告。这些报告已成为国际社会认识和了解气候变化问题的主要科学依据，并为政府决策者提供重要的科学咨询意见。

IPCC 下设三个工作组和一个专题组：第一工作组主要负责评估气候系统和气候变化的科学问题；第二工作组主要负责评估社会经济体系和自然系统对气候变化的脆弱性、气候变化正负两方面的后果和适应气候变化的选择方案；第三工作组主要负责评估限制温室气体排放并减缓气候变化的选择方案；国家温室气体清单专题组主要负责 IPCC《国家温室气体清单》计划。至今，IPCC 共发布了五次评估报告：《第一次评估报告》于 1990 年发表，报告确认了有关气候变化问题的科学基础。它促使联合国大会做出制定《联合国气候变化框架公约（UNFC-CC）》的决定，公约于 1994 年 3 月生效；《第二次评估报告》于 1995 年发表，并提交给了 UNF-CCC 第二次缔约方大会，并为公约的《京都议定书》会议谈判做出了贡献；《第三次评估报告》（2001 年）为各国政府制定应对气候变化的政策，为实现《联合国气候变化框架公约》目标提供了客观的科学信息，也是 2002 年第二次地球首脑峰会宣言的重要基础；《第四次评估报告》于 2007 年初发布，这一报告综合、系统、全面地评估了气候变化的最新研究结果。尽管气候变化在科学上还存在许多不确定性，但 IPCC 第四次评估报告作为国际科学界和各国政府在气候变化科学认识方面形成的共识性文件，将成为国际社会应对气候变化的重要决策依据。2013

年 9 月 27 日最新发布的联合国政府间气候变化专门委员会(IPCC)第一工作组(WGI)第五次评估报告(AR5)的决策者摘要(SPM),拉开了 IPCC 第五次评估系列报告陆续发布的序幕。下面对 IPCC 历次报告的内容及成果进行简要概述。

1.1.1 IPCC 第一次评估报告

IPCC 第一次评估报告(FAR)于 1990 年完成。报告指出过去 100 年全球平均地面温度已经上升 0.3～0.6℃,海平面上升 10～20 cm,温室气体尤其是二氧化碳由工业革命(1750—1800 年)时候的 230 ml/m³ 上升到 353 ml/m³。如果不对温室气体的排放加以控制,到 2025—2050 年,大气温室气体浓度将增加一倍左右,全球平均温度到 2025 年将比 1990 年之前升高 1℃左右,到 21 世纪末将升高 3℃左右(比工业革命前高 4℃左右)。海平面高度到 2030 年将升高 20 cm,到 21 世纪末升高 65 cm。根据上述气候变化情景,报告评估了未来气候变化对农业、林业、自然生态系统、水文和水资源、海洋与海岸带、人类居住环境、能源、运输和工业各部门、人类健康和大气质量以及季节性雪盖、冰和多年冻土层的影响,并初步提出了针对上述气候变化的响应对策。报告同时指出,预测中有很多不确定性,特别是气温变幅、时间以及区域分布等。

IPCC 第一次评估报告(IPCC,1990)主要采用不同复杂程度的大气—海洋—陆面耦合模式(CGCM)对未来气候变化进行预测,研究大气 CO_2 加倍情况下平衡态(即突然把 CO_2 含量增加到工业革命之前的 2 倍,然后积分到平衡态)的模拟结果,包括气候变化的全球和区域特征。模拟结果表明,未来 50～100 年全球平均增温 1.5～3.5 ℃。1992 年又编写了第一次评估报告的补充报告,进一步给出了 4 个海气耦合模式(AOGCM)在 CO_2 以每年增加 1%,在第 70 年左右加倍的瞬变态模拟结果,所预测的全球平均增温值比平衡态模拟略有减少。

1.1.2 IPCC 第二次评估报告

第二次评估报告(SAR,1996)的一个重要的目的是为解释《联合国气候变化框架公约》第二条提供科学技术信息。报告的主要新成果表现在四个方面:①模式预测除考虑了 CO_2 浓度增加外,还考虑了今后气溶胶浓度增长的作用(冷却作用)。结果表明,相对于 1990 年,2100 年的全球平均温度将上升 2 ℃,其范围在 1～3.5 ℃;海平面从 1990 年到 2100 年,预测将上升 50 cm,其可能变化范围在 15～95 cm,并且温度升高会加速水循环,使一些地区出现更加严重的洪涝干旱灾害,而另一些地区的灾害可能会有所减轻;②人类健康、陆地和水生生态系统以及社会经济系统对气候变化的程度和速度是敏感的,其不利影响有一些是不可逆的,而又有一些影响是有利的,因此,社会的各个不同部分会遇到不同的变化,其适应气候变化的需求也不一样;③提出了使大气温室气体浓度稳定的方法和可能措施;④提出了公平问题是制定气候变化政策、公约及实现可持续性发展的一个重要方面。报告还汇总了全球范围内气候变化对水文和水资源管理的影响,指出:①降水总量、频率、强度的变化能够直接影响径流量的大小、时间和洪涝与干旱的强度,但具体区域的影响程度尚不确定;②由于气候条件对蒸散和土壤湿度的非线性影响,尽管温度和降水出现较小的变化,但可能导致径流量较大的变化幅度,特别是一些干旱和半干旱地区;③在高纬度地区,由于降水增加会出现径流量增多,低纬度地区由于蒸散增加、降水减少的综合效应,径流量会出现减少。较强降水不仅增加径流量,而且会增大洪涝灾害的风险。气候变化情景下，由于未来淡水供需不确定性的增加，将对社会经济等诸方面产生一定的影响。在 IPCC 第二次评估报告中使用了更为广泛的全球耦合气候模式，CO_2 以每年 1％的量值增加，直到达到工业革命之前的 2 倍值，其中 2 个全球耦合模式还包括了硫化物气溶胶的直接影响。这是气候模式第一次在比较真实强迫情况下运行 CO_2 增温效应和气溶胶冷却效应的直接影响，模拟了过去并预估了未来的气候情势。其结果发现，由 CO_2 的增温作用和硫化物气溶胶的冷却作用情况下的历史模拟结果与 20 世纪气候变化特征的观测结果更为吻合。相对于 20 世纪 90 年代，21 世纪中期增温约 1.5 ℃左右。为了更全面地分析强迫情景的范围和气候敏感性的不确定性，使用了一个简单气候模式，分析了低排放、高排放等多种情景下的气候变化情景，结果表明，到 21 世纪末，全球变暖的极值范围为 1.0～4.5 ℃。当加入 IS92 排放情景中给定的人为气溶胶的可能影响后，增温范围为 1.0～3.5 ℃。

1.1.3　IPCC 第三次评估报告

第三次评估报告（TAR）于 2001 年完成，该报告的主要结果包括以下方面：①近百年温度上升的范围是 0.4～0.8 ℃，比第二次评估报告中的值提高 0.1 ℃，卫星和探空资料也证实了这种变暖的一致性。这种变暖值是近千年甚至近万年最显著的。20 世纪海平面上升了 10～20 cm，极端天气气候事件（暴雨、干旱等）有一定增加的趋势，可能与全球变暖有关。21 世纪全球平均气温将继续上升，预测达到 2.5 ℃，可能范围为 1.4～5.8 ℃。这个结果与第一次和第二次评估报告的结果没有太大差别。海平面上升预测为 0.1～0.9 m。②综合了气候变化对自然和人类系统的影响及其脆弱性。气候变化对河川径流量的影响主要取决于未来的气候情景，特别是降水的预测结果。对多数气候情景，较为一致的结论是：高纬度地区和东南亚地区，年平均径流量将增加，而在中亚、地中海近邻区、非洲南部和澳洲将减少，然而，不同模型所预测的变化程度不同。在其他地区，由于对降水和蒸发预测结果存在差异，而且蒸发可以抵消降水的增加，因此，预测的河川径流量的变化尚无一致的结论。另外，在流域范围内，气候变化的影响随流域的自然特性和植被的不同而变化。③提出了减缓措施和对策建议，特别是限制或减少温室气体排放和增加"汇"的对策；减缓行动的内容、规模和时间依赖于社会、经济与技术发展水平，温室气体排放水平和大气温室气体浓度稳定的可能水平等。IPCC 的第三次评估报告中采用了新的排放情景（SRES A1，A2，B1，B2），利用改进的更复杂的海气耦合模式和简化的海气耦合模式重新对未来 100 年气候变化进行预测。结果表明：21 世纪温度变化范围为 1.4～5.8 ℃。在这次评估中使用了约 20 个 AOGCM 模式，由于减少了模式预测的不确定性，使对 21 世纪可能的气候变化预测置信水平得到提高。

1.1.4　IPCC 第四次评估报告

2007 年 IPCC 正式发布第四次评估报告（AR4）。本次评估报告是在过去完成的三次评估报告基础上，同时吸纳了近期的最新研究成果而完成的。它主要对气候变化预估和不确定性问题进行深入研究。第四次评估报告与以往评估报告相比，更突出了气候系统的变化，阐述了当前对气候变化主要原因、气候系统多圈层观测事实和这些变化的多种过程及归因。在发布的《气候变化 2007：自然科学基础》的决策者摘要中指出：①1750 年以来，由于人类活动的影响，全球大气中 CO_2、CH_4 和 N_2O 浓度显著增加，其中，CO_2 浓度已从工业革命前约 280 ml/m³

增加到了 2005 年的 379 ml/m³；②最近 100 年(1906—2005 年)全球平均地表温度上升了 0.56～0.92 ℃，比 2001 年第三次评估报告给出的 100 年(1901—2000 年)上升 0.4～0.8 ℃有所提高；③1961 年以来的观测结果表明，全球海洋温度的增加已延伸到至少 3000 m 深度，20 世纪全球海平面上升约 0.17 m。基于观测事实，通过综合分析，得到了一些新的重要结论：①太阳辐射变化对当代气候变暖的影响不是最重要的因素；②观测到的全球变暖与城市热岛效应关系不大；③人类活动是全球变暖的主要原因。在《气候变化 2007：影响、适应性、脆弱性》的决策者摘要中指出：①21 世纪中叶，在高纬度地区和湿热地区年径流量将增加 10%～40%；在中纬度地区的干旱区年径流量将减少 10%～30%，这些干热区将面临严重的用水压力。②干旱影响区的范围将进一步扩大，同时暴雨发生频率增加，洪涝风险增大。③冰川和雪盖储水量减少。第四次评估报告中的模拟结果表明：即使所有辐射强迫因子都保持在 2000 年水平，由于海洋的缓慢响应，未来 20 年仍有每 10 年约 0.1 ℃的进一步增暖。如果排放处于 SRES 各情景范围之内，则增暖幅度预计将是之前的两倍，即每 10 年升高 0.2 ℃，上述均不考虑气候政策的干预。由于在 1990 年 IPCC 第一次评估报告中对 1990—2005 年全球平均温度变化的预估结果为每 10 年升高 0.15～0.3 ℃，与实际观测结果每 10 年约增加 0.2 ℃比较接近，因此，有理由相信这次对近期预估结果的可靠度。以等于或高于当前的速率持续排放温室气体，会导致全球进一步增暖，并引发 21 世纪全球气候系统的许多变化，这些变化将很可能大于 20 世纪的观测结果。预测结果表明：①21 世纪末全球平均地表气温可能升高 1.1～6.4 ℃(6 种 SRES 情景，与 1980—1999 年相比)；②相对于 1980—1999 年的平均水平，6 个 SRES 排放情景下 21 世纪末全球平均海平面上升幅度预估范围是 0.18～0.59 m。

1.1.5 IPCC 第五次评估报告

2013 年 9 月 27 日，联合国政府间气候变化专门委员会(IPCC)第一工作组(WGI)第五次评估报告(AR5)的决策者摘要(SPM)发布，拉开了 IPCC 第五次评估系列报告陆续发布的序幕。IPCC 第五次气候变化评估报告第一工作组第十二次会议于 2013 年 9 月 23—26 日在斯德哥尔摩召开，各国政府代表 27 日在斯德哥尔摩签署了 IPCC 第一工作组有关气候变化的自然科学基础报告的决策者摘要，随后报告全文于 30 日公布。新报告结合了 39 个国家 259 名作者的努力，引用了 9 200 多篇科学论文和大量的科学数据，并进行了专家和政府部门的评审。AR5 报告对 2007 年 IPCC AR4 以来的气候变化研究新进展进行了全新的评估，为新一轮国际气候变化政策和行动提供新的科学支持。

这次 IPCC AR5 报告指出，全球气候系统变暖的事实是毋庸置疑的，自 1950 年以来，气候系统观测到的许多变化是过去几十年甚至近千年以来史无前例的。全球几乎所有地区都经历了升温过程，变暖体现在地球表面气温和海洋温度的上升、海平面的上升、格陵兰和南极冰盖消融和冰川退缩、极端天气气候事件频率的增加等方面。全球地表持续升温，1880—2012 年全球平均温度已升高 0.85 ℃(0.65～1.06 ℃)；过去 30 年，每 10 年地表温度的增暖幅度高于 1850 年以来的任何时期。在北半球，1983—2012 年可能是最近 1400 年来气温最高的 30 年。特别是 1971—2010 年间海洋变暖所吸收热量占地球气候系统热能储量的 90% 以上，海洋上层(0～700 m)已经变暖。与此同时，1979—2012 年北极海冰面积每 10 年以 3.5%～4.1% 的速度减少；自 20 世纪 80 年代初以来，大多数地区多年冻土层的温度已升高。全球气候变化是由自然影响因素和人为影响因素共同作用形成的,但对于 1950 年以来观测到的变化,人为因素极有可能是显著和主要的影响因素。目前,大气中温室气体浓度持续显著上升,CO_2、CH_4 和 N_2O 等温室气体的浓度已上升到过去 800 ka 来的最高水平,人类使用化石燃料和土地利用变化是温室气体浓度上升的主要原因。在人为影响因素中,向大气排放 CO_2 的长期积累是主要因素,但非 CO_2 温室气体的贡献也十分显著。控制全球升温的目标与控制温室气体排放的目标有关,但由此推断的长期排放目标和排放空间数值在科学上存在着很大的不确定性。

对于未来预估,IPCC AR5 报告表明,除了 RCP2.6 情景之外的所有 RCP 情景下,全球地表温度变化到 21 世纪末相对于 1850—1900 年可能超过 1.5 ℃;在 RCP6.0 和 RCP8.5 情景下,相对于 1850—1900 年可能超过 2 ℃;而在 RCP4.5 情景下,则有可能不超过 2 ℃。在除了 RCP2.6 情景之外的所有 RCP 情景下,变暖都将持续,但持续表现出年代际变率,并且区域变化是不均衡的。全球平均气温到 2016—2035 年相较于 1986—2005 年,可能增温在 0.3～0.7 ℃的范围。根据 CMIP5 模式进行的模拟结果,在 RCP2.6 情景下,到 21 世纪末的 2081—2100 年,全球地表平均温度相比 1986—2005 年,可能升温在 0.3～1.7 ℃范围;在 RCP4.5 情景下,升温可能在 1.1～2.6 ℃范围;在 RCP6.0 情景下,升温可能在 1.4～3.1 ℃范围;在 RCP8.5 情景下,升温可能高达 2.6～4.8 ℃范围。同时,北极区域暖化的速率会比全球平均的速率快,陆地增温的速度也会比海洋变暖的速度快。

对于极端天气气候事件的未来变化,IPCC AR5 报告指出,当地表均温上升,几乎可以确定大多数地方在不同的时间尺度下,都将出现更多高温日数和更少的酷寒日数。热浪发生的频率将可能增加且持续时间延长,但是偶发性的冷冬仍会发生。

对水循环未来的预估结果表明:在 21 世纪,全球水循环响应气候变暖的变化将不是均匀的。尽管有可能出现区域异常情况,但潮湿和干旱地区之间、雨季与旱季之间的降水对比度会更强烈。到 21 世纪末,在 RCP8.5 情景下,高纬度地区和热带太平洋区域的年降水量将会增加;许多中纬度的潮湿地区,平均降水也将增加。但在中纬度干燥地区与副热带的干燥地区,平均降水将减少。在全球持续变暖的趋势下,到 21 世纪末,中纬度大部分陆地区域与热带区域的湿区,极端降水事件将很可能更剧烈并更频繁。

以全球尺度而言,到 21 世纪末受到季风系统影响的区域可能会增加,季风强度可能会减弱,但是季风降水可能更加剧烈。季风开始时间可能会提早或不变,但因为季风结束的时间可能延迟,故造成季风季节的延长。

1.2 中国气候变化评估报告介绍

1.2.1 第一次《气候变化国家评估报告》

中国政府高度重视全球气候变化问题,先后签署和批准了《联合国气候变化框架公约》和《京都议定书》,并采取了一系列行动应对全球气候变化的挑战。为了充分考虑和应对全球气候变化及其可能带来的对我国的重大不利影响、支撑我国参与全球气候变化国际事务、有效地履行气候公约和京都议定书的义务,2002 年 12 月,科技部、中国气象局和中国科学院经研究决定组织中国科学家编制《气候变化国家评估报告》。该报告于 2007 年 2 月正式出版,这是我

国第一次组织编写这类报告。报告内容包括中国气候变化的科学基础、气候变化的影响与适应对策,以及气候变化的社会经济评价3部分,共25章,反映了我国气候变化研究领域的重要新成果,代表了国家水平和发展趋势,为国家制定国民经济和社会长期发展战略提供科学决策依据,为我国参与气候变化领域的国际行动提供科技支撑。第一部分"气候变化的历史和未来趋势",主要描述中国气候变化的基本事实与可能原因,并对21世纪全球与中国的气候变化趋势做出预估,为气候变化影响研究提供气候演变事实及未来气候变化情景,为政府制定适应与减缓对策提供科学依据,同时分析了气候变化的科学不确定性,并提出有待解决的主要科学问题;第二部分"气候变化的影响与适应",主要评估了气候变化对中国敏感领域如农业、水资源、森林与其他自然生态系统、海岸带环境与近海生态系统、人体健康以及重大工程的影响,分析了气候变化对中国不同区域的影响,并提出适应对策;第三部分"减缓气候变化的社会经济评价",依据《联合国气候变化框架公约》中规定的一系列基本原则,在分析工业、交通、建筑以及能源部门减缓碳排放技术潜力和农林部门增加碳吸收汇的潜力的基础上,对中国未来减缓碳排放的宏观效果及社会经济影响进行了综合评价,并对全球应对气候变化的公平性原则及国际合作行动进行了分析,最后简要阐述了中国减缓气候变化的战略思路与实施对策(气候变化国家评估报告,2007)。

1.2.2 第二次《气候变化国家评估报告》

在第一次《气候变化国家评估报告》(以下简称《国家报告》)的基础上,中国于2008年12月启动了第二次《气候变化国家评估报告》的编写工作,并于2011年11月正式出版。此报告主要涉及中国的气候变化,气候变化的影响与适应,减缓气候变化的社会经济影响评价,全球气候变化有关评估方法的分析以及中国应对气候变化的政策措施、采取的行动及成效五个部分内容。第一部分描述了中国气候变化的基本事实,分领域和区域介绍了气候变化的影响,分析了引起气候变化的因子。第二部分对不同排放情景下中国未来的气候变化趋势做出了预估,阐述未来气候变化对农业、水资源、陆地生态系统、近海与海岸带以及人体健康的潜在影响。第三部分主要介绍为了适应气候变化,各行业可采取的措施和制定的政策。第四部分阐述了减缓温室气体排放的主要途径和各部门、各行业的减排技术和潜力。第五部分介绍了中国应对气候变化的战略思路、实施对策及初步取得的成效。

报告指出:百年尺度上,中国的升温趋势与全球基本一致。1951—2009年,中国陆地表面平均温度上升1.38 ℃,变暖速率为0.23 ℃/a。20世纪50年代以来,对流层上层及平流层下层温度略有下降。1880年以来,中国降水无明显的趋势性变化,但是存在20～30尺度的年代际振荡。中国的高温、低温、强降水、干旱、台风、雾、沙尘暴等极端天气气候事件的频率和强度存在变化趋势,1951年以来,中国大部分地区冰川面积缩小了10%以上,蒸发皿观测到中国大部分地区年蒸发量呈减少趋势。近30年来中国近海海水温度呈上升趋势,冬季升温比夏季明显。1977—2009年,中国海平面平均上升速率为2.6 mm/a。受气候变化影响,农业生产成本增大,区域性洪涝干旱灾害有增多增强趋势,生态系统退化,荒漠生态系统的脆弱性加重,某些物种退化甚至灭绝。气候变化的原因可以分为自然因子和人为因子两大类,中国气候变化是全球与区域尺度、自然因子和人为因子共同作用的结果。

预计到21世纪末,中国年平均温度在B1(低排放)、A1B(中排放)和A2(高排放)情景下比 1980—1999 年平均分别增加约 2.5 ℃、3.8 ℃以及 4.6 ℃,比全球平均的温度增幅大。A1B 情景下,全国年平均降水有所增加,中心位于青藏高原南部及云贵高原,以及长江中下游地区。中国海平面将继续上升,到 2030 年,全海域海平面上升将达到 80~130 mm。到 21 世纪末,中国大部分地区的降雪日数将减少,青藏高原东部、南部是减少最大的地区,达 50 d 以上。稳定积雪区(积雪日数大于 60 d 的区域)面积减少 10% 左右。未来气候变化对农业、水资源、陆地生态系统、近海与海岸带以及人体健康都有潜在的影响。

报告指出,为了适应气候变化,将调整农业种植结构和布局,降低农业对气候的脆弱性,促进农业稳产、高产、高效。转变水资源管理思路,加强需水管理,全面建设节水型社会。在森林生态系统方面进行植树造林、提高森林覆盖率,扩大封山育林面积,科学经营管理人工林,提高森林火灾、病虫害的预防和控制能力等。研究海平面上升对海洋工程标准的影响,建立中国近海和海岸带影响的预警系统、近海和海岸带环境与生态系统影响评估体系,以及应对气候变化的中国海岸带综合管理体系。建立和完善气候变化对人体健康影响的检测、预警系统,为社会提供内容丰富、准确、及时、权威的疾病监测、评估、预测、预警。

减缓温室气体排放包括:①强化节能,包括加强技术进步、提高能源转化和利用效率的技术节能,也包括转变发展方式、调整产业结构、推进产业升级、提高产品增加值率的结构节能;②发展核能、水电、风电、太阳能等新能源和可再生资源,优化能源结构,降低单位能源消费的碳排放量;③控制工业生产过程温室气体排放;④减少农业温室气体排放,并通过植树造林、减少毁林、森林管理、封山育林等增加森林碳汇。

2009 年,中国政府提出了到 2020 年单位 GDP 二氧化碳排放比 2005 年下降 40%~50%,非化石能源占一次能源消费比重达到 15% 左右,森林面积比 2005 年增加 4000×10^4 hm^2,森林蓄积量比 2005 年增加 13×10^8 m^3 等控制温室气体排放行动目标,这是中国根据国情采取的自主行动,也是为全球应对气候变化做出的巨大努力。

《国家报告》对气候变化的事实、原因和不确定性,气候变化对中国自然和经济社会可持续发展的主要影响,适应于减缓气候变化的政策和措施选择,以及中国应对气候变化的政策、行动与成效等进行了系统的评估,为制定国民经济和社会的长期发展战略提供了科学决策依据,为我国参与气候变化领域的国际行动提供了科学支撑。

1.2.3 《西南区域气候变化评估报告》

《西南区域气候变化评估报告》(以下简称《西南报告》)由中国气象局 2010 年气候变化专项项目资助,由西南区域气候中心牵头,组织西南区域 5 个省(自治区、直辖市)气候中心共同实施的关于西南区域气候变化基本事实及其影响评估研究的重要项目成果,共有 20 多位专家参与编写工作,《西南区域气候变化评估报告决策者摘要及执行摘要》于 2013 年 9 月出版发行。

《西南报告》共分为三个部分,第一部分为西南区域气候变化的科学基础,详细阐述西南区域气候变化的基本事实,给出了西南区域极端天气气候事件频率和强度的趋势变化特征,预估该区域未来气候变化趋势,分析西南区域气候变化的气候归因;第二部分为西南区域气候变化的影响评估,主要分析气候变化对西南区域敏感领域(农业、水资源、自然生态系统、能源、重大工程及人体健康)的影响评估与不确定性;第三部分为西南区域气候变化的分省(区、市)评估,

主要评估气候变化对西南区域 5 个省(自治区、直辖市)的影响。

报告指出:①西南地区气温年代际变化特征明显,20 世纪 90 年代后期以来增暖现象显著,高原地区增暖现象突出,盆地区域增暖幅度较小。年降水量东部地区趋于减少,西部地区有所增加;近 50 年西南区域极端强降水的降水量、日数总体上变化趋势不明显,但极端强降水量占年降水量的比例大部分地区呈增多趋势,平均每 10 年增多 0.34 个百分点;极端强降水频次、强度变化的地区差异较大,四川盆地西部和南部、云贵高原东部趋少趋弱,云南西部、川西高原、西藏东南部、贵州东部等地趋多趋强;四川盆地东北部和云贵高原,暴雨日数增加、强度增强。高温事件增加,低温事件明显减少;近年来区域性重大干旱事件频繁发生。②西南区域气候变化已观测到的影响主要有:农业气候条件改变,多熟种植面积增加,作物生育期缩短,作物病虫危害加重,极端天气气候事件对农业的负面影响加重;冰川融化退缩,主要江河流域径流量减小;森林损失增大,草地湿地退化,生物多样性退化,旅游景观受损;冬季采暖耗能降低,夏季制冷耗能增加,可再生能源开发不确定性加大;三峡工程防洪压力和调度管理难度加大,青藏公路受多年冻土层退化困扰。西南区域气候变化是在全球气候变化背景下,自然因子和人为因子共同作用的结果:自然因子包括太阳活动、海温、冰冻圈和大气环流等的变化;人为原因主要是大气温室气体和气溶胶浓度变化、土地利用变化等。近 50 年四川盆地局部地区升温并不显著,很可能与西南地区复杂地形、硫化物等气溶胶排放有关。③未来西南地区年平均气温上升,降水量趋于增加,高温和极端降水事件增加。未来气候变化对西南地区农业可能产生较大影响:多熟制和间套作种植面积扩大,但农业气象灾害和病虫害影响加重,作物产量变化存在区域差异;冰川加速融化退缩,地表径流量高原东侧增加、长江源头减少,水资源配置难度加大;动植物物候期改变,生境恶化,生物种群向北和高海拔地区迁移,部分物种面临灭绝危险;夏季制冷耗能继续增加,能源供给波动加大。

1.3　云南地理及气候概况

云南地处中国西南边陲,位于北纬 21°8′32″～29°15′8″和东经 97°31′39″～106°11′47″,北回归线横贯本省南部。云南全境东西最大横距 864.9 km,南北最大纵距 990 km,总面积 39.4×10^4 km²,占全国陆地总面积的 4.1%,居全国第 8 位。云南东部与贵州省、广西壮族自治区为邻,北部同四川省相连,西北隅紧倚西藏自治区,西部同缅甸接壤,南部和老挝、越南毗连。从整个位置看,北依广袤的亚洲大陆,南临辽阔的印度洋及太平洋,正好处在东南季风和西南季风控制之下,又受西藏高原区的影响,从而形成了复杂多样的自然地理环境。

独特的自然地理环境形成了云南复杂多样的气候条件。云南气候兼具低纬气候、高原气候、季风气候特征,主要表现为四季温差小,日温差大,干雨季分明、气候类型多样、"立体气候"特征显著。得天独厚地理环境和气候条件,使得云南动、植物种类异常丰富,有高等植物 15000 多种,动物 250 多种,鸟类总数达 766 种,"植物王国"、"动物王国"的美名成了云南的代称。

(1)干雨季分明的季风气候

云南北倚青藏高原,南临热带海洋,使云南地处亚洲季风气候区内。受青藏高原大地形和季风的影响,冬、夏半年影响云南的气团性质截然不同,形成了冬干夏湿的季风气候特点。冬半年云南既受来自西伯利亚寒冷而干燥的偏北季风和来自高原的冬季风影响,又受来自西南亚大陆干热气团的影响,天气多晴朗干燥。青藏高原对冬季风的阻挡作用使强冷空气路径偏东,云南受强冷空气的影响较少。夏半年云南主要受到来自印度洋的西南暖湿气流和来自南海的东南暖湿气流的影响,水汽充沛,造成云南夏季多雨湿润。云南雨季降水量占全年的$85\%\sim95\%$,其中以盛夏的6—8月最多,约占全年的$55\%\sim65\%$,雨季中雨日占全年降雨日的$80\%\sim90\%$。

(2)水平和垂直变化显著的立体气候

云南地势由北向南呈阶梯状下降,与纬度降低的方向一致,高纬度与高海拔结合、低纬度和低海拔相一致的特点,加剧了云南南北之间的气候差异,从低纬到高纬出现北热带、南亚热带、中亚热带、北亚热带、南温带、中温带和高原气候区7种气候类型。山高谷深,气候垂直差异明显,"一山分四季,十里不同天"在云南是常见的现象。哀牢山、乌蒙山等山脉对西南暖湿气流和北方冷空气的阻挡,使云南气候呈明显的东西部差异。

(3)四季温差小、日温差大的低纬高原气候

一般将纬度低于30度,海拔高度在2000 m左右的地区称为低纬高原,云南全省均在北纬30度以南,北回归线从南部穿过,形成了年温差和四季温差小,四季不明显的低纬气候,除河谷地带和南部少数低海拔地区外,大部地区夏无酷暑,最热月平均气温在22 ℃以下,除少数高寒山区外,多数地区冬无严寒,最冷月平均气温在8~10 ℃以上,"四季如春"是云南大部分地区气候的真实写照。由于云南地处云贵高原,平均海拔约2000 m,故高原气候特征显著,即气温日较差大、光照好、太阳辐射强,最大日温差可超过20 ℃,每天的气温变化是早晚凉爽,中午燥热,一天之中可感受"春夏秋冬"四季的变化。云南独特的低纬高原气候可形象地比喻为"冬暖夏凉"和"夜冬昼夏"。

1.4 报告编制的必要性

气候变化问题是人类21世纪面临的严峻挑战,全球共同应对气候变化已是大势所趋。积极应对气候变化、控制温室气体排放,不仅是我国树立积极负责任大国形象的需要,也是实现可持续发展的必然要求。云南气候条件复杂,生态环境脆弱,是易受气候变化影响的地区之一。在全球变暖背景下云南气候出现了以气温升高、降水减少、极端天气气候事件增多增强为主要特征的变化。气候变化已对云南的农业、水资源、生物多样性等产生不利影响,成为经济社会可持续发展面临的重大挑战。

《气候变化国家评估报告》是由科学技术部、中国气象局、中国科学院等12个部委制定和实施的应对气候变化的重要科技支撑报告。该报告为国家制定国民经济和社会长期发展战略提供了科学的决策依据,为我国参与气候变化领域的国际行动提供了科技支撑。我国幅员辽阔,地形地貌差别大,气候类型复杂多样,不同的气象灾害频发,各地经济特点和发展水平也不尽相同。《气候变化国家评估报告》立足全国、放眼国际,不可能对我国的每个区域、每个省份进行详细的分析。越来越多的证据表明,区域与局地性因素(如土地利用及覆盖状况改变)是局地气候变化的一个重要原因。因此,编制区域气候变化评估报告,深入认识区域性气候变化事实并进行科学归因分析,这既是对《气候变化国家评估报告》的重要补充,也是区域内各级政

府制定可持续发展战略的迫切要求。

进行区域气候评估是建立科学应对气候变化措施的基础。"全球变暖"主要是指全球地面平均气温升高,而全球地面平均气温是各地气温平均的结果,从这个意义上说,区域气候变化是全球气候变化的重要组成部分。目前绝大多数应对气候变化的措施都是建立在不同排放情景下全球气候变化预测的基础之上,即全球变暖是气候系统对辐射强迫增加的响应结果,对于在区域尺度的复杂性与不确定性考虑不够,因此,大力加强对区域气候变化的研究,对各种应对措施在区域尺度的作用进行全面客观地评估,是一个地区建立科学应对气候变化措施的基础。

云南气候变化科学评估是云南自然环境及经济社会可持续发展的迫切要求。受全球及区域尺度气候变化影响,区域经济社会已表现出高度的敏感性;随着城市化进程的进一步加快,区域经济社会对气候变化的脆弱性加剧,极端天气气候事件的风险也在加大。为了有利于保护云南自然生态环境和维持经济社会的可持续发展,迫切需要一个客观、详实,且具有前瞻性的云南气候变化科学评估。

1.5　报告编制的意义和目的

随着全球气候变暖的加剧和生态环境压力的加大,极端天气气候事件和重大气象灾害不断发生,对可持续发展是一个严峻的挑战。政府间气候变化专门委员会(IPCC)第五次评估报告指出,全球气候系统变暖的事实是毋庸置疑的,自 1950 年以来,气候系统观测到的许多变化是过去几十年甚至近千年以来史无前例的。同时,高温、热浪、强降水事件的发生频率很可能会增加,热带气旋(含台风和飓风)的强度可能会增强。

全球气候变化的区域响应是不同的。我国地处欧亚大陆东部,南北跨度很大,东临太平洋,西部有世界最高的青藏高原,各个地区对气候变化的响应差异大,国家尺度上的气候变化评估报告不能详尽地反映气候变化区域响应和适应性的特点,《气候变化国家评估报告》、《西南区域气候变化评估报告》并没有对云南的气候变化事实及影响进行详细的分析评估,因此,特别需要针对云南这样的气候关键脆弱地区开展区域尺度上气候变化及其影响、脆弱性、适应性评估。

云南属于我国低纬度高原地区,典型的纵向岭谷区,位于青藏高原东南侧,以纵向山系和江河为主体特征,并以其南北向发育、东西向展布的巨大山系和深切河谷为格局,构成了全球独一无二的纵向山系河谷景观。显然,这种独特的下垫面条件,对气候系统的影响将同时起着东西向的阻隔作用和南北向的通道作用。相应地,低纬度高原地区的云南天气和气候变化也必将表现出这种阻隔和通道作用下的一些显著特征和规律。在全球变暖背景下,由于云南地理、地貌和气候的复杂性,必然产生在全球变暖大趋势下的差异,这种差异会在什么样的水平,未来的气候变化趋势如何,将会导致气象灾害什么样的变化趋势,会对国民经济和社会发展产生什么样的影响,这些问题都将会在云南经济社会的可持续发展中产生影响,因此,开展云南未来气候变化预估及影响评估研究工作有其必要性、重要性和紧迫性。气候变化直接关系到云南经济可持续发展、水资源利用、环境变化、人民生活等一系列重大问题。正确认识自然,科学应对灾害,需要我们把握气候变化规律,全面客观地反映气候变化的事实和对现实的影响。

对云南未来 10～30 年气候变化趋势进行科学的预估,有利于更好地从宏观上指导云南经济和社会的可持续发展。

《云南未来 10～30 年气候变化预估及其影响评估报告》的编制,不仅可以为气候变化国家评估报告的编制、云南参与气候变化领域的国际、国内行动提供科技支撑,还可为地方制定国民经济和社会长期发展战略提供决策依据,增强区域应对气候变化的能力,提高防灾减灾能力。

本报告编写目的:①揭示云南省基本气候要素与极端天气气候事件,分析总结云南近 50 年气候变化的事实和特征;②分析总结气候变化对云南农业、水资源、能源消耗、生态系统和生物多样性、旅游及人体健康等领域已经产生的影响;③预估云南未来气温、降水、极端天气气候事件以及气象灾害风险的变化趋势;④为云南省委、省政府应对气候变化、制定防灾减灾的决策提供科学依据。

1.6　报告使用的资料和评估方法

《云南未来 10～30 年气候变化预估及其影响评估报告》(以下简称《报告》)共分两篇:第一篇为基本事实,共七章,主要描述云南气候变化的基本事实、主要特征和未来趋势;第二篇为影响与适应,共六章,主要就气候变化对农业、水资源、能源等领域的影响进行评估、预估,提出可供选择的适应对策建议。《报告》主要采用专题研究与文献评估相结合的方法编制而成,其中第一篇主要根据气象资料和气候模式预估资料对观测到的气候变化事实和未来变化趋势进行分析研究;第二篇主要采用文献评估与各领域具体分析研究技术相结合的方法,就气候变化对云南各领域影响进行评估、预估。《报告》共参考引用近 700 篇已发表的文献(截至 2013 年 12 月)。

数据资料:①1961—2012 年云南 125 个国家级气象台站观测资料。《报告》对降水、气温资料进行了筛选,对于迁站前后差别大的资料进行删除,最终挑选出通过均一性检验的 56 个站以及均一性订正后的 57 个站,共 113 个站点的资料作为云南的降水、气温代表站资料以及云南 $0.5° \times 0.5°$ 格点化平均气温和降水数据集(CN05.0);②国家气候中心制作的"中国地区气候变化预估数据集(3.0 版)"(利用 IPCC 第五次评估报告数据搜集小组提供的典型浓度排放情景(RCPs)下的多个全球气候模式和区域气候模式的模拟结果制作完成);③来自农业、水文等其他部门和研究文献中的资料。

技术方法:①采用气候资料均一性检验方法、相关的气候变化趋势分析方法以及相关灾害风险评估的研究方法;②24 个全球气候模式的数值模拟结果及其集合预估未来区域气候变化趋势方法;③利用 RegCM4.0 区域气候模式,单向嵌套国家气候中心 BCC_CSM1.1 全球模式输出结果,对未来气候变化进行模拟预估的方法;④利用度日法分析区域气候变化对采暖和制冷能源消费的影响。

第 2 章　云南基本气候要素变化事实

摘要:1961—2012 年云南年平均气温升温速率为 0.16 ℃/10a,略低于全国平均升温速率 (0.23 ℃/10a)。年平均气温变化在季节和空间分布上存在差异,北部金沙江河谷地带气温呈下降趋势,降温速率为 0.02～0.15 ℃/10a,其余大部地区气温呈上升趋势,升温速率为 0.01～0.44 ℃/10a。季节变化上,冬季和秋季升温速率较大,分别为 0.26 ℃/10a 和 0.16 ℃/10a,春季和夏季升温速率相对较小。

1961—2012 年云南年降水量变化呈减少趋势,减少速率为 16.1 mm(1.48%)/10a,与同期全国年降水量无明显增加或减少的趋势不同。全省年降水量变化呈西部略增中东部减少的分布,东部地区年降水量减少速率较大,在 30 mm/10a 以上。季节变化上,春季降水量呈增加趋势,夏、秋、冬季降水量都呈减少趋势,其中秋季降水量减少趋势最明显。同期云南年降水日数也呈减少趋势,减少速率为 4.05 d/10a。全省除北部局部地区年降水日数呈增加趋势外,其余大部地区降水日数呈减少趋势,南部地区年降水日数减少速率较快,可达 4.0 d/10a 以上。季节变化上,春季降水日数呈略增趋势,夏、秋、冬季降水日数呈减少趋势,其中夏、秋季减少速率较冬季显著。

1961—2012 年云南年平均相对湿度呈下降趋势,减少速率为 0.61%/10a。全省除北部和东南部局部地区年平均相对湿度呈增大趋势外,其余大部地区均呈减小趋势,保山和红河局部地区减小速率较快,达 3.00%/10a 以上。云南四季的平均相对湿度均呈减小的趋势,秋季减小速率最快,达 0.70%/10a;春季减小速率最慢,为 0.41%/10a。

1961—2012 年云南年平均风速总体上呈弱的下降趋势,变化速率为每 10 年减少 0.07 m/s;其中风速下降较明显的地区主要分布于滇中、滇西北和滇西东部地区,其他地区风速下降不显著。

1961—2012 年云南年日照时数呈减少的变化趋势,减少速率为 17.39 h/10a。日照时数增加的区域主要分布在滇西南地区,其余大部地区日照时数呈减少趋势,滇中及以北减少速率较大。云南四季日照时数均呈减少的趋势,春季和夏季日照时数减少速率较大,分别为 8.82 h/10a 和 6.51 h/10a,秋季和冬季日照时数减少速率相对较小。

2.1　平均气温的变化趋势

2.1.1　平均气温气候特征

图 2.1 给出了云南年平均气温的多年平均值(1981—2010 年)空间分布。可以看出,云南大部分地区年平均气温在 8～20 ℃,滇西北高海拔地区低于 8 ℃,滇南低纬度地区和低海拔地

区则超过 20 ℃。从低纬度低海拔的元江到高纬度高海拔的德钦,年平均气温从 24.4 ℃下降
到 5.9 ℃,南北温差达 19 ℃。显然,由于地形复杂,云南的南北温差超过了单纯由纬度差异所
带来的温度变化。

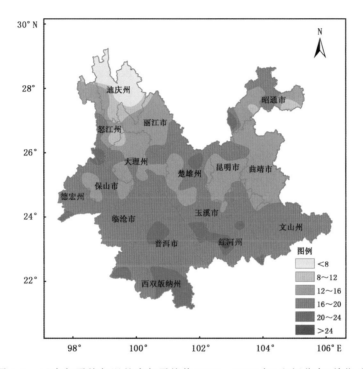

图 2.1　云南年平均气温的多年平均值(1981—2010 年)空间分布(单位:℃)

图 2.2 给出了云南逐月平均气温多年平均值(1981—2010 年)。可以看出,云南全省平均
气温 6 月和 7 月最高,均为 21.8 ℃;1 月最低,仅为 9.5 ℃;气温年较差较大。按低于 10 ℃为
冬季,高于 22 ℃为夏季的四季气候划分,云南气候冬无严寒、夏无酷暑,四季温和。

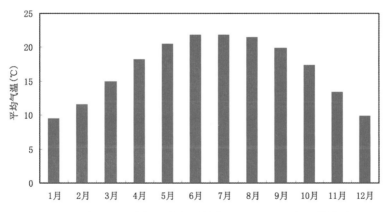

图 2.2　云南逐月平均气温多年平均值(1981—2010 年)(单位:℃)

2.1.2　年平均气温变化趋势

图 2.3a 给出了 1961—2012 年云南年平均气温距平及其变化趋势。可以看出,云南 20 世纪 70 年代的气温最低,之后气温逐渐升高,21 世纪后气候变暖趋势最为明显。1961—2012 年,云南全省年平均气温在 17 ℃以上的 8 年均出现在 1998 年以后。1998—2012 年的 15 年间,年平均气温除 2000 年、2004 年和 2008 年低于多年平均值(1981—2010 年)外,其余年份均高于平均值或与平均值持平(占该时段的 80%),这一时段是云南 1961 年以来年平均气温最高的时段。1961—2012 年云南年平均气温上升了 0.85 ℃,升温速率为 0.16 ℃/10a,与全球气候变暖趋势一致,但升温速率低于全国平均变暖速率 0.23 ℃/10a(第二次气候变化国家评估报告)。

图 2.3b 给出了 1961—2012 年云南年平均气温年代尺度变化。可以看出,1961—2012 年的前 40 年年平均气温较多年平均偏低,1971—1980 年是云南年平均气温最低的时段,较多年平均偏低 0.37 ℃;进入 21 世纪后的时段年平均气温较多年平均明显偏高,偏高为 0.36 ℃。

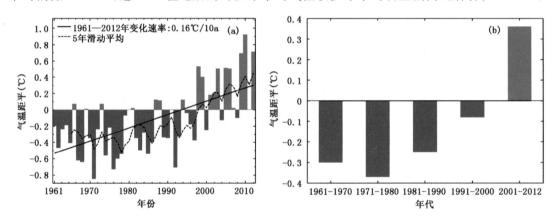

图 2.3　1961—2012 年云南年平均气温距平变化(a)及年代尺度变化(b)(单位:℃)

图 2.4 给出了 1961—2012 年云南年平均气温变化趋势空间分布。可以看出,云南年平均气温变化的空间分布为:丽江东部、楚雄北部、昆明北部、昭通西部的低海拔河谷地区气温呈下降趋势,速率在 0.02～0.20 ℃/10a;其余大部地区的气温变化呈上升趋势,与全球变暖趋势一致,升温速率在 0.01～0.44 ℃/10a。

2.1.3　不同季节平均气温变化趋势

图 2.5 给出了云南 1961—2012 年四季平均气温距平及其变化趋势。总体来说,云南各季节的平均气温变化均呈上升趋势,对气候变暖贡献最大的是冬季,其次是秋季,而春季、夏季气温升高幅度相对较小。

(1)春季平均气温整体呈上升趋势,上升速率为 0.10 ℃/10a(图 2.5a)。1961—1997 年为气温冷暖交替变换时段,1998 年以后,气温变暖趋势明显,其中 1990—2012 年的升温速率为 0.38 ℃/10a,明显大于 1961—2012 年的升温速率。2010 年、2012 年和 1969 年春季为近 52 年最暖的 3 个春季,1990 年、1974 年和 1968 年春季为近 52 年最冷的 3 个春季。

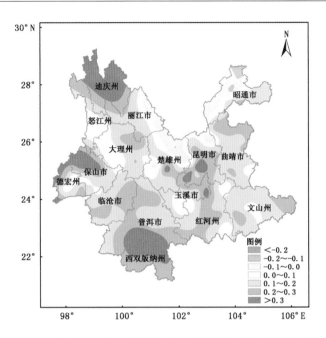

图 2.4 1961—2012 年云南年平均气温变化趋势空间分布(单位:℃/10a)

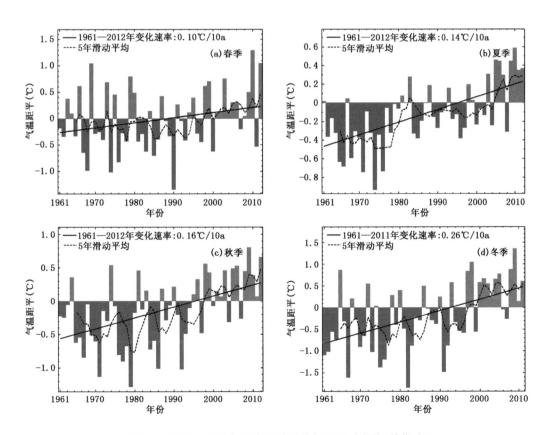

图 2.5 1961—2012 年云南四季平均气温距平变化(单位:℃)

(2)夏季平均气温整体呈上升趋势,上升速率为 0.14 ℃/10a,上升速率高于春季(图 2.5b)。夏季平均气温自 20 世纪 90 年代初期开始明显升高,其中 1990—2012 年的升温速率为 0.27 ℃/10a,明显大于 1961—2012 年的升温速率。2010 年、2006 年、2005 年夏季为近 52 年温度最高的三个夏季,1974 年、1971 年和 1976 年夏季为近 52 年最凉的三个夏季。

(3)秋季平均气温整体呈上升趋势,上升速率为 0.16 ℃/10a,增暖速率为四季中的第二位(图 2.5c)。秋季气温自 20 世纪 90 年代初开始明显升高,近 10 年尤为显著。秋季 1990—2012 年的升温速率达 0.34 ℃/10a,明显大于 1961—2012 年的升温速率。气温最高的三个秋季出现在 2009 年、2012 年和 1998 年,最凉的三个秋季出现在 1979 年、1971 年和 1992 年。

(4)冬季平均气温整体上升趋势最为明显,上升速率达 0.26 ℃/10a,是四季中增幅最大的季节(图 2.5d)。冬季 1990—2012 年的升温速率为 0.55 ℃/10a,明显大于 1961—2012 年的升温速率。52 年中冬季最暖的三个年份是 2009 年、1998 年和 2008 年,尤其是 2009 年,比多年平均高出 1.4 ℃,冬季最冷的三个年份是 1982 年、1967 年和 1991 年,其中 1982 年比多年平均偏低达 1.8 ℃。1997 年后云南暖冬出现非常频繁,15 年间共出现 12 个暖冬。

图 2.6 给出了 1961—2012 年云南四季平均气温变化趋势空间分布。可以看出,云南四季平均气温变化趋势空间分布为:春季,丽江东部、楚雄东北部和西南部、昆明北部、昭通西北部以及玉溪、曲靖、红河、文山、大理的局部地区(占全省 17.7%)的气温呈下降趋势,降温速率在 0.01～0.23 ℃/10a,其余大部地区气温呈上升趋势,升温速率在 0～0.43 ℃/10a,升温最显著的地区为滇西北北部及滇南边缘地区。夏季,楚雄北部、昆明北部、昭通西北部、大理西南部以及怒江中部(占全省 6.2%)的气温呈下降趋势,降温速率在 0.01～0.37 ℃/10a,其余大部地区气温呈上升趋势,升温速率在 0～0.31 ℃/10a,升温最显著的地区为滇西北北部及滇南边缘地区。秋季,丽江东部、楚雄北部、昆明北部、昭通北部、怒江局部(占全省 6.2%)的气温呈下降趋势,降温速率在 0.01～0.26 ℃/10a,其余大部地区气温呈上升趋势,升温速率在 0～0.39 ℃/10a,升温最显著的地区为滇西北北部及滇南边缘地区。冬季,丽江东部、楚雄北部、昭通西北部(占全省 2.7%)的气温呈下降趋势,降温速率在 0.01～0.11 ℃/10a,其余大部地区气温呈上升趋势,升温速率在 0～0.44 ℃/10a,升温最显著的地区为滇西北北部、滇中及滇南局部地区。总体来说,云南的四季平均气温变化趋势与年平均气温的变化趋势空间分布基本一致。冬季和秋季气温上升的范围较大、上升趋势更为显著,春季和夏季平均气温上升速率小于秋季和冬季。在气温呈下降趋势的地区,春季气温下降趋势的范围较大、下降程度也相对明显。

2.2　降水量的变化趋势

2.2.1　降水量气候特征

图 2.7 给出了云南年降水量多年平均值(1981—2010 年)空间分布。可以看出,云南降水量的空间分布差异较大,降水量大值区主要位于滇西和滇南地区,降雨量在 1600 mm 以上,其中滇南、滇西南边缘的部分地区超过 2000 mm。低值区出现在金沙江河谷、迪庆高原、滇东北地区及元江河谷等地,降水量不足 800 mm。

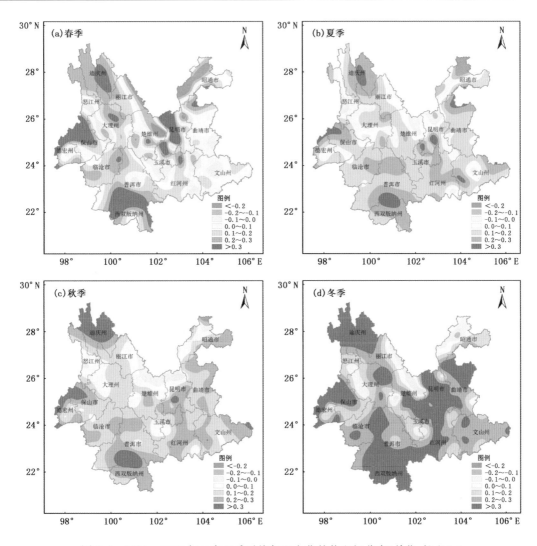

图 2.6　1961—2012 年云南四季平均气温变化趋势空间分布(单位:℃/10a)

图 2.8 给出了云南逐月降水量多年平均值(1981—2010 年)。可以看出,云南降水量月际变化较大,7 月降水量最多,达到 220.1 mm;12 月降水量最小,仅为 13.9 mm。云南降水季节性明显,夏季降水量最多,秋季降水量次之,春季、冬季降水量较少。总体来说,云南干季、雨季分明,干季(11 月—翌年 4 月)降水量占全年总降水量的 15%,雨季(5—10 月)降水量占全年总降水量的 85%,其中主汛期(6—8 月)占 54%。

2.2.2　年降水量变化趋势

图 2.9a 给出了 1961—2012 年云南平均年降水量距平百分率及其变化趋势。可以看出,1961—2012 年云南年降水量变化总体上呈减少趋势,52 年来年降水量减少了 83.8 mm,减少速率为 16.1 mm (1.48%)/10a,这一变化与 1961—2012 年中国年降水量无明显增加或减少的趋势有所不同。值得注意的是,在 20 世纪 90 年代降水是增加的,而自 2000 年以后降水减

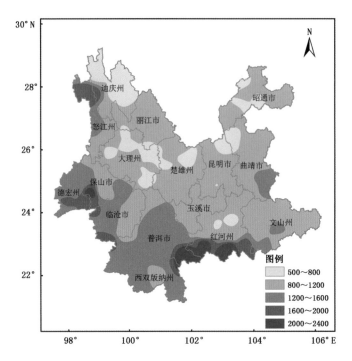

图 2.7　云南年降水量多年平均值(1981—2010 年)空间分布(单位:mm)

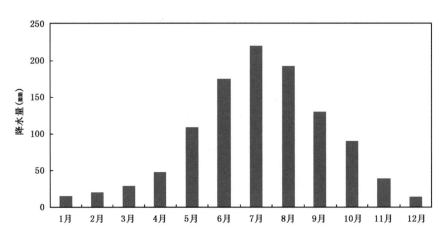

图 2.8　云南逐月降水量多年平均值(1981—2010 年)(单位:mm)

少十分显著。云南降水量年际振荡较大,降水量最多的 2001 年(1258 mm)和最少的 2009 年(852 mm)相差超过 400 mm。2000—2012 年是 1961—2012 年云南降水最少的时段,年降水量最少的 3 年(2009 年、2011 年和 2012 年)均出现在这一时段。

　　图 2.9b 给出了 1961 年以来云南年降水量的年代尺度变化。1961—1970 年、1991—2000 年为云南降水相对较多的年代,其余年代降水相对较少,其中进入 21 世纪后的时段年降水较多年平均明显偏少,偏少幅度接近 8%。

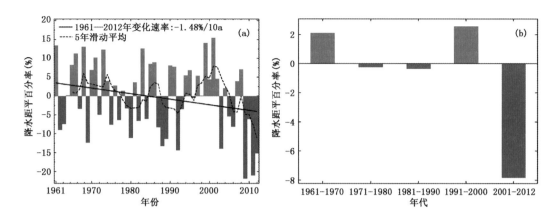

图 2.9 1961—2012 年云南年降水距平百分率变化(a)及年代尺度变化(b)(单位:%)

图 2.10 给出了 1961—2012 年云南年降水量变化趋势空间分布。可以看出,云南年降水量变化趋势区域差异明显,除滇西、滇中以北及滇南的局部地区降水量呈增加趋势外,其余大部地区的降水量则呈减少趋势,其中东部地区降水量减少的趋势最明显,减少速率最大达 81 mm/10a。

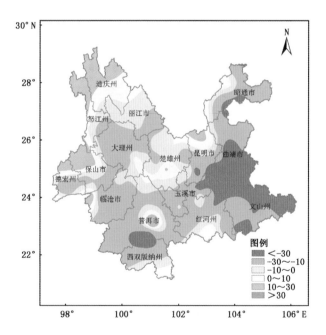

图 2.10 1961—2012 年云南年降水变化趋势空间分布(单位:mm/10a)

2.2.3 不同季节降水量变化趋势

图 2.11 给出了云南 1961—2012 年四季降水量距平百分率及其变化趋势。可以看出,云南各季节的降水量变化不尽相同,除春季降水量呈略微增加趋势外,其余季节降水量均呈减少

趋势,其中夏、秋季降水量减少趋势最为明显,冬季降水量略有减少。总体来说,1961 年以来云南干季(11月—翌年4月)降水量略有增加,雨季(5—10月)降水量明显减少。

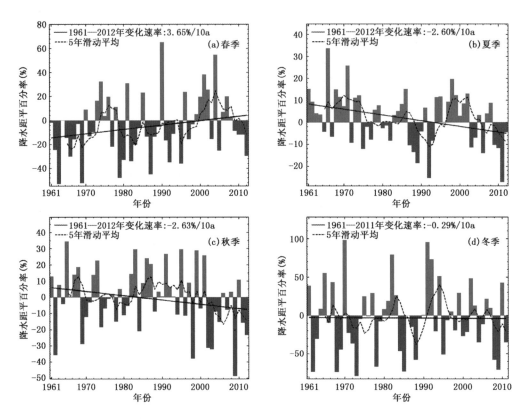

图 2.11 1961—2012 年云南四季降水距平百分率变化(单位:%)

(1)春季降水量整体呈增加趋势,增加速率为 6.7 mm(3.65%)/10a(图 2.11a)。春季降水量年代尺度变化显著,20 世纪 70 年代和 21 世纪前 10 年为偏多时段,其余时段为偏少。2004 年、1990 年和 2001 年春季为近 52 年降水量最多的 3 个春季;1963 年、1969 年和 1979 年春季为近 52 年降水量最少的 3 个春季。

(2)夏季降水量整体呈减少趋势,减少速率为 15.5 mm(2.60%)/10a(图 2.11b)。夏季降水量年代尺度变化显著,20 世纪 80 年代中期至 90 年代初和 21 世纪前 10 年为降水量偏少时段,其余时段以偏多为主。1966 年、1971 年和 1998 年夏季为近 52 年降水量最多的 3 个夏季;2011 年、1992 年和 1989 年夏季为近 52 年降水量最少的 3 个夏季。

(3)秋季降水量整体呈减少趋势,减少速率为 6.9 mm(2.63%)/10a(图 2.11c)。秋季降水量年代尺度变化显著,2000—2012 年是 1961 年以来云南降水量少的时段。1965 年、1995 年和 1983 年秋季为近 52 年降水量最多的 3 个秋季;2009 年、1998 年和 1962 年秋季为近 52 年降水量最少的 3 个秋季。

(4)冬季降水量整体呈略微减少趋势,减少速率为 0.14 mm(0.29%)/10a(图 2.11d)。冬季降水量年代尺度变化显著,2000—2012 年是 1961—2012 年云南降水量相对较少的时段。

1970 年、1982 年和 1991 年冬季为近 52 年降水最多的 3 个冬季;1962 年、1968 年和 1973 年冬季为近 52 年降水最少的 3 个冬季。

由上述分析可见,1961—2012 年间云南年降水量的减少趋势主要是由夏、秋季降水的减少造成的。

图 2.12 给出了 1961—2012 年云南四季降水量变化趋势空间分布。可以看出,云南降水变化速率的季节性和区域性差异比较明显。春季,滇东北及滇东南的局部地区(占全省 13.3%)的降水呈减少趋势,减少速率在 0.04～10.80 mm/10a,其余大部地区降水呈增加趋势,增加速率在 0.17～27.41 mm/10a,增加最显著的地区为滇西南地区。夏季,滇东北、滇西及滇南边缘的局部地区(占全省 4.4%)的降水呈增加趋势,增加速率在 1.72～7.98 mm/10a,其余大部地区降水呈减少趋势,减少速率在 0.83～40.44 mm/10a,减少最显著的地区为滇中

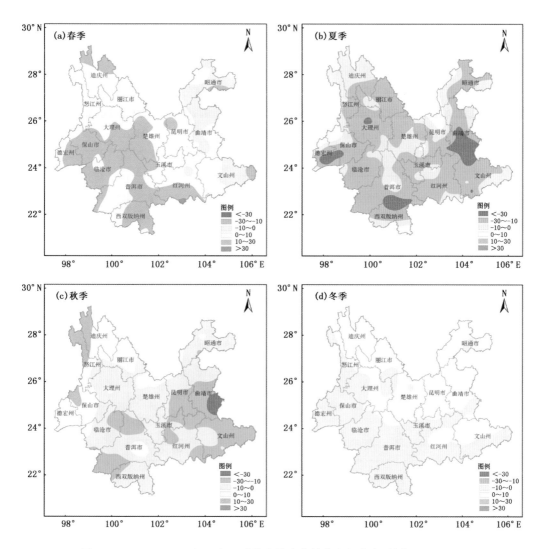

图 2.12　1961—2012 年云南四季降水量变化趋势空间分布(单位:mm/10a)

以东地区。秋季,除滇西北及滇西南的局部地区(占全省 17.7%)的降水呈增加趋势,增加速率在 0.08～13.34 mm/10a,其余大部地区降水呈减少趋势,减少速率在 0.08～40.28 mm/10a,减少最显著的地区为滇中以东地区。冬季,滇西南及滇东南的局部地区(占全省 47.8%)的降水呈减少趋势,减少速率在 0.01～5.75 mm/10a,其余大部地区降水呈增加趋势,增加速率在 0.02～3.64 mm/10a。

2.3　降水日数的变化趋势

2.3.1　降水日数气候特征

图 2.13 给出了云南年降水日数(日降水量≥0.1 mm)多年平均值(1981—2010 年)空间分布。可以看出,云南各地多年平均年降水日数在 91～222 d,空间分布呈由南向北,由东、西向中部逐步减少的分布趋势。怒江大部、保山西部、临沧西部、普洱西部和东南部、版纳西部,红河南部、昭通东部、曲靖和文山局部(占全省 25.0%)的年降水日数在 160 d 及以上,其中怒江贡山、红河屏边、昭通盐津、威信、镇雄和大关 6 个县的年降水日数在 200 d 以上,威信最多为 222 d。丽江东部、大理东部、楚雄大部、昆明大部、玉溪大部、红河北部等地(占全省 43.7%)的年降水日数较少,在 130 d 以下,其中大理宾川最少,仅为 91 d。

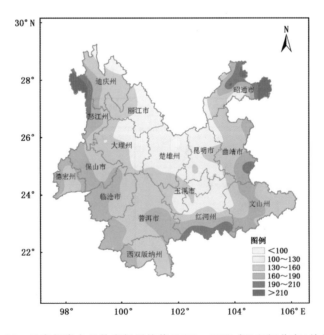

图 2.13　云南年降水日数多年平均值(1981—2010 年)空间分布(单位:d)

图 2.14 给出了云南逐月降水日数多年平均值(1981—2010 年)。可以看出,云南多年平均年降水日数为 146 d,7 月降水日数最多为 22 d,其次是 8 月和 6 月,分别为 20 d 和 19 d,12 月和 1 月最少均为 5 d。雨季(5—10 月)的多年平均降水日数为 104 d,占全年降水日数的

71.2%,其中主汛期(6—8月)多年平均降水日数为 60 d,占全年的 41.1%,干季(11月—翌年4月)多年平均降水日数为 42 d,占全年的 28.8%。

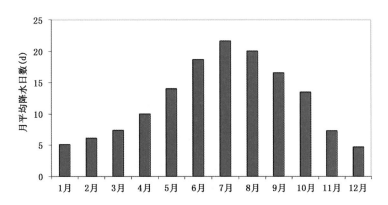

图 2.14　云南逐月降水日数多年平均值(1981—2010 年)(单位:d)

2.3.2　年降水日数变化趋势

图 2.15 给出了 1961—2012 年云南平均年降水日数距平及其变化趋势。可以看出,1961—2012 年云南年平均降水日数呈减少趋势,52 年来年降水日数约减少了 26 d,减少速率为 4.05 d(2.8%)/10a,这一变化与 1961 年以来云南年降水量呈减少的趋势相一致。近 52 年来 1990 年的降水日数最多为 164 d,2009 年最少为 117 d。

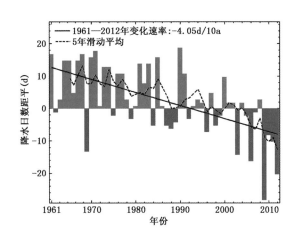

图 2.15　1961—2012 年云南年平均降水日数距平变化(单位:d)

图 2.16 给出了 1961—2012 年云南年降水日数变化趋势空间分布。可以看出,全省除东北部和西北部等地零星分布的 9 个县(市)(占全省 7.3%)年降水日数呈增加趋势外,其余大部地区(占全省 92.7%)年降水日数呈减少趋势。云南西北部地区及南部局部地区(占全省 50.8%)年降水日数的减少速率较小,在 4.0 d/10a 以下,东部、东南部的部分地区和滇西南大

部地区(占全省 41.1%)年降水日数减少速率较快,在 4.0 d/10a 以上。

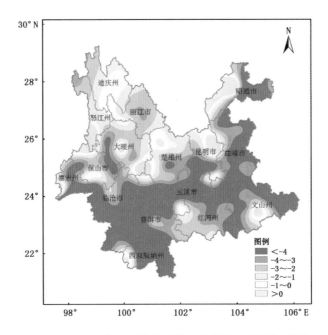

图 2.16　1961—2012 年云南降水日数变化趋势空间分布(单位:d/10a)

2.3.3　不同季节降水日数变化趋势

图 2.17 给出了 1961—2012 年春、夏、秋、冬四季云南平均降水日数逐年变化趋势。可以看出,云南四季降水日数变化趋势不尽相同,春季降水日数变化趋势不明显,夏、秋、冬三季则呈减少趋势,其中秋季降水日数减少的趋势最为显著。

(1)春季降水日数整体变化趋势不明显,增加速率为 0.003 d/10a(图 2.17a)。1990 年(45 d)、1985 年(39 d)和 1981 年(39 d)春季为近 52 年来春季降水日数最多的 3 个春季;1969年(20 d)、1979 年(22 d)和 1963 年(23 d)春季为近 52 年降水日数最少的 3 个春季。

(2)夏季降水日数呈减少趋势,减少速率为 1.60 d(2.6%)/10a(图 2.17b)。1971 年(72 d)、1966 年(71 d)和 1974 年(68 d)夏季为近 52 年来降水日数最多的 3 个夏季;2011 年(50 d)、1992 年(51 d)和 1989 年(54 d)夏季为近 52 年来降水日数最少的 3 个夏季。

(3)秋季降水日数呈减少趋势,减少速率为 1.72 d(4.4%)/10a(图 2.17c),是四个季节中降水日数减少速率最大的季节。秋季平均降水日数年代尺度变化较为显著,2000—2012 年间是 1961 年以来云南秋季平均降水日数偏少的时段。1991 年(47 d)、1977 年(47 d)和 1982 年(46 d)秋季为近 52 年来降水日数最多的 3 个秋季;2009 年(23 d)、1998 年(28 d)和 2012 年(30 d)秋季为近 52 年降水日数最少的 3 个秋季。

(4)冬季降水日数呈减少趋势,减少速率为 0.65 d(3.7%)/10a(图 2.17d)。1991 年(28 d)、1982 年(26 d)和 1970 年(23 d)冬季为近 52 年降水日数最多的 3 个冬季;2009 年(7 d)、1978 年(9 d)和 1973 年(9 d)冬季为近 52 年降水日数最少的 3 个冬季。

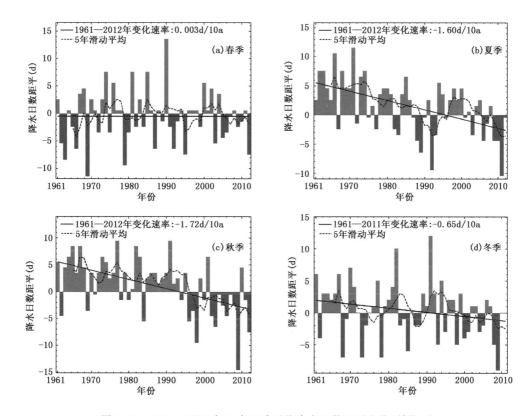

图 2.17　1961—2012 年云南四季平均降水日数距平变化(单位:d)

由上述的分析可知,与降水量的变化一致,1961—2012 年间云南年降水日数的减少趋势主要是由夏、秋两季降水日数的减少造成的。

图 2.18 为 1961—2012 年云南不同季节降水日数变化趋势空间分布,可以看出,云南降水日数变化趋势的季节性和区域性差异比较明显。春季滇中大部及滇西北、滇南部分地区(占全省 61.5%)降水日数呈增加趋势,增加速率为 0～1.2 d/10a,滇西、滇东北及滇东南部分地区(占全省 39.5%)降水日数呈减少趋势,减少速率为 0～1.9 d/10a。夏季全省大部地区(占全省 98.4%)降水日数均呈减少趋势,其中大理、临沧、普洱、玉溪、红河、楚雄和昆明的部分地区(占全省 20.2%)降水日数减少速率较大,在 2.0 d/10a 及以上。秋季除滇西及滇东北局部外,全省大部地区(占全省 96.8%)降水日数呈减少趋势,滇南至滇东南大部(占全省 43.5%)降水日数减少速率较大,为 2.0 d/10a 以上。冬季滇西北及滇东、滇南的局部地区(占全省 22.6%)降水日数呈增加趋势,增加速率为 0～0.8 d/10a,其余地区(占全省 77.4%)降水日数呈减少趋势,滇西南及滇东南的部分地区(占全省 12.9%)降水日数减少速率较大,在 1.0 d/10a 以上。综上所述,四季中以夏秋两季的降水日数减少最快,减少的范围也最大,其中夏季尤为突出。

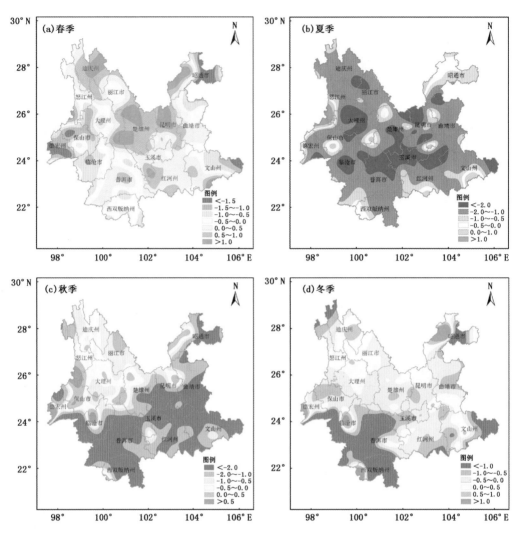

图 2.18　1961—2012 年云南四季降水日数变化趋势空间分布(单位:d/10a)

2.4　相对湿度的变化趋势

2.4.1　相对湿度气候特征

图 2.19 给出了云南年平均相对湿度多年平均值(1981—2010 年)空间分布。可以看出,云南相对湿度较大的地区主要分布于滇南、滇东地区以及怒江、德宏、临沧西部等地,其中昭通、曲靖东南部、文山南部以及滇南等的局部地区年平均相对湿度高达 80% 以上。相对湿度较小的地区主要分布在丽江局部、大理东部、楚雄北部、昆明北部以及昭通南部等地,这些地区的平均相对湿度一般在 65% 以下,其中楚雄北部和昆明北部的局部地区平均相对湿度小于60%。除此之外的其余地区年平均相对湿度一般为 65%～80%。

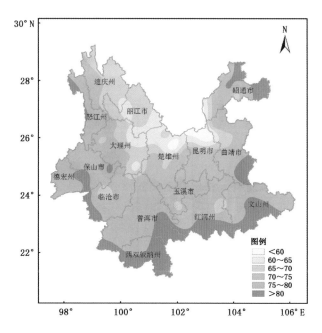

图 2.19　云南年平均相对湿度多年平均值(1981—2010 年)空间分布(单位:%)

图 2.20 给出了云南逐月平均相对湿度多年平均值(1981—2010 年)。可以看出,12 月—翌年 5 月相对湿度较小,仅为 61.64%～74.95%;6—11 月相对湿度较大,其中 7—9 月最大,分别为 82.71%、83.38% 以及 82.56%。

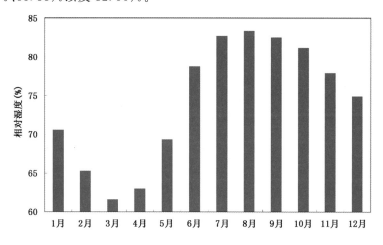

图 2.20　云南逐月平均相对湿度多年平均值(1981—2010 年)(单位:%)

2.4.2　年平均相对湿度变化趋势

图 2.21a 给出了 1961—2012 年云南年平均相对湿度距平变化。可以看出,1961—2012 年,云南相对湿度总体呈显著下降趋势,1961—2012 年全省平均减小了 3.16%,减少速率为 0.61%/10a。这与降水的长期变化趋势总体上一致。

图 2.21b 给出了 1961—2012 年近 52 年来的云南年平均相对湿度的年代尺度变化。可以看出,除了进入 21 世纪后的 12 年相对湿度较多年平均明显偏小外,其余年代相对湿度都较多年平均偏大。其中,20 世纪 60 年代相对湿度最大,较多年平均偏多达 1.09%;进入 21 世纪后最小,较多年平均偏少 1.61%。

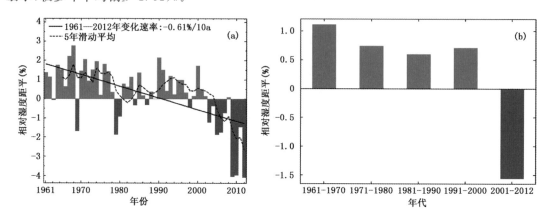

图 2.21　1961—2012 年云南年平均相对湿度距平变化(a)及年代尺度变化(b)(单位:%)

图 2.22 给出了 1961—2012 年云南年平均相对湿度变化趋势空间分布。可以看出,1961 年以来云南大部分地区(69.4%)相对湿度都呈减小的趋势,减小速率一般为 0~3%/10a。相对湿度减小最明显的是红河南部地区,减小速率最大能达到 3%/10a 以上。相对湿度增大的区域主要集中在滇中北部、滇西北局部以及滇东等的部分地区,最大增加速率达 1%/10a 以上。

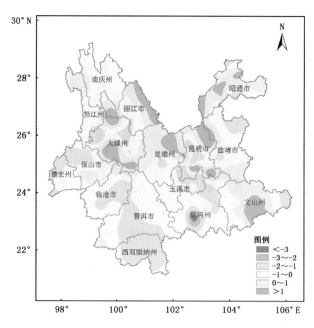

图 2.22　1961—2012 年云南年平均相对湿度变化趋势空间分布(单位:%/10a)

2.4.3　不同季节相对湿度变化趋势

图 2.23 给出了云南 1961—2012 年四季相对湿度距平及其变化趋势。总体来说,云南各季的相对湿度皆呈减少的线性变化趋势。

(1)春季相对湿度整体呈减小趋势,减少速率为 0.41%/10a。20 世纪 80 年代末期为相对湿度由大变小的转换时段。2005 年以后,相对湿度减小趋势明显。1969 年、2010 年和 2012 年春季为近 52 年来最干燥的 3 个春季;1974 年、1990 年和 1999 年春季为近 52 年来最湿润的 3 个春季。

(2)夏季相对湿度整体呈减小趋势,减少速率为 0.63%/10a。进入 21 世纪后相对湿度减小趋势明显,2011 年夏季相对湿度是近 52 年来最小值,距平约为−5%。

(3)秋季相对湿度整体呈减小趋势,减小速率为 0.70%/10a,减小速率在四季中最大。秋季相对湿度自 20 世纪 90 年代中后期开始减小,在 2009 年达到最小。

(4)冬季相对湿度整体也呈减小趋势,减小速率为 0.66%/10a。52 年中冬季相对湿度最大的三个年份是 1961 年、1967 年和 1991 年,尤其是 1991 年,比常年高出 5.2%;冬季相对湿度最小的三个年份是 1968 年、1978 年和 2009 年,其中 2009 年比常年偏小达 10%。1997 年后云南冬季的相对湿度基本减小明显。

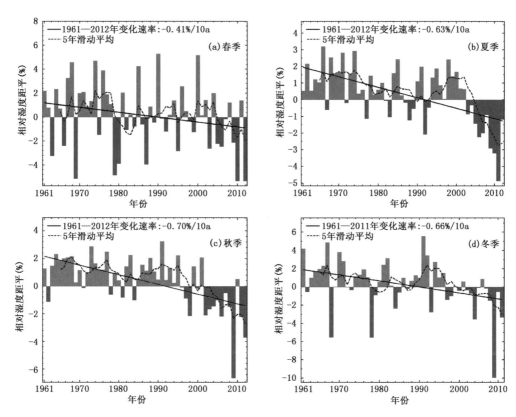

图 2.23　1961—2012 年云南四季平均相对湿度距平变化(单位:%/10a)

图 2.24 给出了 1961—2012 年云南四季相对湿度变化趋势空间分布。可以看出,春季,滇中西北部、怒江北部、大理南部、普洱西南部等地的局部地区相对湿度呈增加趋势,其余大部地区相对湿度呈减小趋势,减小速率大多在 0～3％/10a,减小最显著的地区为滇西边缘和红河等地的局部地区。夏季,滇中北部、大理、昭通以及文山等地的局部地区相对湿度呈增加趋势,增加速率在 0～1％/10a,其余大部地区相对湿度呈减小趋势,减小速率一般在 0～3％/10a,减小最显著的地区是迪庆以及红河。秋季,滇中北部、大理以及文山等地的局部地区相对湿度呈增加趋势,其余大部地区相对湿度呈减小趋势,减小速率一般在 0～3％/10a,减小最显著的地区分布在滇西边缘和红河等的局部地区。冬季,曲靖东南部、文山中部、昭通西部、迪庆西部、怒江北部、楚雄北部以及丽江东部等的局部地区相对湿度呈增加趋势,增加速率在 0～1％/10a,其余大部地区相对湿度呈减小趋势,减小速率一般在 0～3％/10a,减小最显著的地区分布在滇西边缘、滇西南局部以及滇中局部。总体来说,云南的四季相对湿度变化趋势与年平均相对湿度的变化趋势空间分布基本一致,冬季相对湿度减小的范围较大、程度也相对明显,春季相对湿度减小范围相对较小。

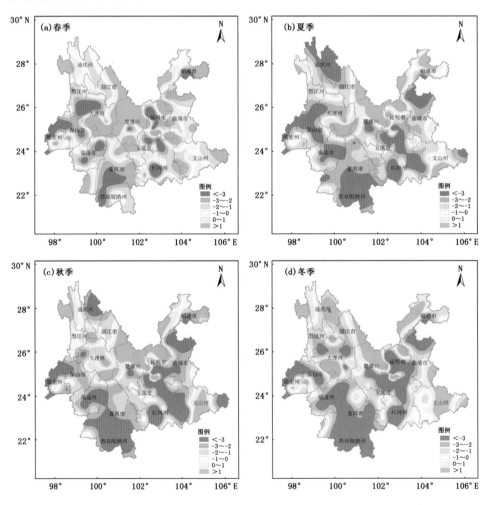

图 2.24 1961—2012 年云南四季平均相对湿度变化趋势空间分布(单位:％/10a)

2.5 风速的变化趋势

2.5.1 风速气候特征

图 2.25 给出了云南年平均风速多年平均值(1981—2010 年)空间分布。可以看出,年平均风速较大的地方主要分布于迪庆、丽江、大理、楚雄、昆明、玉溪、红河和曲靖等地,一般为 2.5~3.0 m/s,局地可达 3.0 m/s 以上。风速较小的地区主要分布在怒江、昭通北部、德宏西南部、普洱以及西双版纳等地,其风速小于 1.0 m/s。除此之外的其余地区年平均风速一般为 1.0~2.5 m/s。风速最大的太华山气象站年平均风速为 4.6 m/s,最小的景洪气象站仅为 0.7 m/s。

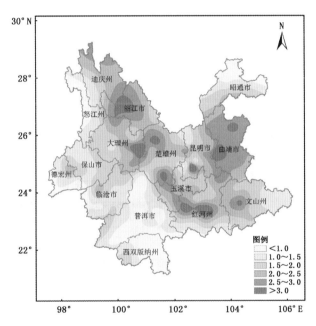

图 2.25 云南年平均风速多年平均值(1981—2010 年)空间分布(单位:m/s)

图 2.26 给出了云南逐月平均风速多年平均值(1981—2010 年)。可以看出,云南年平均风速为 1.89 m/s。一般 7—12 月风速较小,风速为 1.39~1.71 m/s;1—6 月风速较大,其中 2—4 月最大,分别为 2.53 m/s、2.72 m/s 以及 2.62 m/s。

2.5.2 年平均风速变化趋势

风速是对环境变化最敏感的气象要素之一。由于云南绝大多数气象观测站均建在城郊,城市扩张对观测环境的影响较大,因此,本报告将全省分为 6 个区域,在每个区域内选择资料连续、环境变化轻微、代表性良好的站点进行分析。6 个区域及代表站点分别是:滇东北(沾益)、滇中(武定)、滇西北(剑川)、滇西(祥云)、滇西南(临沧)和滇东南(广南)。考虑到 20 世纪 60 年代末期测风仪器变更可能影响其数据的连续性,本报告取 1971—2012 年对云南风速变化进行分析。所选 6 个站点平均风速年际变化如图 2.27 所示。

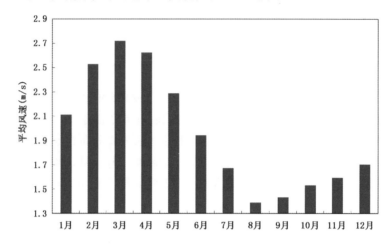

图 2.26　云南逐月平均风速多年平均值(1981—2010 年)(单位:m/s)

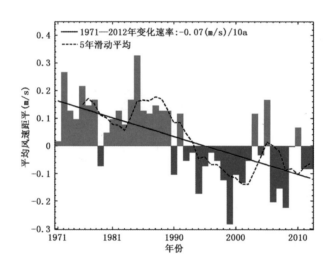

图 2.27　1971—2012 年云南代表性站点平均风速距平变化

由图 2.27 可见,云南平均风速总体上呈弱的下降趋势,变化速率为每 10 年减少 0.07 m/s。6 个区域代表站的下降幅度见表 2.1。

表 2.1　云南省各区域 1971—2012 年平均风速气候倾向率

区域	滇东北	滇中	滇西北	滇西	滇西南	滇东南	全省
代表站	沾益	武定	剑川	祥云	临沧	广南	平均
变化幅度 (m/s/10a)	0.00	−0.12 *	−0.14 *	−0.12 *	−0.02	−0.01	−0.07 *

注:* 表示通过 0.01 的显著性水平检验。

从表 2.1 可以看出,云南风速在滇中、滇西北和滇西东部地区下降较明显,其他地区不显著。

2.6　日照时数的变化趋势

2.6.1　日照时数的气候特征

图 2.28 给出了云南年日照时数多年平均值(1981—2010 年)空间分布。可以看出,日照时数较多的区域主要分布于丽江、大理、楚雄、保山等地,其中丽江局部、大理东部、楚雄西北部以及保山局部的年日照时数达 2400 h 以上。滇西北怒江和滇东的昭通、曲靖、文山和红河南部年日照时数较少,一般在 1400 h 以下,其中怒江西部、昭通东北部和曲靖东部等地年日照时数少于 1000 h。滇中一带年日照时数在 1400～2200 h。

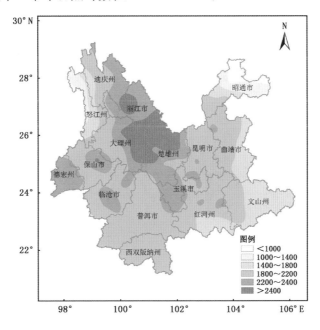

图 2.28　云南年日照时数多年平均值(1981—2010 年)空间分布(单位:h)

图 2.29 给出了云南逐月日照时数多年平均值(1981—2010 年)。可以看出,云南年日照时数多年平均为 2060 h。6—11 月的日照时数较少,为 127～167 h;12 月—翌年 5 月日照时数较多,其中 3 月和 4 月最多,分别为 220 h 和 214 h。

2.6.2　年日照时数变化趋势

图 2.30a 给出了 1961—2012 年云南年日照时数距平变化。可以看出,近 52 年间云南年日照时数呈减少的变化趋势,1961—2012 年全省平均年日照时数减少了 90.44 h,减少速率为 17.39 h/10a。在年代尺度变化上,20 世纪 60—70 年代云南日照时数增多,80—90 年代云南日照时数减少,21 世纪以来云南日照时数又转为增多。图 2.30b 给出了 1961—2012 年云南年日照时数的年代尺度变化。可以看出,70 年代日照时数最多,距平达 102 h;90 年代日照时数最少,距平为 −23 h。

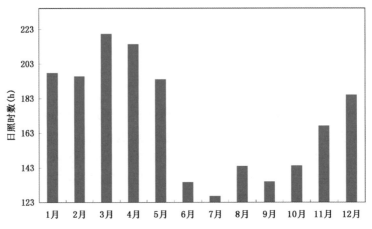

图 2.29 云南逐月日照时数多年平均值(1981—2010 年)(单位:h)

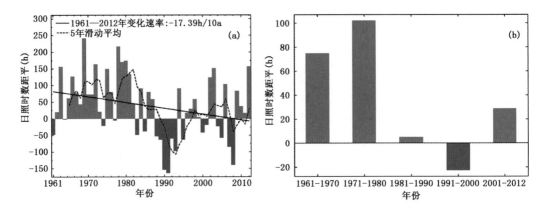

图 2.30 1961—2012 年云南年日照时数距平变化(a)及年代尺度变化(b)(单位:h)

图 2.31 给出了 1961—2012 年云南年日照时数变化趋势空间分布。可以看出,普洱、临沧、保山、大理、红河和文山等地的局部地区日照时数呈增加趋势,增加速率一般为 0～80 h/10a,其余地区年日照时数都呈减少趋势,减少速率一般为 0～80 h/10a,昆明北部地区日照时数减少速率最大,可达 80 h/10a 以上。

2.6.3 不同季节日照时数变化趋势

图 2.32 给出了云南 1961—2012 年四季日照时数距平及其变化趋势。可以看出,云南各季节的日照时数变化均呈减少的线性变化趋势。

(1)春季日照时数减少速率为 8.82 h/10a,20 世纪 80 年代中后期和 2000 年以后是云南春季日照时数偏少的时段。1963 年、1969 年和 1987 年春季为近 52 日照时数最多的 3 个春季,1961 年、1985 年和 1990 年为近 52 年日照时数最少的 3 个春季。

(2)夏季日照时数减少速率为 6.51 h/10a,20 世纪 90 年代是云南夏季日照时数偏少的时段。1967 年、1972 年和 2011 年夏季为近 52 年日照时数最多的 3 个夏季,1974 年、1991 年和 1998 年夏季为近 52 年日照时数最少的 3 个夏季。

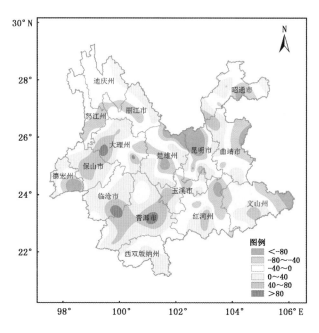

图 2.31　1961—2012 年云南年日照时数变化趋势空间分布(单位:h/10a)

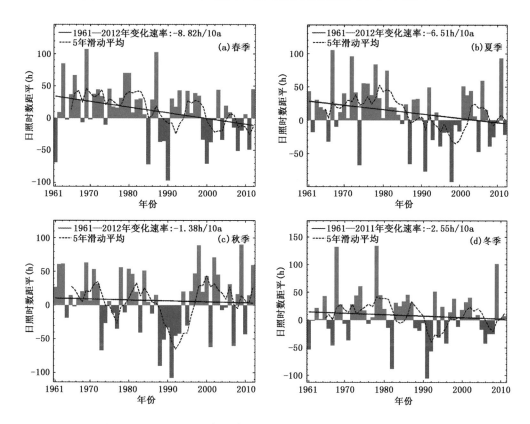

图 2.32　1961—2012 年云南四季平均日照时数距平变化 (单位:h)

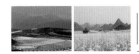

（3）秋季日照时数减少速率为 1.38 h/10a，减少速率在四季中最小。20 世纪 80 年代中期至 90 年代中期是秋季日照时数偏少的时段，2000 年以后秋季日照时数又转为偏多。1997 年、2002 年和 2009 年秋季为近 52 年日照时数最多的 3 个秋季，1973 年、1988 年和 1991 年秋季为近 52 年日照时数最少的 3 个秋季。

（4）冬季日照时数减少速率为 2.55 h/10a。近 52 年中冬季日照时数最多的 3 个年份是 1968 年、1978 年和 2009 年，冬季日照时数最少的三个年份是 1967 年、1982 年和 1991 年。

图 2.33 给出了 1961—2012 年云南四季日照时数变化趋势空间分布。可以看出，春季，大理、保山、普洱以及曲靖西北部等的局部地区日照时数呈增多趋势，增多速率在 0～20 h/10a，其余大部地区日照时数呈减少趋势，减少速率大多在 0～20 h/10a，其中滇中局部和滇东边缘地区日照时数减少最为显著。夏季，滇西北边缘、滇西局部、临沧、普洱等部分地区日照时数呈

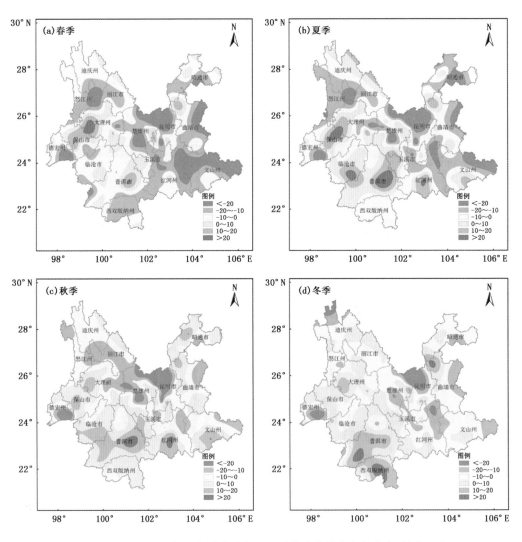

图 2.33　1961—2012 年云南季节平均日照时数变化趋势空间分布（单位：h/10a）

增多趋势,增多速率在 0～20 h/10a,其余大部地区日照时数呈减少趋势,减少速率大多在 0～20 h/10a,减少最显著的地区主要分布在滇中和滇东的局部,减少速率可达 20 h/10a 以上。秋季,滇南和滇东北的部分地区的日照时数呈增多趋势,增多速率在 0～20 h/10a,其余大部地区日照时数呈减少趋势,减少速率大多在 0～20 h/10a,减少最显著的地区为昆明北部、楚雄和德宏等地的部分地区。冬季,滇西南、滇西以及滇东北等地的部分地区的日照时数呈增多趋势,增多速率在 0～20 h/10a,其余大部地区日照时数呈减少趋势,减少速率大多在 0～20 h/10a,减少最显著为昆明的北部地区。总体来说,云南四季的日照时数变化趋势与年日照时数的变化趋势空间分布基本一致,春夏季日照时数减小的范围较大、程度也相对明显,秋季和冬季日照时数减小速率相对较小。

第3章 云南极端天气气候事件变化事实

摘要: 极端天气气候事件是指对社会、经济和环境产生重大影响的天气、气候现象与事件。本章利用云南 1961—2012 年气象站观测资料,对云南具有高影响的极端天气、气候(干旱、强降水、霜、冰冻、雷暴等)观测事实进行了分析。结果表明:云南干旱四季皆有,且空间分布不均匀,其中冬、春季干旱强度最强,持续时间最长,夏季干旱强度最小,持续时间也最短。云南大部地区干旱的强度和持续时间都呈增加趋势,其中以滇东和滇西两个地区最为严重。滇东干旱加剧主要体现在雨季,而滇西则出现于干季。云南大部地区强降水日数呈减少的变化趋势,然而强降水的强度却在增强。云南高温天气的日数呈增加趋势,其强度也在增强;而低温日数的变化则呈减少趋势,其中春季低温日数减速最快。

云南大部地区雾出现日数呈减少趋势;霾出现的日数也表现为逐渐减少的变化特征,其中春季霾出现日数减少速率最快。

1961—2012 年,云南大部地区霜出现日数呈减少趋势,冬季霜的日数减速最为明显。降雪日数的减少趋势也很显著,云南绝大部分地区降雪日数都在减少。云南的冰冻天气主要集中在滇东北地区,冰冻日数的变化也表现为逐渐减少的趋势。云南雷暴天气呈南多北少的分布,1961—2012 年云南大部分地区雷暴日数表现为逐渐减少的变化特征,其中以夏季的减速最为明显。

近 10 年来云南气温持续升高,降水持续偏少,并屡创极值;极端天气气候事件也多发频发。

3.1 干旱的变化趋势

本报告中干旱指标采用中华人民共和国国家标准《GB/T20481—2006》中的综合气象干旱指数(CI)。干旱强度定义为:综合气象干旱指数(CI)为轻旱($CI \leqslant -0.6$)以上等级指数之和的绝对值作为干旱强度指数,其值越大,干旱过程强度越强。

3.1.1 干旱气候特征

图 3.1 给出了云南干旱多年平均(1981—2010 年)空间分布。从图 3.1a 可以看出,云南干旱强度空间分布不均:除滇东北边缘的威信和镇雄、滇南边缘的金平和江城以及滇西北边缘的贡山等局部地区干旱强度较轻以外,全省大部均不同程度地存在着干旱灾害,其中丽江东部和南部、大理中部和东部、楚雄北部等地为干旱强度最强的地区。从图 3.1(b,c,d)可以看出,云南不同等级的干旱持续时间与干旱强度有很好的对应关系,干旱强度较大的地区,一般干旱持续时间也较长。干旱最严重的丽江东部和南部、大理中部和东部、楚雄北部等地区,一年中

轻旱以上等级出现的时间超过 4 个月,最长的出现时间接近 6 个月;中旱以上等级出现的时间超过两个月,最长的出现时间超过 3 个月;重旱以上等级接近 1 个月。

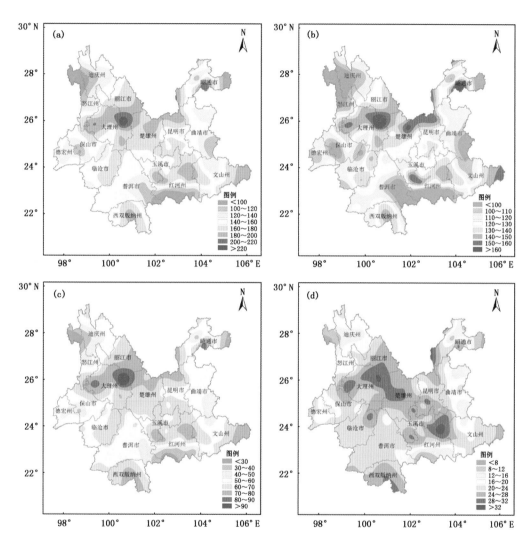

图 3.1　云南干旱多年平均(1981—2010 年)空间分布
(a)干旱强度;(b)轻旱以上等级出现日数(单位:d);(c)中旱以上等级出现日数(单位:d);
(d)重旱以上等级出现日数(单位:d)

图 3.2 给出了云南不同时段的多年平均(1981—2010 年)干旱情况。如图所示,无论是从干旱强度还是干旱持续时间上来看,云南干旱四季皆有,其中春、冬季干旱强度最强,干旱出现时间最长,而夏季干旱强度最小,干旱出现时间也最短。云南干季、雨季分明,干季(11 月—翌年 4 月)为季节性干旱期,干旱强度和干旱持续时间长度明显高于雨季(5—10 月)。

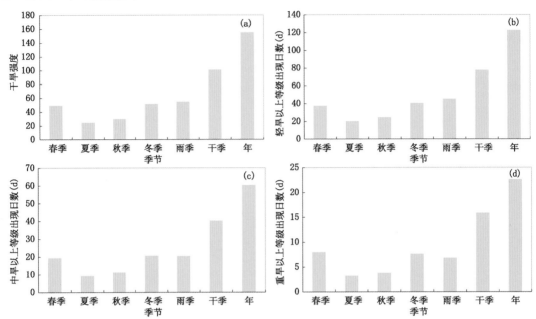

图 3.2 云南不同时间段的多年平均(1981—2010 年)干旱情况
(a)干旱强度;(b)轻旱以上等级出现的日数(单位:d);(c)中旱以上等级出现日数(单位:d);
(d)重旱以上等级出现日数(单位:d)

3.1.2 年干旱变化趋势

图 3.3 给出了 1961—2012 年云南干旱变化情况。可以看出,云南的年干旱强度、不同干旱等级的出现日数在 2000 年后有一个明显增加趋势,尤其是近四年增加尤为明显。2001—2012 年是 1961—2012 年云南干旱强度最强、干旱出现时间最长的时段。1961—2012 年云南干旱强度增加了 26.5%,增加速率为 5.0%/10a,轻旱以上等级出现日数增加了 28.6 d,增加速率为 5.5 d/10a,中旱以上等级出现日数增加了 19.8 d,增加速率为 3.8 d/10a,重旱以上等级出现日数增加了 8.3 d,增加速率为 1.6 d/10a。

图 3.4 给出了 1961—2012 年云南干旱变化趋势空间分布。由图 3.4a 可以看出,滇西北边缘地区、滇中北部地区、滇东北局部以及滇南局部(占全省 19.6%)的干旱强度呈减小趋势,减小速率在 0.1～10.0%/10a,其余大部地区干旱强度呈增加趋势,增加速率在 0.5～16.7%/10a,增加最显著的地区为滇中以东地区。由图 3.4b 可以看出,滇西北边缘地区、滇中北部地区、滇东北局部以及滇南局部(占全省 9.8%)一年内的轻旱以上等级出现日数呈减少趋势,减少速率在 0.1～5.1 d/10a,其余大部地区呈增加趋势,增加速率在 0.2～22.5 d/10a,增加最显著的地区为滇中以东地区。由图 3.4c 可以看出,滇西北边缘地区、滇中北部地区、滇东北局部以及滇南局部(占全省 9.8%)一年内的中旱以上等级出现日数呈减少趋势,减少速率在 0.1～8.4 d/10a,其余大部地区呈增加趋势,增加速率在 0.2～15.6 d/10a,增加最显著的地区为滇中以东地区。由图 3.4d 可以看出,滇西北边缘地区、滇中北部地区、滇东北局部以及滇南局部(占全省 24.6%)一年内的重旱以上等级出现日数呈减少趋势,减少速率在 0.1～2.6 d/10a,

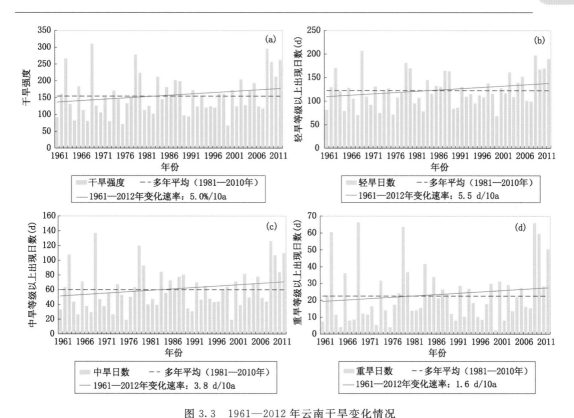

图 3.3　1961—2012 年云南干旱变化情况

(a)年干旱强度的变化;(b)轻旱以上等级出现日数的变化;(c)中旱以上等级出现日数的变化;
(d)重旱以上等级出现日数的变化

其余大部地区呈增加趋势,增加速率在 0.0～7.3 d/10a,增加最显著的地区为滇西地区。总体上看,1961—2012 年间云南干旱加剧最严重的主要是滇东和滇西两个地区。

3.1.3　雨季(5—10 月)干旱变化趋势

图 3.5 给出了 1961—2012 年云南雨季的干旱变化趋势。可以看出,云南雨季的干旱强度、不同干旱等级出现日数均呈增强趋势。1961—2012 年云南干旱强度增加了 26.7%,增加速率为 5.1%/10a,轻旱以上等级出现时间增加了 13.4 d,增加速率为 2.6 d/10a,中旱以上等级出现时间增加了 6.4 d,增加速率为 1.2 d/10a,重旱以上等级出现时间增加了 1.2 d,增加速率为 0.2 d/10a。

图 3.6 给出了 1961—2012 年云南雨季的干旱变化趋势空间分布。由图 3.6a 可以看出,滇西北局部、滇中北部、滇东北局部以及滇西南局部(占全省 36.1%)的干旱强度呈减小趋势,减小速率在 0.1～16.2%/10a,其余大部地区干旱强度呈增加趋势,增加速率在 0.1～23.2%/10a,增加最显著的地区为滇中以东地区。由图 3.6b 可以看出,滇西北边缘、滇中北部、滇东北局部以及滇南局部(占全省 21.3%)雨季轻旱以上等级出现日数呈减少趋势,减少速率在 0～4.4 d/10a,其余大部地区呈增加趋势,增加速率在 0～10.5 d/10a,增加最显著的地区为滇中以东地区。由图 3.6c 可以看出,滇西北局部、滇中北部、滇东北局部以及滇西南局部地区(占

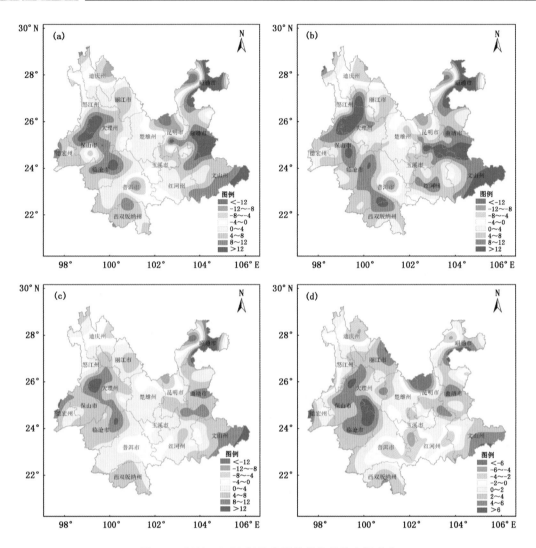

图 3.4　1961—2012 年云南干旱变化趋势空间分布

(a)年干旱强度的变化趋势分布;(b)轻旱以上等级出现日数的变化趋势分布(单位:d/10a);

(c)中旱以上等级出现日数的变化趋势分布(单位:d/10a);(d)重旱以上等级出现

日数的变化趋势分布(单位:d/10a)

全省 31.1%)雨季的中旱以上等级出现日数呈减少趋势,减少速率在 0～3.6 d/10a,其余大部地区呈增加趋势,增加速率在 0～6.8 d/10a,增加最显著的地区为滇中以东地区。由图 3.6d可以看出,滇西北局部地区、滇中及以北部局部地区、滇东北局部以及滇西南局部(占全省45.1%)雨季的重旱以上等级出现日数呈减少趋势,减少速率在 0～3.6 d/10a,其余大部地区呈增加趋势,增加速率在 0～3.2 d/10a,增加最显著的地区为滇中以东地区。综上所述,1961—2012 年间云南雨季干旱加剧最严重的主要是滇东地区。

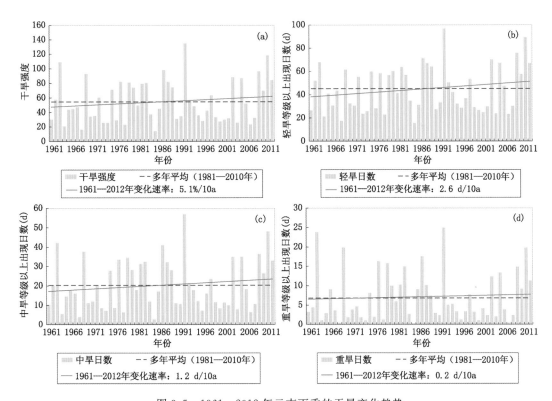

图 3.5　1961—2012 年云南雨季的干旱变化趋势

(a)干旱强度的变化趋势;(b)轻旱以上等级出现日数的变化趋势;(c)中旱以上等级出现
日数的变化趋势;(d)重旱以上等级出现日数的变化趋势

3.1.4　干季(11月—翌年4月)干旱变化趋势

图 3.7 给出了 1961—2012 年云南干季的干旱变化趋势。可以看出,云南干季的干旱强度、不同干旱等级出现日数均呈增加趋势。1961—2012 年云南干季干旱强度增加了 34.9%,增加速率为 6.7%/10a,轻旱以上等级出现时间增加了 19.4 d,增加速率为 3.7 d/10a,中旱以上等级出现时间增加了 17.2 d,增加速率为 3.3 d/10a,重旱以上等级出现时间增加了 9.9 d,增加速率为 1.9 d/10a。

图 3.8 为 1961—2012 年云南干季的干旱变化趋势空间分布。由图 3.8a 可以看出,滇西北、滇中以东以北局部地区以及滇西南局部(占全省 13.1%)干季的干旱强度呈减小趋势,减小速率在 0.3~10.4%/10a,其余大部地区干旱强度呈增加趋势,增加速率在 0.1~23.9%/10a,增加最显著的地区为滇西地区。由图 3.8b 可以看出,滇西北边缘地区、滇东北局部滇东南局部地区(占全省 2.7%)干季轻旱以上等级出现日数呈减少趋势,减少速率在 0.4~3.7 d/10a,其余大部地区呈增加趋势,增加速率在 0.1~15.0 d/10a,增加最显著的地区为滇西地区。由图 3.8c 可以看出,滇东北局部以及滇西南局部地区(占全省 9.0%)干季中旱以上等级出现日数呈减少趋势,减少速率在 0~5.5 d/10a,其余大部地区呈增加趋势,增加速率在 0.2~15.3 d/10a,增加最显著的地区为滇西地区。由图 3.8d 可以看出,滇西北局部地区、滇东北局

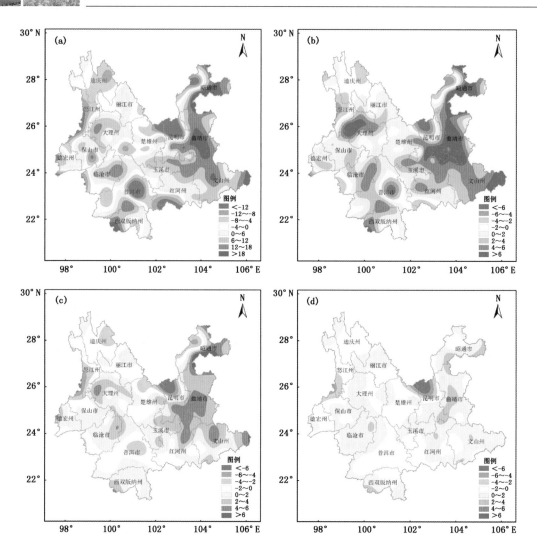

图 3.6　1961—2012 年云南雨季的干旱变化趋势空间分布
(a)干旱强度的变化趋势分布；(b)轻旱以上等级出现日数的变化趋势分布(单位：d/10a)；
(c)中旱以上等级出现日数的变化趋势分布(单位：d/10a)；(d)重旱以上等级出现
日数的变化趋势分布(单位：d/10a)

部以及滇南局部地区(占全省 22.1%)干季的重旱以上等级出现日数呈减少趋势,减少速率在
0～3.9 d/10a,其余大部地区呈增加趋势,增加速率在 0.1～6.7 d/10a,增加最显著的地区为
滇西地区。综上所述,与雨季不同,1961—2012 年间云南干季干旱加剧最严重的主要是滇西
地区。

3.1.5　干旱影响程度

图 3.9 给出了 1961—2012 年云南干旱强度指数距平变化。可以看出,云南的极端干旱过
程主要发生于:1962/1963 年、1968/1969 年、1978/1979 年、1983 年、1987 年、1988 年、1992

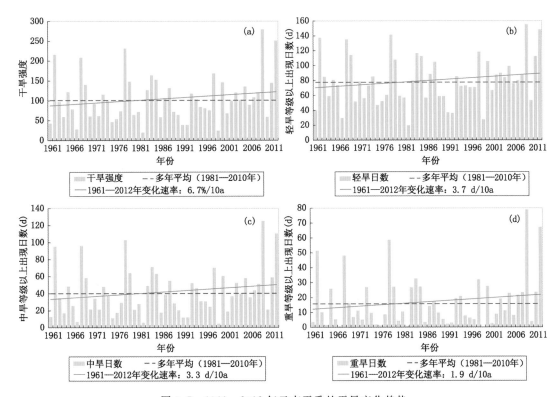

图 3.7　1961—2012 年云南干季的干旱变化趋势
(a)干旱强度的变化趋势;(b)轻旱以上等级出现日数的变化趋势;(c)中旱以上等级出现日数
的变化趋势;(d)重旱以上等级出现日数的变化趋势

年、2003 年、2009/2010 年和 2011/2012 年。20 世纪 60 年代云南重大干旱多、70 年代末以来云南干旱出现频繁,近 10 年来云南全省性极端干旱频繁发生,特别是 2009/2010 年和 2011/2012 年的干旱其强度和持续时间均远超 1961 年来的历次干旱过程。

　　日益严重的干旱趋势致使云南干旱的影响领域已经从传统意义上的农业和农村缺水向城市供水、能源、生态等领域扩展,并越来越严重地威胁到社会的稳定。2009—2012 年的连续 4 年干旱受灾人口分别为 1187.8 万人、2497.7 万人、1090.2 万人和 1421.5 万人,特别是 2009/2010 年特大干旱,波及全省范围,农业受旱面积和受灾人口均创新纪录,经济林果和林业生态等也遭到从未有过的重创。就干旱对农业的影响而言(图 3.10),受旱农作物面积最大的 5 年均出现在 2005 年以后,其中近 4 年来的持续干旱累计影响前所未有。随着经济的发展,干旱所造成的经济损失日益增大。2009—2012 年的干旱所造成的直接经济损失分别为 250.9 亿元、273.3 亿元、96.1 亿元、63.9 亿元,居历年的前列。

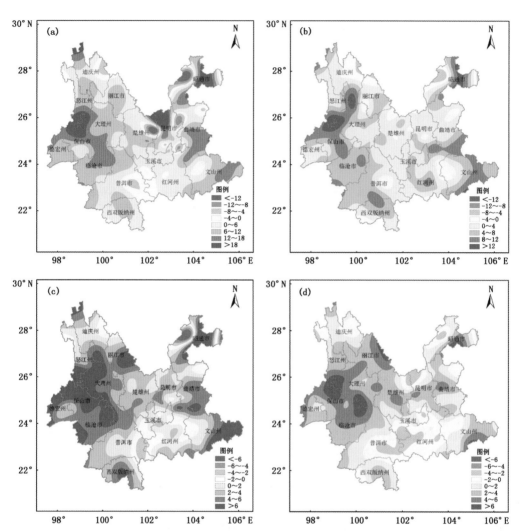

图 3.8　1961—2012 年云南干季的干旱变化趋势空间分布

（a）年干旱强度的变化趋势分布；（b）轻旱以上等级出现日数的变化趋势分布（单位：d/10a）；

（c）中旱以上等级出现日数的变化趋势分布（单位：d/10a）；（d）重旱以上等级出现

日数的变化趋势分布（单位：d/10a）

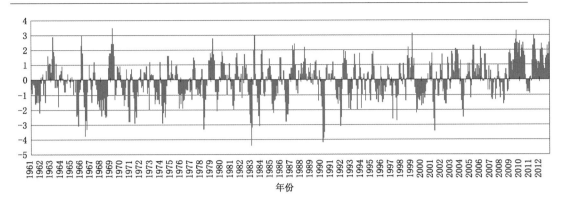

图 3.9　1961—2012 年云南干旱强度指数距平变化

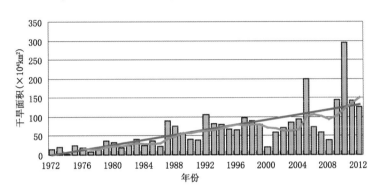

图 3.10　1972—2012 年云南干旱受灾面积的年际变化（单位：$10^4 km^2$）

3.2　强降水的变化趋势

3.2.1　强降水日数气候特征

图 3.11 给出了云南不同量级的年强降水日数多年平均(1981—2010 年)空间分布。可以看出,云南各地年大雨日数(25.0 mm ≤ 日降水量 < 50.0 mm)在 2.6～22.8 d,金平的年大雨日数最多为 22.8 d,香格里拉最少为 2.6 d。怒江西部、德宏、保山西部、临沧西部、普洱南部、西双版纳东部、红河南部和曲靖东南部(占全省 16.9%)的年大雨日数较多,在 12.0 d 以上;滇西北部分地区(占全省 1.6%)年大雨日数较少,在 4.0 d 以下。对于暴雨(50.0 mm ≤ 日降水量 < 100.0 mm)而言,云南各地年暴雨日数在 0.03～6.8 d,全省平均 1.9 d,金平的年暴雨日数最多,为 6.8 d,香格里拉最少为 0.03 d。怒江局部、德宏、保山局部、普洱南部、西双版纳东部、红河南部和曲靖东南部(占全省 12.9%)的年暴雨日数较多,在 3.0 d 以上;而滇西北和滇东北部分地区(占全省 15.3%)年暴雨日数较少,在 1.0 d 以下。云南各地年大暴雨日数(日降水量 ≥ 100.0 mm)在 0～1.16 d,全省平均 0.13 d,河口的年大暴雨日数最多为 1.16 d。德宏、普洱南部、西双版纳东部、红河南部、曲靖东南部和昭通东北部(占全省 13.7%)的年大暴雨日数较多,在 0.2 d 以上;滇西北大部、滇西局部和滇东北、滇南的部分地区(占全省 37.1%)年大

暴雨日数较少,在 0.04 d 以下。云南各地大雨以上量级(日降水量≥25.0 mm)的年降水日数在 2.6～30.6 d,较多的地区主要集中于怒江、德宏、保山大部、临沧西部、普洱大部、西双版纳、红河南部、文山大部和曲靖东南部(占全省 44.4%),其出现日数均在 10 d 以上,其中以金平最多,为 30.6 d;其余地区(占全省 55.6%)大雨以上量级的年降水日数均在 10 d 以下,其中以香格里拉最少,仅为 2.6 d。

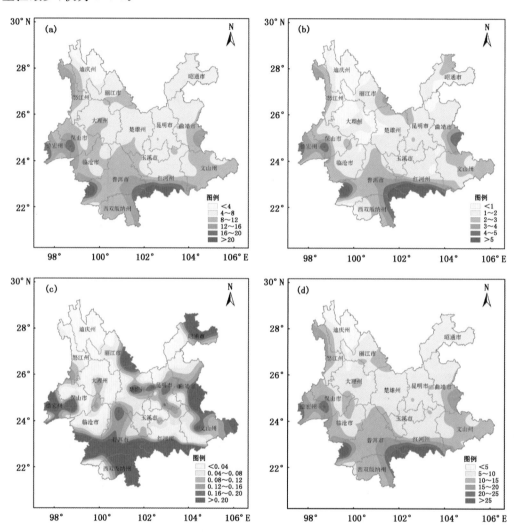

图 3.11　云南大雨量级(a)、暴雨量级(b)、大暴雨量级(c)以及大雨以上量级(d)的
年降水日数多年平均(1981—2010 年)空间分布(单位:d)

图 3.12 给出了云南逐月不同量级强降水日数多年平均值(1981—2010 年)。可以看出,云南多年平均的年大雨日数为 8.6 d,其中 7 月大雨日数最多为 2.0 d,其次是 8 月和 6 月,分别为 1.7 d 和 1.5 d,12 月、1 月和 2 月最少均为 0.1 d。雨季(5—10 月)的多年平均大雨日数为 7.8 d,占全年大雨日数的 90.7%,其中主汛期(6—8 月)多年平均大雨日数为 5.2 d,占全年的 60.2%。干季(11 月—翌年 4 月)多年平均大雨日数为 0.8 d,仅占全年的 9.3%。对于暴

雨而言,云南多年平均的年暴雨日数为 1.9 d,其中 7 月暴雨日数最多为 0.49 d,其次是 6 月和 8 月,分别为 0.39 d 和 0.37 d,12 月、1 月和 2 月最少,均为 0.01 d。雨季(5—10 月)的多年平均暴雨日数为 1.77 d,占全年暴雨日数的 92.7%,其中主汛期(6—8 月)多年平均暴雨日数为 1.25 d,占全年的 65.4%。干季(11 月—翌年 4 月)多年平均暴雨日数为 0.14 d,仅占全年的 7.3%。云南多年平均的年大暴雨日数为 0.13 d,其中 7 月大暴雨日数最多为 0.04 d,其次是 8 月和 6 月,均为 0.03 d,11 月—翌年 4 月无大暴雨。雨季(5—10 月)的多年平均大暴雨日数为 0.13 d,占全年大暴雨日数的 100%,其中主汛期(6—8 月)多年平均大暴雨日数为 0.10 d,占全年的 76.9%。云南多年平均的大雨以上量级的年降水日数为 10.6 d,这些强降水事件主要发生于雨季。7 月大雨以上量级的降水日数最多为 2.5 d,其次是 8 月和 6 月,分别为 2.1 d 和 1.9 d,12 月—翌年 3 月最少均为 0.1 d。雨季(5—10 月)的多年平均大雨以上量级的降水日数为 9.6 d,占全年的 89.7%,其中主汛期(6—8 月)的降水日数为 6.5 d,占全年的 60.7%。干季(11 月—翌年 4 月)多年平均大雨以上量级的降水日数为 1.1 d,仅占全年的 10.3%。

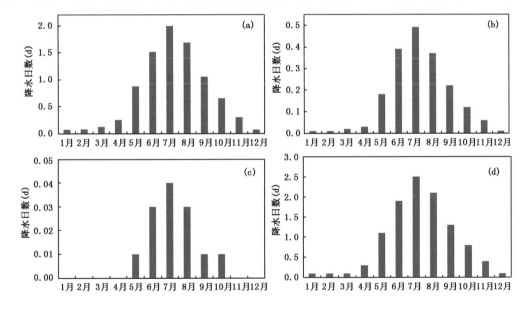

图 3.12　云南逐月大雨(a)、暴雨(b)、大暴雨(c)以及大雨以上量级(d)的降水日数多年平均值(1981—2010 年)(单位:d)

3.2.2　强降水变化趋势

图 3.13 给出了 1961—2012 年云南不同量级强降水的日数和不同量级强降水的降水总量占年降水总量百分比的逐年变化。可以看出,1961—2012 年间云南平均大雨和暴雨的日数均呈减少的变化趋势,减少速率分别为 0.12 d/10a 和 0.004 d/10a,52 年来分别减少了 0.62 d (7.3%)和 0.02 d(1.1%)。然而大雨和暴雨量级的降水量占年降水量的百分比却在这 52 年间总体上呈增加的变化趋势,增加速率分别为 0.10%/10a 和 0.19%/10a。近 10 年来,除了 2010—2011 年极端干旱导致大雨和暴雨的降水量占年降水量的百分比偏少外,其余年份的强降水降水量占年降水量百分比大多超过了多年平均。对于大暴雨而言,1961—2012 年间云南

平均大暴雨日数和其降水量占年降水量的百分比总体上均呈增加的变化趋势,增加速率分别为 0.003 d/10a 和 0.04%/10a(图略)。1961—2012 年间,云南大雨以上量级的降水日数呈减少的变化趋势(图 3.13e),52 年来约减少了 0.6 d,减少速率为 0.12 d/10a。然而,对于大雨以上量级的降水量占年降水量的百分比来说,在这 52 年间,云南大雨以上量级的降水量占年降水量的百分比总体呈增加的变化趋势(图 3.13f),增加速率为 0.32%/10a。

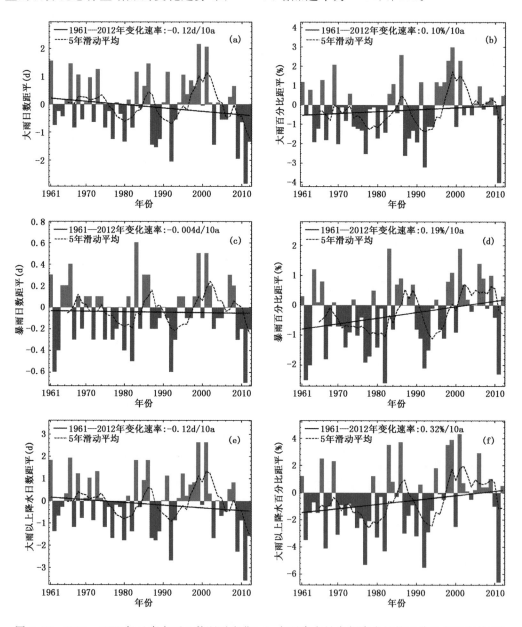

图 3.13　1961—2012 年云南大雨日数距平变化(a)、大雨降水量占年降水量的百分比距平变化(b)、
暴雨日数距平变化(c)、暴雨降水量占年降水量的百分比距平变化(d)、大雨以上量级的
降水日数距平变化(e)、大雨以上量级的降水量占年降水量的百分比距平变化(f)

　　图 3.14 给出了 1961—2012 年云南日最大降水量的逐年变化。可以看出,1961—2012 年间云南日最大降水量总体上呈增加的变化趋势,增加速率为 0.36 mm/10a。除 2009 年以来,云南连续干旱,日最大降水量有所减少外,自 20 世纪 90 年代初期开始,日最大降水量就表现为明显的增加趋势。

　　综合图 3.13 和图 3.14 可知,在 1961—2012 年间云南强降水事件的发生频率虽然在减少,但其强度却在增强。

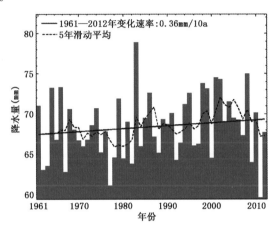

图 3.14　1961—2012 年云南日最大降水量的年际变化(单位:mm)

　　图 3.15 给出了 1961—2012 年云南不同量级强降水的日数变化趋势空间分布。可以看出,年大雨日数在滇中及以东大部、滇南和滇西的部分地区(占全省 58.1%)呈减少趋势,减少速率为 0～0.9 d/10a;而在迪庆西部、怒江北部、丽江南部、保山西部、普洱北部、西双版纳南部、楚雄局部和文山局部等地区(占全省 41.9%)呈增加的趋势,增加速率在 0～0.6 d/10a。对于暴雨而言,滇中和滇东的部分地区、滇西和滇南的局部地区(占全省 47.6%)年暴雨日数呈减少趋势,减少速率为 0～0.4 d/10a;昭通大部、曲靖北部、文山局部、昆明北部、楚雄东部、丽江大部、怒江、德宏、保山、大理局部、普洱局部、临沧局部和红河局部等地区(占全省 52.4%)年暴雨日数呈增加的趋势,增加速率在 0～0.4 d/10a。年大暴雨日数在滇东部分地区、滇南局部、滇西南局部地区(占全省 35.5%)呈减少趋势,减少速率为 0～0.2 d/10a;文山东部、昆明东部、楚雄西南部、保山局部、临沧西南部、普洱西南部及红河南部等局部地区(占全省 37.9%)年大暴雨日数则呈增加的趋势,增加速率在 0～0.2 d/10a。全省有 33 站(占全省 26.6%)年大暴雨日数无变化。由此可见,云南大雨以上量级的降水日数变化存在明显的区域差异,滇中及以东大部和滇西、滇南的部分地区(占全省 52.4%)大雨以上量级的降水日数呈减少趋势,减少速率为 0～1.3 d/10a,而昭通西部、怒江大部、丽江大部、保山大部、德宏局部、临沧局部、普洱北部、楚雄局部、西双版纳局部和红河局部等部分地区(占全省 47.6%)大雨以上量级的降水日数则呈增加趋势,增加速率在 0～0.7 d/10a。

　　图 3.16 给出了 1961—2012 年云南日最大降水量变化趋势空间分布。可以看出,日最大降水量在昭通西部、曲靖大部、文山北部、红河西部、西双版纳东部、普洱局部、德宏、怒江、迪庆西南部和丽江局部等的部分地区(占全省 41.9%)呈减少趋势,减少速率为 0～4.8 mm/10a;而在昭

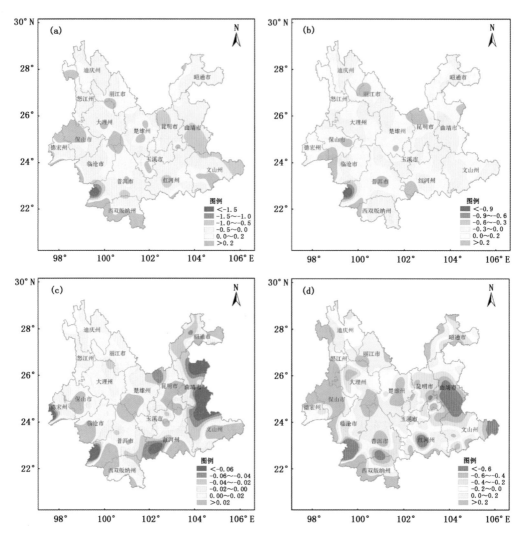

图 3.15　1961—2012 年云南大雨(a)、暴雨(b)、大暴雨(c)以及大雨以上量级降水(d)的
降水日数变化趋势空间分布(单位:d/10a)

通东部、文山东部、昆明大部、西双版纳西南部、普洱局部、临沧局部、保山、大理局部、楚雄局部和丽江西部等部分地区(占全省 58.1%)却呈增加趋势,增加速率在 0～6.7 mm/10a。

　　综合图 3.15 和图 3.16 可以看出,1961—2012 年间曲靖大部、文山北部和西南部、红河中部、西双版纳北部、普洱西部和南部、德宏南部等的部分地区(占全省 22.6%)强降水日数在减少,强降水强度也在减弱。昭通中部、昆明大部、文山东部、大理西部以及迪庆东部和北部等地区(占全省 30.6%)虽然强降水日数在减少,但是强降水强度却在增强。昭通西部、红河西南部、德宏北部、怒江大部等的部分地区(占全省 19.4%)强降水日数在增多,然而强降水强度却在减弱。红河南部、普洱中部和西南部、西双版纳西部、临沧西部、保山、楚雄南部、大理东南部以及丽江中部等地(占全省 27.4%)不但强降水日数在增多,其强度也有所增强。

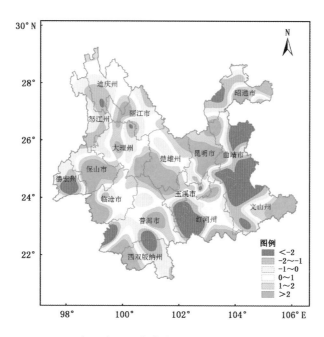

图 3.16　1961—2012 年云南日最大降水量变化趋势空间分布(单位:mm/10a)

3.3　高温天气的变化趋势

3.3.1　高温日数气候特征

由于云南地处低纬高原地区,境内地形复杂,不同区域间海拔高差较大,气温受地形起伏的影响很大。云南大部地区年内日最高气温超过 35.0 ℃时段较少,仅按最高温度超过 35.0 ℃为一个高温日的指标并不恰当,因此,本报告以云南观测站点日最高气温超过 30 ℃和 35.0 ℃作为云南高温天气指标分别进行分析。

图 3.17 给出了云南日最高气温≥30.0 ℃和≥35.0 ℃的日数多年平均值(1981—2010年)空间分布。可以看出,云南日最高气温≥30.0 ℃的平均日数在 0~220 d,元江最多为 220 d,滇西北香格里拉、德钦最少。年内日最高气温≥30.0 ℃日数多年平均大于 100 d 的地区主要分布在金沙江河谷地带和南部的热带低海拔地区(占省 10.5%),小于 10 d 的地区主要分布在滇中及以东的部分地区和滇西北高海拔地区(占全省 44.4%)。云南日最高气温≥35.0 ℃的平均日数在 0~87.7 d,元江最多为 87.7 d,其次是巧家 47.5 d。全省有 97 个站(占全省 78.2%)出现日数小于 1 d,超过 10 d 的地区有 10 个站(占全省 8.1%),主要分布在北部金沙江河谷地带和南部低海拔热带地区。

图 3.18 给出了云南逐月日最高气温≥30.0 ℃和≥35.0 ℃的日数多年平均值(1981—2010年)。可以看出,云南多年平均日最高气温≥30.0 ℃的日数为 35.9 d。逐月变化上,初夏 5 月日最高气温≥30.0 ℃的日数最多为 7.1 d,占全年的 19.8%;其次是 4 月为 5.7 d;盛夏的 6 月和 8 月的日数也均在 5 d 以上,分别为 5.3 d 和 5.2 d;12 月和 1 月日数最少,出现最高

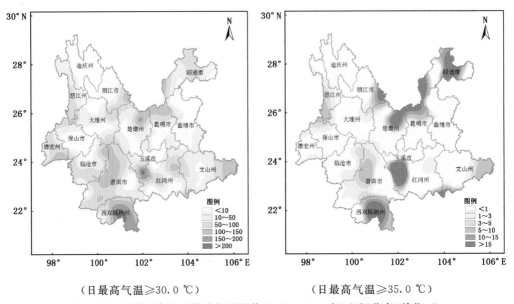

（日最高气温≥30.0 ℃）　　　　　　　　（日最高气温≥35.0 ℃）

图 3.17　云南年高温日数多年平均值（1981—2010 年）空间分布（单位：d）

气温≥30.0 ℃的日数接近为 0。云南全省多年平均日最高气温≥35.0 ℃的日数为 3.5 d,逐月分布上 5 月日数最多为 0.88 d,其次是 6 月和 4 月,分别为 0.60 d 和 0.57 d,11 月、12 月和 1 月日数最少,没有出现最高气温≥35.0 ℃的日数。

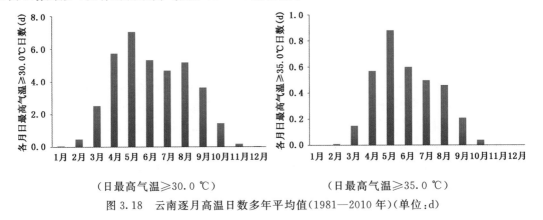

（日最高气温≥30.0 ℃）　　　　　　　　（日最高气温≥35.0 ℃）

图 3.18　云南逐月高温日数多年平均值（1981—2010 年）（单位：d）

3.3.2　高温日数及极端最高气温变化趋势

图 3.19 给出了 1961—2012 年云南日最高气温≥30.0 ℃和≥35.0 ℃的高温日数逐年演变及其线性趋势。可以看出,1961—2012 年间云南全省平均日最高气温≥30.0 ℃和≥35.0 ℃的日数变化均呈增加趋势,日最高气温≥30.0 ℃的日数增加速率为 2.28 d(6.5%)/10a,52 年来约增加了 11.9 d。日最高气温≥35.0 ℃的日数增加速率为 0.30 d(8.7%)/10a,52 年来约增加了 1.6 d。

图 3.20 给出了 1961—2012 年云南年极端最高气温逐年演变及其线性趋势。可以看出,云南全省多年平均的年极端最高气温为 32.4 ℃,2012 年最高为 33.9 ℃,1974 年最低为

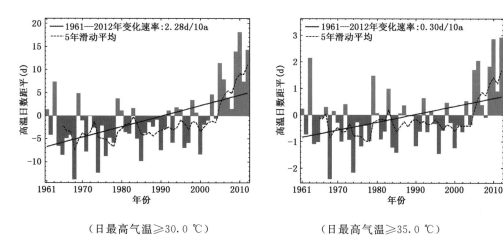

（日最高气温≥30.0 ℃）　　　　　　　（日最高气温≥35.0 ℃）

图 3.19　1961—2012 年云南年高温日数距平变化（单位：d）

30.9 ℃。1961—2012 年云南全省平均年极端最高气温呈上升趋势，增温速率为 0.1 ℃/10a，52 年间云南全省平均年极端最高气温约上升了 0.5 ℃。进入 21 世纪后，云南年平均极端最高气温较以往有明显升高，1961 年以来云南年平均极端最高气温最高的三个年份均出现在 2000 年以后，分别是 2012 年（33.9 ℃）、2005 年（33.6 ℃）和 2010 年（33.5 ℃）。

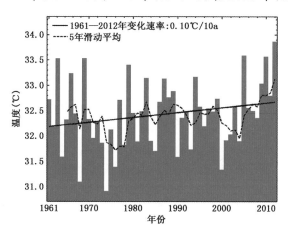

图 3.20　1961—2012 年云南年极端最高气温的年际变化（单位：℃）

　　综合图 3.19 和图 3.20 可知，1961—2012 年云南高温天气的发生频率在增加，其强度也在增强。

　　图 3.21 给出了 1961—2012 年云南日最高气温≥30.0 ℃和≥35.0 ℃的日数线性变化趋势空间分布。可以看出，云南日最高气温≥30.0 ℃的日数在滇西北局部、金沙江河谷地区及滇东和滇南的局部地区（占全省 17.7%）呈减少趋势，减少速率在 0～2.2 d/10a，其余大部地区（占全省 82.3%）呈增加趋势，增加速率在 0～11.3 d/10a，其中滇西南德宏、普洱、临沧、西双版纳、红河的部分地区及滇西大理、怒江局部（占全省 21.8%）日最高气温≥30.0 ℃的日数增加速率较大，在 4.0 d/10a 及以上。日最高气温≥35.0 ℃的日数线性变化趋势空间分布，全省有 22 站（占全省 18.0%）呈减少趋势，减少速率在 0～2.8 d/10a，有 29 站（占全省 23.8%）

呈增加趋势,增加速率在 0～4.2 d/10a,其余地区(占全省 58.2%)无明显变化趋势。

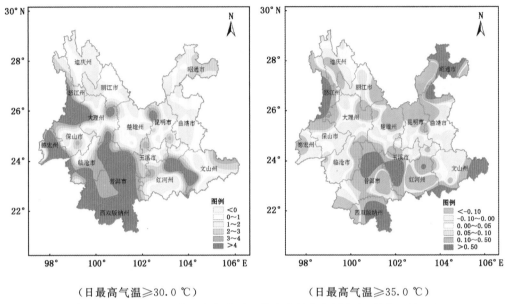

(日最高气温≥30.0 ℃)　　　　　　　(日最高气温≥35.0 ℃)

图 3.21　1961—2012 年云南年高温日数变化趋势空间分布(单位:d/10a)

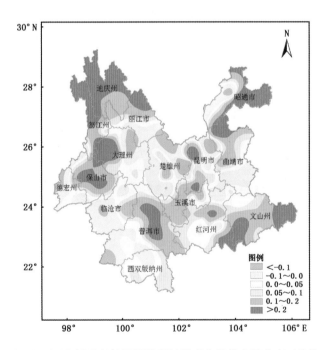

图 3.22　1961—2012 年云南年极端最高气温变化趋势空间分布(单位:℃/10a)

　　图 3.22 给出了 1961 年以来云南极端最高气温变化趋势空间分布。可以看出,云南滇中北部、滇西局部、滇西南局部和滇东局部(占全省 27.0%)的极端最高气温呈下降趋势,气温降低速率在 0～0.3 ℃/10a,其余地区(占全省 73.0%)线性变化趋势为正,气温升高速率在

0～0.8 ℃/10a,其中滇西北、滇东北、滇西和滇南的部分地区(占全省 17.2%)极端最高气温升温速率较大,在 0.2 ℃/10a 以上。

综合图 3.21 和图 3.22 可知,滇西南局部、滇中局部,高温出现频率增加,但强度减小;滇西北北部,高温出现频率减小,但强度增加;金沙江河谷地带以及滇东局部高温出现频率减小,强度也减小,其余地区高温出现频率增大,强度也增大。

3.4　低温日数的变化趋势

3.4.1　低温日数气候特征

图 3.23 给出了云南年低温(日最低气温≤0.0 ℃)日数多年平均值(1981—2010 年)空间分布。可以看出,云南年平均低温日数在 0～170 d。年低温日数大于 50 d 的地区(占全省8.9%)主要分布在滇西北的高海拔地区,香格里拉年低温日数最多为 170 d。年平均低温日数小于 10 d 的地区(占全省 62.9%)主要分布在北部金沙江河谷地带和滇中以南大部地区。

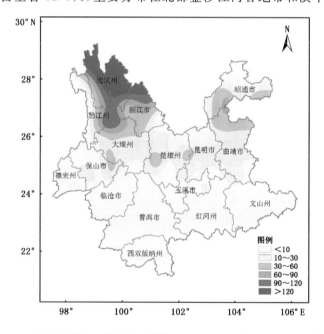

图 3.23　云南年低温日数多年平均值(1981—2010 年)空间分布(单位:d)

图 3.24 给出了云南逐月低温日数多年平均值(1981—2010 年)。可以看出,云南年平均低温日数为 11.7 d,各月平均低温日数 1 月最多为 5.7 d,占全年的 48.7%;其次是 12 月和 2月,分别为 4.5 d 和 3.0 d;5—9 月无低温。

3.4.2　年低温日数变化趋势

图 3.25 给出了 1961—2012 年云南低温日数逐年演变及其变化趋势。可以看出,1961—2012 年云南年平均低温日数的变化呈减少趋势,减少速率为 2.49 d(1.4%)/10a,近 52 年来

约减少了 12.9 d。52 年间，1971 年的年平均低温日数最多，为 28.6 d；2007 年最少，为 10.8 d。

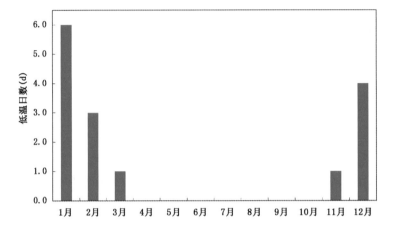

图 3.24　云南逐月低温日数多年平均值（1981—2010 年）（单位：d）

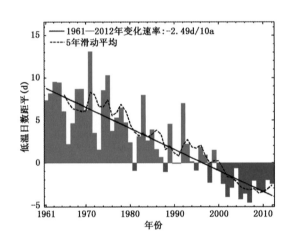

图 3.25　1961—2012 年云南年低温日数距平变化（单位：d）

图 3.26 给出了 1961—2012 年云南年平均低温日数线性变化趋势空间分布。可以看出，全省除滇中西部、德宏以及西双版纳等的局部地区（占全省 8.1%），年低温日数有增加的趋势外，其余大部地区（占全省 91.9%），年低温日数有减少的趋势，其中迪庆、丽江、大理、保山、昆明、曲靖的部分地区（占全省 19.4%）的低温日数减少速率较大，在 5.0 d/10a 以上。

3.4.3　不同季节低温日数变化趋势

图 3.27 给出了 1961—2012 年云南春、秋、冬三季低温日数的逐年演变（由于云南夏季基本无低温出现，因此，未给出夏季低温日数的逐年演变）。春、秋、冬三季云南的低温日数均呈减少趋势，其中冬季低温日数的减少趋势最为明显。

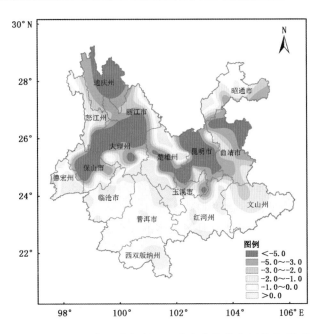

图 3.26 1961—2012 年云南年低温日数变化趋势空间分布(单位:d/10a)

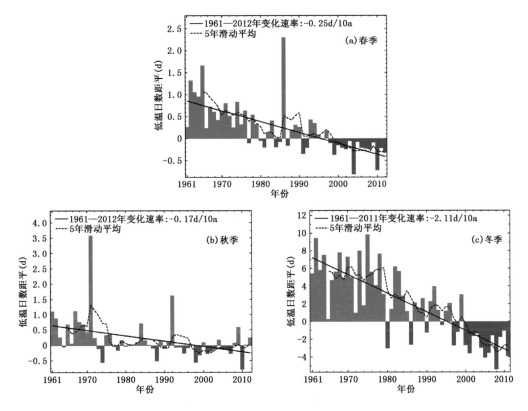

图 3.27 1961—2012 年云南不同季节低温日数距平变化(单位:d)

(1)春季低温日数的减少速率为 0.25 d(1.5%)/10a(图 3.27a),52 年来云南春季低温日数平均减少了 1.3 d。1986 年(3.7 d)、1965 年(3.1 d)和 1962 年(2.7 d)为近 50 多年来低温日数最多的 3 个春季;2004 年(0.6 d)、2010 年(0.7 d)和 1999 年(1.0 d)是近 50 多年来低温日数最少的 3 个春季。

(2)秋季低温日数的减少速率为 0.17 d(1.3%)/10a(图 3.27b),52 年来云南秋季的低温日数平均减少了 0.9 d。1971 年(4.7 d)、1992 年(2.8 d)和 1967 年(2.3 d)为近 50 多年来低温日数最多的 3 个秋季;2010 年(0.3 d)、1998 年(0.6 d)和 1974 年(0.6 d)是近 50 多年来低温日数最少的 3 个秋季。

(3)冬季低温日数的减少速率为 2.11 d(14.4%)/10a(图 3.27c),是低温日数减少速率最快的季节,52 年来云南冬季低温日数平均减少了 10.9 d。1975 年(22.9 d)、1962 年(22.5 d)和 1973 年(21.1 d)为近 50 多年来低温日数最多的 3 个冬季;2008 年(7.6 d)、2005 年(8.9 d)和 2011 年(9.1 d)是近 50 多年来低温日数最少的 3 个冬季。

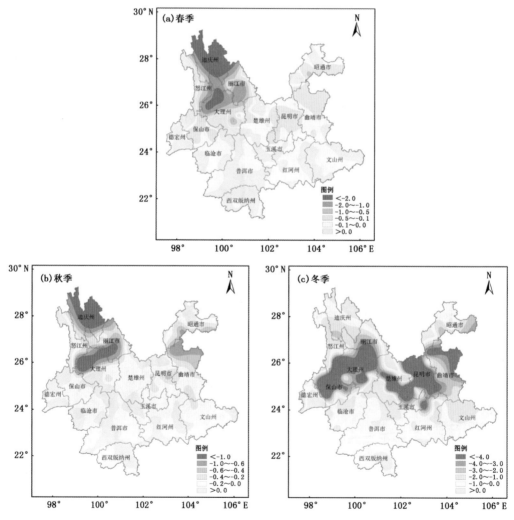

图 3.28　1961—2012 年云南不同季节低温日数变化趋势空间分布(单位:d/10a)

图 3.28 给出了 1961—2012 年云南不同季节低温日数变化趋势空间分布(由于云南夏季基本无低温,因此,未给出夏季低温日数的变化趋势分布)。可以看出,春季云南有 59 个县(市)(占全省 47.6%)的低温日数呈减少趋势,其中滇西北部分地区低温日数减少速率较快,可达2 d/10a以上;有 9 县(市)(占全省 7.3%)低温日数呈增加趋势;还有 56 个县(市)(占全省 45.2%)低温日数线性变化趋势约为 0 d/10a,这些地区的低温日数在近 52 年中没有明显的变化。秋季全省有 70 个县(市)(占全省 56.5%)低温日数呈减少趋势,其中滇西北部分地区低温日数减少速率较快,在 0.8～2.3 d/10a;有 50 个县(市)(占全省 40.3%)低温日数无明显的变化。冬季全省有 114 个县(市)(占全省 91.9%)低温日数呈减少趋势,其中保山、大理、丽江、楚雄、昆明、曲靖的部分地区(占全省 23.3%)低温日数减少速率较快,在 4.0 d/10a 以上;其余 10 个县(市)(占全省 8.1%)低温日数无明显变化或呈略增的趋势。

3.5　雾日数的变化趋势

3.5.1　雾日数气候特征

图 3.29 给出了云南年雾日数多年平均值(1981—2010 年)空间分布。可以看出,云南全年的雾日数呈由南向北逐步递减的分布。雾日天数超过 60 d 的地区主要集中在云南西北部和滇中以南地区,其中迪庆北部、临沧南部、普洱西南部、西双版纳局部和红河局部等地全年的雾日天数高达 90～120 d。

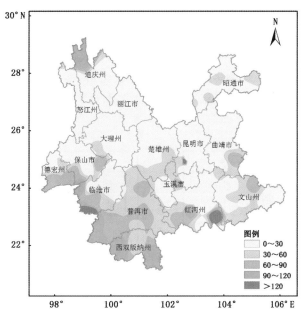

图 3.29　云南年雾日数多年平均值(1981—2010 年)空间分布(单位:d)

图 3.30 给出了云南逐月雾日数多年平均值(1981—2010 年)。可以看出,云南年雾日数为 30.9 d,云南秋、冬季雾日数较多,其中 12 月雾日数最多,为 5.9 d;春、夏季雾日数相对较

少,其中 5 月雾日数最少,仅为 1.0 d。

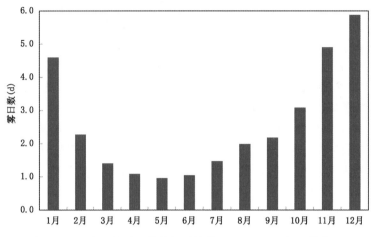

图 3.30　云南逐月雾日数多年平均值(1981—2010 年)(单位:d)

3.5.2　年雾日数变化趋势

图 3.31a 给出了 1961—2012 年云南年雾日数变化趋势。可以看出,云南年雾日数的年际变化差异较大,雾日数最少年是 2012 年,全省平均雾日数为 15.6 d;雾日数最多年是 1961 年,全省平均为 39.0 d。云南年雾日数总体呈显著下降趋势,1961—2012 年全省平均减少了14.3 d,减少速率为 2.76 d/10a。1961—2012 年间云南年雾日数减少趋势与相对湿度减少趋势基本一致。

图 3.31b 给出了 1961—2012 年云南年雾日数的年代尺度变化。可以看出,近 52 年来,云南雾日数在前 40 年较多年平均偏多;然而进入 21 世纪后,雾日数明显较多年平均偏少。其中,20 世纪 80 年代雾日数最多,较多年平均偏多 4.2 d;近 12 年来雾日数偏少明显,较多年平均偏少 7.5 d。

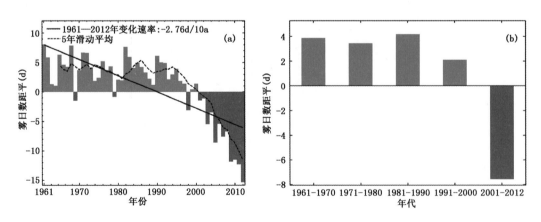

图 3.31　1961—2012 年云南年雾日数距平变化(a)及年代尺度变化(b)(单位:d)

图 3.32 给出了 1961—2012 年云南年雾日数变化趋势空间分布。可以看出,近 52 年来,全省大部分地区雾日数呈减少趋势,普洱南部、西双版纳大部和红河局部雾日减少速率较快,在 10 d/10a 以上。滇西北、滇西、滇中及滇东南的局部地区雾日数有增加趋势,迪庆北部和红河东南部地区雾日数增加速率较大,在 10 d/10a 以上。

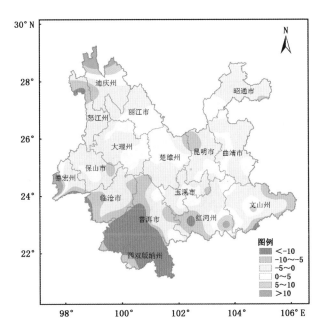

图 3.32　1961—2012 年云南年雾日数变化趋势空间分布(单位:d/10a)

3.5.3　不同季节雾日数变化趋势

图 3.33 给出了云南 1961—2012 年不同季节雾日数距平及其变化趋势。可以看出,近 52 年来云南四季雾日数的变化趋势与年雾日数的变化相似,均呈减少的趋势。四季中冬季雾日数减少速率最大,为 0.98 d/10a;近 52 来云南冬季雾日数平均减少了 5.1 d。春季和夏季的雾日数减少速率较慢。干季和雨季雾日数变化也均呈减少的趋势,减少速率分别为 1.48 d/10a和 1.20 d/10a。

1961—2012 年云南不同季节雾日数变化趋势空间分布与年的分布一致。全省大部地区雾日数呈减少趋势,普洱南部、西双版纳大部和红河局部雾日数减少速率较快,滇西北部分地区、滇西局部和滇中以东以南局部地区雾日数呈增加的趋势(图略)。

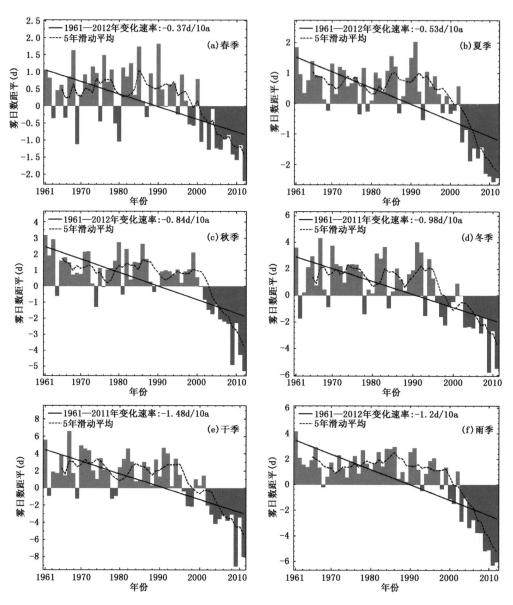

图 3.33　1961—2012 年云南不同季节雾日数距平变化(单位：d/10a)

3.6　霾日数的变化趋势

3.6.1　霾日数气候特征

图 3.34 给出了云南年霾日数多年平均值(1981—2010 年)空间分布。可以看出,云南年霾日数较多的地区主要集中在德宏、临沧南部、普洱南部、西双版纳、红河局部、昭通北部,一般为 5～20 d,其中普洱西南部、西双版纳西部和昭通北部边缘地区年霾日数可达 20～25 d。总

体来看,云南省是一个少霾天气的省份。

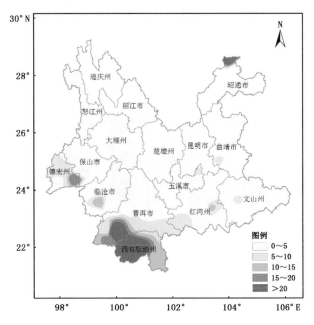

图 3.34　云南年霾日数多年平均值(1981—2010 年)空间分布(单位:d)

图 3.35 给出了云南逐月霾日数多年平均值(1981—2010 年)。可以看出,云南霾主要出现在干季(11 月—翌年 4 月),3 月霾日数最多,为 1.24 d;7 月最少,仅为 0.01 d。

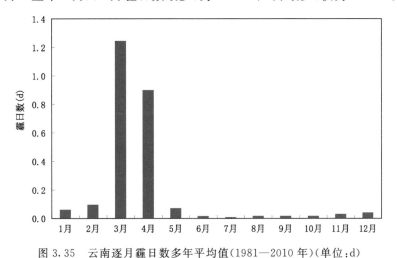

图 3.35　云南逐月霾日数多年平均值(1981—2010 年)(单位:d)

3.6.2　年霾日数变化趋势

图 3.36a 给出了 1961—2012 年云南年霾日数距平及其变化趋势。云南霾发生的年际变化差异较大。最少年为 1997 年,全省平均霾日为 0.8 d;最多为 1979 年,全省平均霾日数为 11.9 d。近 52 年来云南霾日数年际变化总体呈减少趋势,减少速率为 0.92 d/10a;52 年间全

省霾日数平均减少了 4.8 d。

图 3.36b 给出了 1961—2012 年云南年霾日数年代尺度变化。可以看出,20 世纪 60—80 年代云南的霾日数偏多,70 年代的偏多幅度最大。90 年代以来云南霾日数转为偏少。

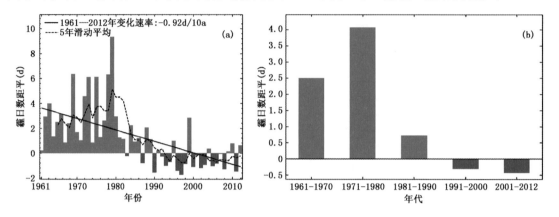

图 3.36　1961—2012 年云南年霾日数距平变化(a)及年代尺度变化(b)（单位:d）

图 3.37 给出了 1961—2012 年云南年霾日数变化趋势空间分布。可以看出,近 52 年来除怒江南部、丽江北部、迪庆东部、德宏大部、临沧南部、普洱东南部等地霾日数呈略微增加趋势、德宏霾日数增幅较大在 3.0 d/10a 以上外,全省大部地区霾日数呈减少趋势。

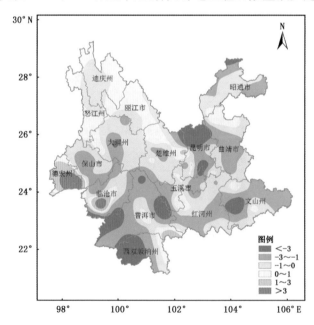

图 3.37　1961—2012 年云南年霾日数变化趋势空间分布（单位:d/10a）

3.6.3　不同季节霾日数变化趋势

图 3.38 给出了云南 1961—2012 年不同季节霾日数距平及其变化趋势。可以看出,云南

四季霾日数的变化趋势与年霾日数的变化相似,总体均呈减少趋势。春季霾日数的减少速率最大为 0.80 d/10a,近 52 年春季霾日数平均减少了 4.2 d。干季和雨季霾日数变化与年霾日数变化也相似,均呈减少趋势,减少速率分别为 0.95 d/10a 和 0.06 d/10a,近 52 年平均分别

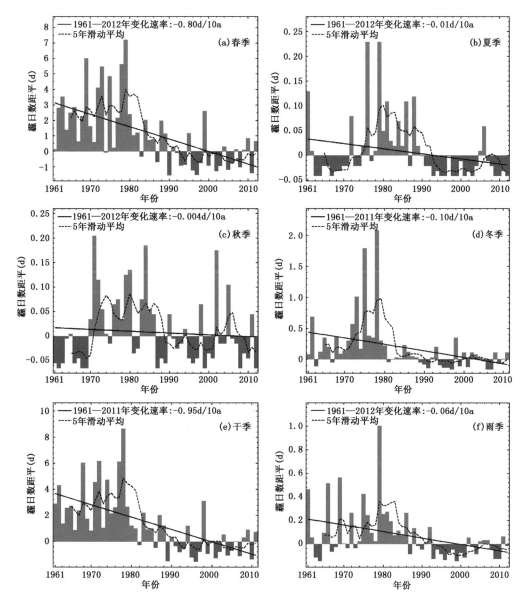

图 3.38　1961—2012 年云南不同季节霾日数距平变化(单位:d)

减少了 4.9 d 和 0.3 d。图 3.39 给出了 1961—2012 年云南干季(霾主要出现的时段)霾日数变化趋势空间分布。可以看出,云南干季霾日数变化趋势空间分布与年的分布一致,除滇西南德宏、怒江南部、临沧局部、普洱局部霾日数呈增多趋势外,其余大部地区霾日数呈减少趋势。

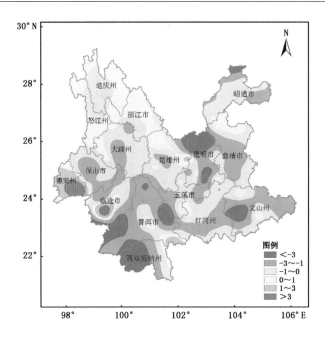

图 3.39　1961—2012 年云南干季霾日数变化趋势空间分布（单位：d/10a）

3.7　霜日数的变化趋势

3.7.1　霜日数气候特征

图 3.40 给出了云南年霜日数多年平均值（1981—2010 年）空间分布。可以看出，云南南部地区年霜日数大多在 30 d 以下，滇中和滇西地区年霜日数在 30～90 d，迪庆、丽江北部、大理北部年霜日数在 90～120 d，其中香格里拉、宁蒗等地年霜日数最多，达 120～156 d。

图 3.41 给出了云南逐月霜日数多年平均值（1981—2010 年）。可以看出，云南年霜日数为 34.1 d。冬季霜日最多，春季次之，夏季最少。各月的霜日数中，1 月最多，达 11.0 d；6—9月则很少出现霜冻。

3.7.2　年霜日数变化趋势

图 3.42a 给出了 1961—2012 年云南年霜日数距平及其变化趋势。可以看出，云南年霜日数的年际变化差异较大：2005 年出现霜日数最少，为 23.4 d；1971 年出现霜日数最多，为45.3 d。1961—2012 年云南霜日数变化呈减少趋势，减少速率为 1.71 d/10a，近 52 年来全省霜日数平均减少了 8.9 d。

图 3.42b 给出了 1961—2012 年云南年霜日数年代尺度变化。可以看出，20 世纪 60—90年代云南霜日数较多年平均偏多，其中 70 年代霜日数偏多幅度最大，达 3.27 d。2000 年以后霜日数明显减少，较多年平均偏少 4.5 d。

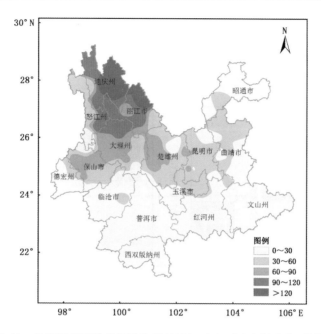

图 3.40　云南年霜日数多年平均值(1981—2010 年)空间分布(单位:d)

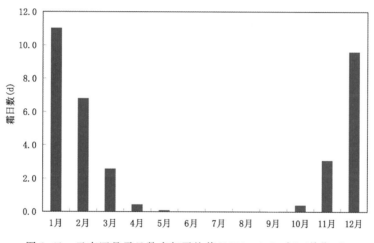

图 3.41　云南逐月霜日数多年平均值(1981—2010 年)(单位:d)

图 3.43 给出了 1961—2012 年云南年霜日数变化趋势空间分布。可以看出,云南除丽江北部、楚雄西部、玉溪中部、普洱西南部、西双版纳南部以及昭通中部等地年霜日数呈增加趋势外,其余大部地区年霜日数均呈减少趋势。其中迪庆北部、大理西部、德宏西部和昆明局部地区年霜日数减少速率较为显著,可达 9 d/10a 以上。

3.7.3　不同季节霜日数变化趋势

图 3.44 给出了云南 1961—2012 年不同季节霜日数距平及其变化趋势(由于云南夏季基本无霜出现,因此,未给出夏季霜日数的变化趋势)。可以看出,云南不同季节霜日数的变化与

年霜日数的变化相似,均呈减少趋势。冬季霜日数减少速率最快,达 1.12 d/10a;近 52 年来云南冬季霜日数平均减少了 5.8 d。干季和雨季的霜日数变化均呈减少趋势,减少速率分别为 1.83 d/10a 和 0.07 d/10a,近 52 年来分别平均减少了 9.5 d 和 0.4 d。

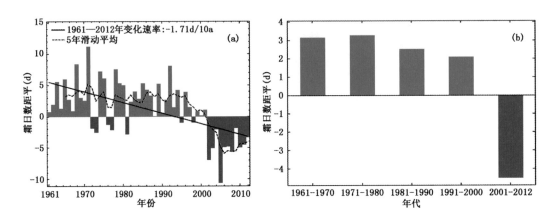

图 3.42 1961—2012 年云南年霜日数距平变化(a)及年代尺度变化(b)(单位:d)

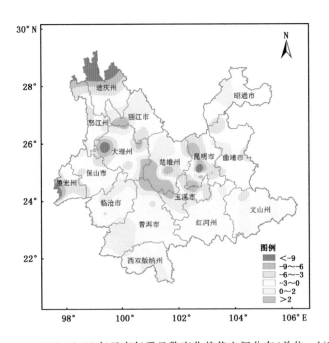

图 3.43 1961—2012 年云南年霜日数变化趋势空间分布(单位:d/10a)

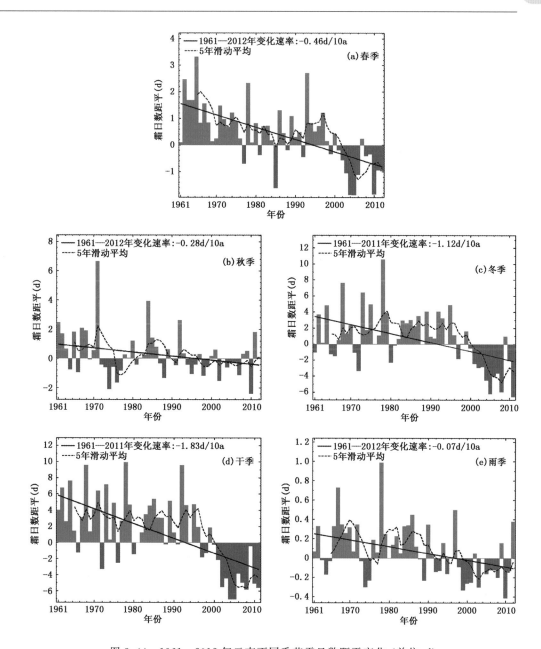

图 3.44　1961—2012 年云南不同季节霜日数距平变化（单位：d）

　　图 3.45 给出了 1961—2012 年云南干季（11 月—翌年 4 月，霜主要出现的时段）霜日数变化趋势空间分布。可以看出，云南干季霜日数变化趋势空间分布与年霜日数变化趋势空间分布基本一致，丽江北部、楚雄西部、玉溪中部、普洱西南部、西双版纳南部以及昭通中部等地的局部地区霜日数呈增加趋势，其余地区霜日数呈减少趋势，其中迪庆北部、大理西部、德宏西部以及昆明中部等局部地区干季霜日数减少速率较为显著，在 9 d/10a 以上。

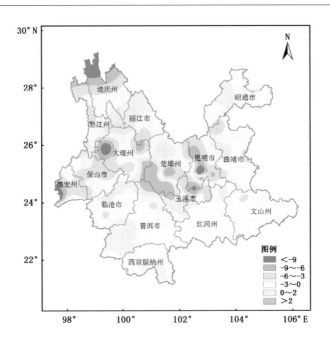

图 3.45　1961—2012 年云南干季(11 月—翌年 4 月)霜日数变化趋势空间分布(单位：d/10a)

3.8　降雪日数的变化趋势

3.8.1　降雪日数气候特征

图 3.46 给出了云南年降雪日数多年平均值(1981—2010 年)空间分布。可以看出,云南降雪主要集中在滇西北和滇东北地区,年降雪日数迪庆北部为 30~60 d,局部地区达到 60 d以上,迪庆南部、昭通东部和南部、曲靖北部为 10~30 d,丽江北部、怒江北部和东部、昭通中北部、曲靖中南部以及昆明东北部为 3~10 d,云南其他大部分地区少于 3 d,滇西南的腾冲、陇川、瑞丽、梁河、芒市、河口、镇康、双江、孟连、景谷、勐海、景洪、勐腊终年无雪。

云南多年平均年降雪日数为 3.32 d。图 3.47 给出了云南逐月降雪日数多年平均值(1981—2010 年)。可以看出,云南降雪日数主要集中在 1—3 月和 12 月,1 月降雪日数最多达0.95 d。4—5 月和 10—11 月降雪日数很少,6—8 月没有降雪。

3.8.2　年降雪日数变化趋势

图 3.48a 给出了 1961—2012 年云南年降雪日数距平及其变化趋势。可以看出,云南年降雪日数呈减少趋势,1961—2012 年云南全省平均降雪日数减少了 2.08 d,减少速率为 0.40 d/10a。2001 年全省平均降雪日数最少为 1.48 d,1983 年最多为 7.24 d。

图 3.48b 给出了 1961—2012 年云南年降雪日数的年代尺度变化。可以看出,20 世纪60—90 年代云南降雪日数偏多,70 年代偏多幅度最大达 0.8 d。进入 21 世纪后云南降雪日数转为偏少,距平为−0.79 d。

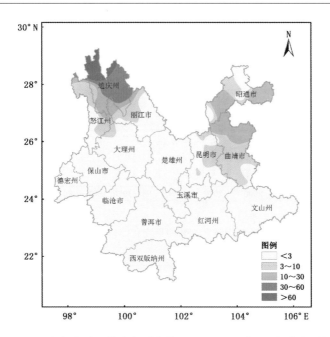

图 3.46　云南年降雪日数多年平均值(1981—2010 年)空间分布(单位:d)

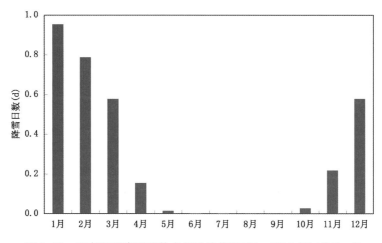

图 3.47　云南逐月降雪日数多年平均值(1981—2010 年)(单位:d)

　　图 3.49 给出了 1961—2012 年云南年降雪日数变化趋势空间分布。可以看出,52 年来云南大部分地区年降雪日数都呈减少趋势,减少速率普遍为 0.1～1 d/10a,其中滇东北中部和滇西北北部减少趋势相对较为显著,昭通南部、曲靖北部、丽江北部、迪庆南部减少速率达 1～5 d/10a,迪庆北部最大,减少速率超过 5 d/10a。昆明北部、昭通北部等局部地区为增加趋势,增加速率为 0.1～1 d/10a。

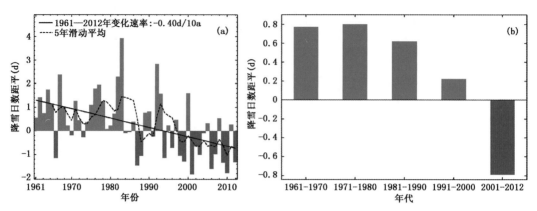

图 3.48 1961—2012 年云南年降雪日数距平变化(a)及年代尺度变化(b)（单位:d)

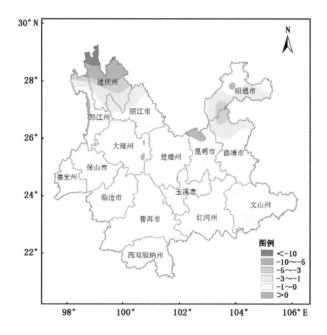

图 3.49 1961—2012 年云南年降雪日数变化趋势空间分布(单位:d/10a)

3.8.3 不同季节降雪日数变化趋势

图 3.50 给出了云南 1961—2012 年不同季节降雪日数距平及其变化趋势(由于云南夏季基本无降雪出现,因此,未给出夏季降雪日数的变化)。近 52 年来,春、秋、冬三季降雪日数的变化趋势与年降雪日数的变化一致,均呈减少趋势,冬季降雪日数减少速率最大为 0.28d/10a,近 52 年云南冬季降雪日数平均减少了 1.45 d。春季和秋季降雪日数减少速率分别为 0.07 d/10a 和 0.05 d/10a,近 52 年来春季和秋季的降雪日数分别减少了 0.39 d 和 0.28 d。

图 3.51 给出了 1961—2012 年云南降雪主要出现季节(冬、春季)的降雪日数变化趋势空间分布。52 年来云南冬、春季降雪日数绝大部分地区都呈减少趋势,减少速率普遍为 0.1～

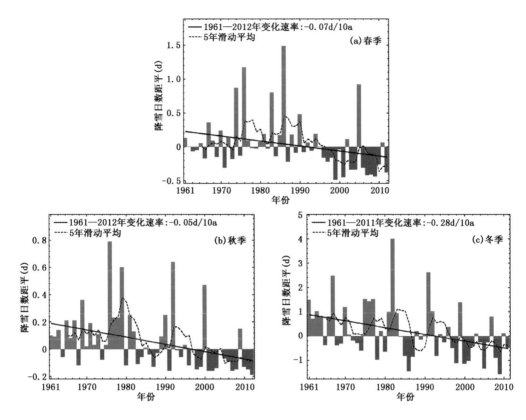

图 3.50　1961—2012 年云南不同季节降雪日数距平变化(单位:d)

1 d/10a,其中滇东北中部和滇西北北部减少趋势相对较为显著,怒江西部、昭通北部等局部地区为增加趋势,但增加速率较小,为 0.1～1 d/10a。

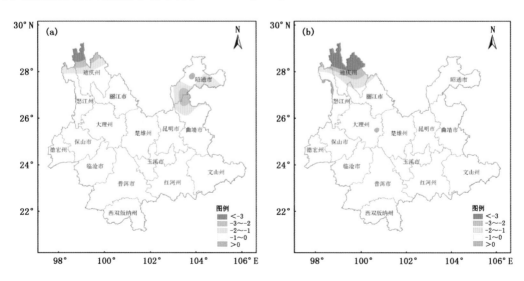

图 3.51　1961—2012 年云南冬(a)、春(b)季节降雪日数变化趋势空间分布(单位:d/10a)

3.9 冰冻日数的变化趋势

3.9.1 冰冻日数气候特征

冰冻天气包括雨凇和雾凇天气。图 3.52 给出了云南年冰冻日数多年平均值(1981—2010年)空间分布。可以看出,云南大部分地区冰冻日数很少,全省有 68.8％的站点终年无冰冻天气,20.8％的站点年冰冻日数少于 1 d。云南冰冻天气主要出现在滇东北地区,迪庆、楚雄、昆明、玉溪北部和文山等地有零星分布,年冰冻日数为 0～1 d,曲靖西部和南部为 1～5 d,曲靖东北部、昭通南部和东部为 5～20 d,昭通东部局部可达 20 d 以上。

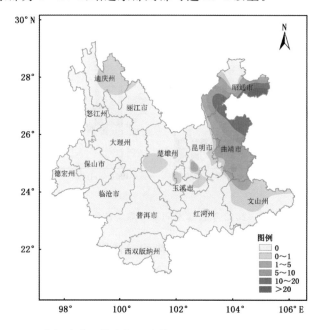

图 3.52　云南年冰冻日数多年平均值(1981—2010 年)空间分布(单位:d)

云南多年平均(1981—2010 年)的年冰冻日数为 0.82 d。图 3.53 给出了云南逐月冰冻日数多年平均值(1981—2010 年)。可以看出,云南冰冻天气主要集中在 1—3 月和 11—12 月,1月出现冰冻日数最多达 0.33 d。4—5 月冰冻天气已很少,6—10 月没有冰冻天气。

3.9.2 年冰冻日数变化趋势

图 3.54a 给出了 1961—2012 年云南年冰冻日数距平及其变化趋势。可以看出,云南年冰冻日数呈减少趋势,减少速率为 0.13 d/10a,1961—2012 年全省冰冻日数平均减少了 0.66 d。2003 年和 2010 年云南冰冻日数最少,均为 0.34 d,1984 年最多为 2.64 d。

图 3.54b 给出了 1961—2012 年云南年冰冻日数年代尺度变化。20 世纪 60—80 年代云南冰冻日数偏多,60 年代冰冻日数最多,距平为 0.39 d,90 年代和 2000 年以后冰冻日数偏少,90 年代冰冻日数最少,距平为−0.08 d。

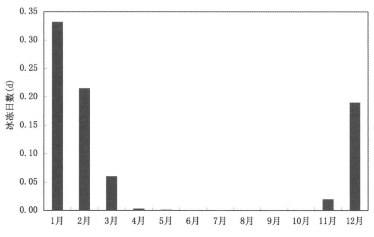

图 3.53 云南逐月冰冻日数多年平均值(1981—2010 年)(单位:d)

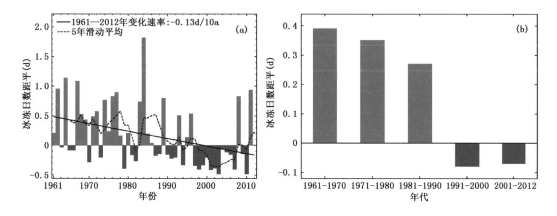

图 3.54 1961—2012 年云南年冰冻日数距平变化(a)及年代尺度变化(b)(单位:d)

图 3.55 给出了 1961—2012 年云南年冰冻日数变化趋势空间分布。近 52 年来云南大部地区冰冻日数呈减少趋势,昭通南部和东部边缘、曲靖北部和东部减少趋势较为显著,减少速度为 1~2 d/10a,局部可达 2 d/10a 以上。昭通北部、楚雄北部、昆明大部、玉溪北部、临沧局部、红河东部、文山西部等地为略微增加趋势。

3.10 雷暴日数的变化趋势

3.10.1 雷暴日数气候特征

图 3.56 给出了云南年雷暴日数多年平均值(1981—2010 年)空间分布。可以看出,云南雷暴呈由南向北逐渐减少的空间分布特征。滇东北中北部、滇西北大部以及滇中局部地区的年雷暴日数较少在 60 d 以下,滇中及以南的大部地区年雷暴日数在 60 d 以上,滇西南地区在 80 d 以上,普洱南部、西双版纳的年雷暴日数最多,超过了 100 d。

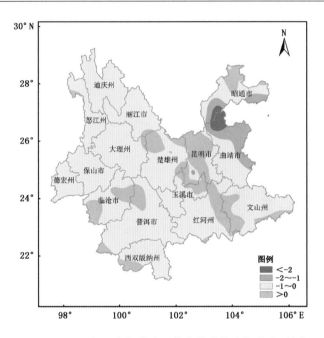

图 3.55　1961—2012 年云南年冰冻日数变化趋势空间分布(单位:d/10a)

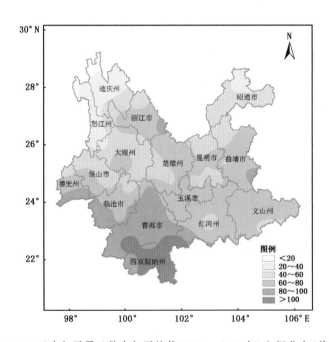

图 3.56　云南年雷暴日数多年平均值(1981—2010 年)空间分布(单位:d)

云南多年平均(1981—2010 年)的年雷暴日数为 64.6 d。图 3.57 给出了云南逐月雷暴日数多年平均值(1981—2010 年)。可以看出,云南雷暴日数的月分布呈单峰型,4—9 月的雷暴日数占全年的 85.8%,8 月雷暴日数最多达 13.48 d,12 月最少仅为 0.23 d。

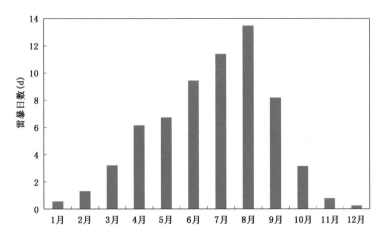

图 3.57　云南逐月雷暴日数多年平均值(1981—2010 年)(单位:d)

3.10.2　年雷暴日数变化趋势

图 3.58a 给出了 1961—2012 年云南年雷暴日数距平及其变化趋势。可以看出,1961—2012 年云南年雷暴日数的年际变化总体呈减少趋势,减少速率为 5.07 d/10a,近 52 年云南雷暴日数平均减少了 26.4 d。

图 3.58b 给出了 1961—2012 年云南年雷暴日数的年代尺度变化。可以看出,云南雷暴日数具有逐渐减少的年代尺度变化特征,20 世纪 60—80 年代云南雷暴日数偏多,60 年代雷暴日数最多,距平为 12.35 d;90 年代和 2000 年以后的雷暴日数偏少,2000 年以后的雷暴日数最少,距平为−5.86 d。

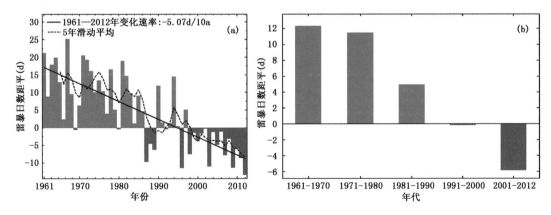

图 3.58　1961—2012 年云南年雷暴日数距平变化(a)及年代尺度变化(b)(单位:d)

图 3.59 给出了 1961—2012 年云南年雷暴日数变化趋势空间分布。近 52 年来云南大部分地区雷暴日数都呈减少趋势,减少速率最大的地区位于滇西南、滇西北以及滇中的局部,减少速率达到 8 d/10a 以上。楚雄东北部、昆明北部、昭通西部等局部地区雷暴日数呈略微增加的趋势。

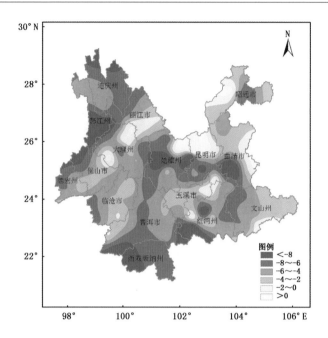

图 3.59　1961—2012 年云南年雷暴日数变化趋势空间分布(单位:d/10a)

3.10.3　不同季节雷暴日数变化趋势

图 3.60 给出了云南 1961—2012 年四季雷暴日数距平及其变化趋势。可以看出,云南四季的雷暴日数变化均表现出减少的趋势。

(1)春季雷暴日数减少速率为 1.37 d/10a。20 世纪 90 年代中期为雷暴日数由多变少的转换时期,1999 年以后,雷暴日数基本上都呈负距平。1967 年、1973 年和 1981 年春季为近 52 年雷暴日数最多的 3 个春季;1999 年、2006 年和 2011 年春季为近 52 年雷暴日数最少的 3 个春季。

(2)夏季雷暴日数减少速率为 2.55 d/10a,减少速率在四季中最大。夏季雷暴日数自 20世纪 90 年代后期开始由多变少。1964 年、1967 年和 1978 年夏季为近 52 年雷暴日数最多的3 个夏季;1987 年、1998 年和 2003 年夏季为近 52 年雷暴日数最少的 3 个夏季。

(3)秋季雷暴日数减少速率为 1.06 d/10a。秋季雷暴日数自 20 世纪 90 年代后期开始减少。1963 年、1965 年和 1982 年秋季为近 52 年雷暴日数最多的 3 个秋季;1988 年、1996 年和2007 年秋季为近 52 年雷暴日数最少的 3 个秋季。

(4)冬季雷暴日数减少速率为 0.11 d/10a。52 年中冬季雷暴日数最多的 3 个年份是 1977年、1982 年和 1992 年,最少的 3 个年份是 1972 年、1982 年和 1984 年。

图 3.61 为 1961—2012 年云南四季雷暴日数变化趋势空间分布。可以看出,春季云南除楚雄东北部、昆明北部以及曲靖东部等局部地区雷暴日数呈增多趋势外,其余大部地区雷暴日数呈减少趋势,减少速率大多在 0～4 d/10a,雷暴日数减少最显著的地区为滇西边缘、滇南边缘以及楚雄中部、曲靖南部等地。夏季云南除楚雄东北部、昆明北部、昭通西部以及曲靖东部等局部地区雷暴日数呈增多趋势外,其余大部地区雷暴日数呈减少趋势,减少速率大多在 0～

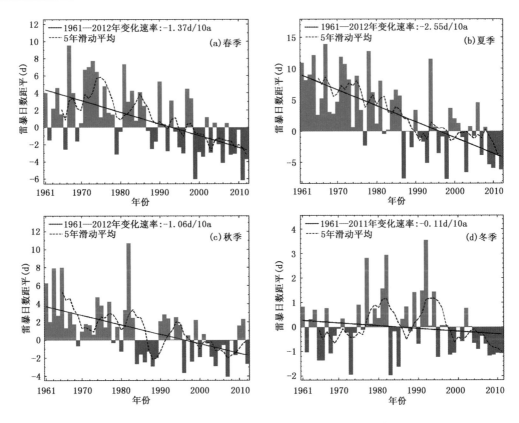

图 3.60　1961—2012 年云南四季雷暴日数距平变化(单位:d)

4 d/10a,减少最显著的区域位于滇西北、滇西南边缘、滇中局部以及昭通中部的局部地区。秋季云南除滇中北部等局部地区雷暴日数呈增多趋势外,其余大部地区雷暴日数呈减少趋势,减少速率大多在 0~4 d/10a,雷暴日数减少最显著的地区为怒江中部、西双版纳和曲靖西南部等地区。冬季,云南除丽江、大理、普洱、昆明、曲靖以及昭通等的部分地区雷暴日数呈增多趋势外,其余大部地区雷暴日数呈减少趋势,减少速率在 0~1 d/10a。总体来说,云南的四季雷暴日数变化趋势与年平均雷暴日数的变化趋势空间分布基本一致,夏季雷暴日数呈减少的范围较大、程度也最显著,秋季和冬季雷暴日数减少速率小于春季和夏季的。

3.11　近 10 年典型极端天气气候事件

3.11.1　气温持续升高,降水持续偏少,并屡创极值

20 世纪末以来云南气温持续升高,并屡创新高。在 1998 年全省平均气温首次超过 17 ℃以后的 15 年中,有 12 年全省年平均气温明显高于常年。近 10 年全省平均气温 17.0 ℃,较常年偏高 0.4 ℃,有 8 年的年平均气温高于历史同期。特别是近 4 年来气温异常偏高,有气象记录以来历年平均气温最高的 3 年均出现在最近 4 年中,分别是 2010 年的 17.6 ℃和 2009 年、2012 年的 17.3 ℃。自 1997/1998 年创下了历史纪录以后,云南冬季平均气温最高记录不断

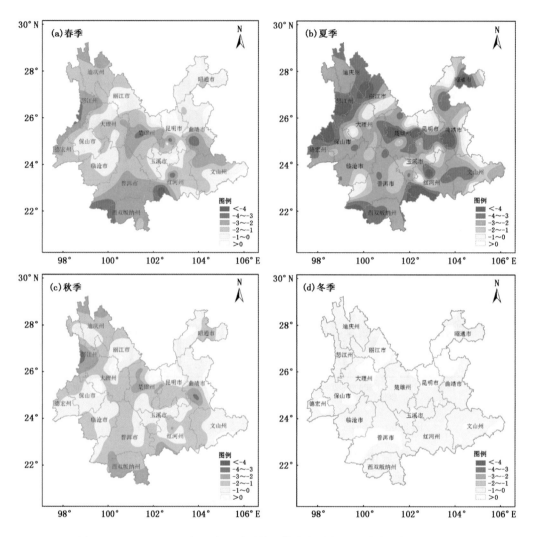

图 3.61　1961—2012 年云南四季雷暴日数变化趋势空间分布(单位:d/10a)

被刷新。在其后的 16 年中,冬季平均气温高于历史同期的年份有 13 年。近 10 年冬季平均气温为 10.8 ℃,较常年同期偏高 0.5 ℃,特别是近 4 年来,出现了平均气温历史上最高的 2 个冬季,分别是:2012/2013 年(11.7 ℃)和 2009/2010 年(11.6 ℃)。

近 10 年云南全省平均年降水量为 999 mm,较常年平均偏少 81 mm,年平均降水量有 7 年少于常年平均值。2003 年以来出现了列历史上最少前 4 位分别是:2009 年(843 mm)、2011 年(850 mm)、2012 年(921 mm)和 2003 年(930 mm)。云南 60% 左右的降水量集中在主汛期的 6—8 月,汛期降水偏少会导致库塘蓄水量不足,甚至引发夏旱。在 2003 年以后的 10 年中,全省汛期平均降水量为 546 mm,较常年同期偏少 42 mm,全省主汛期降水有 7 年的降水量低于常年,其中 2011 年仅 428 mm,打破了 1992 年(442 mm)主汛期降水最少纪录。

3.11.2　近 10 年来极端天气气候事件频发

(1)极端干旱屡现

干旱是云南最主要的气象灾害。近 10 年来,云南干旱事件呈加强趋势,其中最严重的是:

2005 年极端初夏干旱。2005 年 4 下旬至 6 月中旬云南降水异常偏少,其中 5 月全省平均降水量仅为 39.2 mm,为有气象记录以来的第二少值,出现了自 1979 年以来最严重的初夏干旱,致使大春作物栽种受到严重影响,全省共有 1332.3 万人受灾,直接经济损失 41.26 亿元。

2009/2010 年极端秋、冬、春、初夏连旱。在 2009 年 9 月—2010 年 3 月的 7 个月里,全省平均降水量仅 170.9 mm,为历史同期最少值,致使云南出现有气象记录以来持续时间最长、影响范围最广、危害程度最重的特大干旱,也是损失最大的气象灾害。干旱致使农业、工业、林业、电力等行业遭受严重灾害,生态系统受到危害,并引发大面积城市供水和农村人畜饮水困难。据统计,干旱共造成全省 2497.7 万人受灾,直接经济损失 273.3 亿元。

2009—2012 年降水连续异常偏少。2009/2010 特大干旱以来,云南出现了连续 4 年降水偏少的极端事件,降水持续偏少时间、累计偏少幅度都创下了历史新纪录。其中 2009—2012 年 4 年中云南有 3 年降水为有气象记录以来最少的前 3 位,气温有 3 年为最高的前 2 位(2009 年、2012 年并列第二),且夏季降水持续偏少(2011 年夏季云南平均降水 426.5 mm,为有气象记录以来同期的最少值),干旱的持续影响也创下了新的纪录:4 年来干旱受灾人口分别为 1187.8 万人、2497.7 万人、1090.2 万人和 1421.5 万人,直接经济损失分别为 250.9 万元、273.3 万元、96.1 万元、63.9 万元,均列干旱损失前列。

(2)暖背景下极端冷事件频繁

全球气候变暖并不意味着冷事件的消失。气候变暖除导致气候平均值的变化外,还可导致气候变率幅度的加大,即极端冷事件和暖事件都会增多。近 10 年来,随着全球气候变暖趋缓,导致影响中国的极端冷事件增多,相应也使影响云南的极端冷事件频发。2008 年以来,云南在暖背景下连续发生极端冷事件:

2008 年 1 月下旬—3 月上旬,云南东部地区出现极端低温雨雪冰冻天气过程。这次过程从平均气温、最低气温、降雪日数、积雪厚度、雨凇(冻雨)日数、冰冻日数等气象要素综合评判,其强度仅次于 1968 年居于历史第二位(其中滇东北地区列历史第一位),但其影响程度却刷新了历史纪录。极端冷事件对农业、交通、电力和人民生活造成了巨大影响。据民政部门统计,过程共造成云南省 12 州(市)71 个县(市)近 1170 万人受灾,直接经济损失 85.5 亿元。

2011 年 1 月,滇中以东地区再次出现极端低温雨雪冰冻灾害。距 2008 年特大低温雨雪冰冻灾害仅 3 年,云南又发生了大范围的低温雨雪冰冻天气。滇东北部分地区的严重程度接近 2008 年,对交通、水利设施、输电设备、农牧生产的不利影响极其严重。据统计,过程共造成全省 12 个州(市)51 个县(市)426.5 万人受灾,直接经济损失 15.7 亿元。

2011 年 3 月出现了 1986 年来最严重的倒春寒。继同年 1 月的低温雨雪冰冻天气之后,3 月中下旬滇中及以东、以南地区再次发生严重的低温冷害,共有 57 个县(市)发生了 1986 年以来最严重的倒春寒天气,有 30 个县(市)达到强倒春寒天气标准。小春作物、烤烟及滇东南地区的橡胶、咖啡、香蕉等热区作物都受到了非常不利的影响。

2013 年 12 月 13 日,云南出现大范围的寒潮天气,滇中及以东、以北地区的日最高气温下

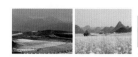

降 10～19 ℃,滇西及滇南的 11 个县(市)最低气温突破历史极值,并引发 21 世纪以来最大范围的降雪,全省共 51 个县(市)出现降雪或雨夹雪天气,雪线一度压至普洱北部、临沧北部的高海拔地区。12 月 17—21 日,全省大部地区最低气温明显下降,保山、普洱、红河等地出现持续低于 5 ℃的低温,日最低气温接近历史极值,造成滇南大部地区出现 21 世纪以来最严重的霜冻,对亚热带经济作物造成严重寒害。

(3)局地性洪涝频发

近 10 年来在全省范围内降水偏少的背景下,极端洪涝灾害主要表现为局地性和频发性,例如:

马龙大暴雨。马龙 2010 年 6 月 25 日 20 时至 26 日 08 时的 12 h 降水 208.4 mm,刷新了该站日降水的历史纪录,造成 5 万多人受灾,1 人死亡,直接经济损失 6 亿元。

楚雄秋季暴雨。2008 年 11 月 1—2 日云南出现罕见的非汛期全省性强降水事件,其中楚雄大范围过程降水量列历史同期降水量首位,11 月 1 日 08 时至 2 日 08 时 24 h 降水 90.5 mm,引发的滑坡、泥石流灾害造成 59 人死亡,17 人受伤。

昆明大暴雨。2008 年 7 月 2 日,昆明出现 121.0 mm 的极端降水,列该站有气象记录以来日最大降水量的第三位,造成大面积城市内涝,多处交通中断,巫家坝机场大量进出港航班延误。

河口大暴雨。2008 年 8 月 9 日河口县出现 230.9 mm 的极端强降水,为该站有气象记录以来日最大降水量的第三位,共造成 4 人死亡,经济受到严重影响。

第 4 章　未来 10～30 年云南气温和降水变化预估

摘要: 本章从气候模式、排放情景和使用的数据等介绍了在不同温室气体排放情景(RCP情景)下,从年平均到各个季节的时间和空间上未来 10～30 年每 10 年云南平均气温和降水的变化,结果表明,未来随着温室气体浓度的升高,云南平均气温与全球和中国一样,呈上升趋势,但升温幅度比全国略低。到 21 世纪中期(2046—2055 年),与 1986—2005 年相比,云南增温幅度平均在 1～2 ℃,RCP2.6 情景下为 0.13 ℃/10a,RCP4.5 情景下为 0.2 ℃/10a,RCP8.5 情景下为 0.35 ℃/10a。四个季节相比,春季的平均气温在 2046—2055 年上升幅度大于其他三个季节。不同 RCPs 情景下、不同时期内降水变化表现出明显的区域性差异。此外,根据区域气候模式的模拟结果,未来云南大部分地区的降水将以减少为主,与全球气候模式的模拟结果有所差别,目前气候模式对于降水的模拟比对气温的模拟不确定性更大。

4.1　引言

气候变化的预估是科学家和公众以及决策者共同关心的问题,其中几十年到一百年时间尺度气候变化的预估与各个国家和地区制定长远社会经济发展计划息息相关。目前,在预测未来人类活动造成的气候变化研究方面,主要依靠的工具是气候系统模式。

气候系统模式关键的模式分量有大气、陆面、海洋、海冰、气溶胶、碳循环、植被生态和大气化学等。这些模式分量通过耦合构成了气候系统模式。模式的发展和性能密切依赖于对控制整个气候系统的物理、化学和生物过程以及它们的相互作用的认识程度的不断提高。

历次 IPCC 对气候变化的研究思路是:首先在观测事实的基础上研究已发生了哪些变化,然后在此基础上通过观测和模拟的比较分析对过去和现在气候的模拟能力进行检验,此后通过气候模式对未来气候变化进行预估。目前主要是采用多个全球气候模式根据不同的气候变化排放情景预估未来的气候变化情况。

自 IPCC 第一次评估报告以来,气候模式的模拟结果为 IPCC 评估报告提供了气候变化模拟预估的科学分析依据。IPCC 第一次评估报告共使用了 11 个气候模式。第二次评估报告使用的耦合模式共 14 个,其中包含中国科学院大气物理研究所的 IAP/LASG 的模式 IAP(4°×4°L2 分辨率)。在 IPCC 第三次评估报告中,有 16 个模式参加了比较试验,其中来自 IAP/LASG 的耦合模式是唯一来自发展中国家的模式。自第三次评估报告之后,海气耦合模式的发展取得了长足进步,其中中国气象局国家气候中心和中国科学院大气物理研究所各有一个模式参与其中,在第四次评估报告 IPCC AR4 中,有 24 个耦合模式参与,并提供了试验结果。

刚刚公布的 IPCC AR5 则使用了 60 多个全球气候模式的模拟结果。参加的国家之广、模式之多都是以前几次全球模式比较计划所没有的。与 IPCC AR4 中使用的 CMIP3 的模式相比，CMIP5 中对于历史气候模拟各模式组将进行更多的模拟试验，除进行长期历史气候模拟（historical）外，还进行自然强迫模拟试验（historicalNat）、温室气体强迫模拟试验（historical-GHG）以及其他强迫模拟试验（historicalMisc）等，这将更有利于开展气候变化检测和归因研究；未来气候变化预估试验将以新的 RCP 情景典型浓度路径为强迫，进行 RCP2.6、RCP4.5 和 RCP8.5 情景下试验，部分模式还进行了 RCP6.0 预估试验（模式相关详细信息可参考相关网站）。因而，为了预估未来全球和区域气候变化，除了发展多个全球和区域气候模式外，还必须由排放情景提供未来温室气体和硫酸盐气溶胶的排放情况。因此，本章首先介绍排放情景，然后介绍对云南进行未来预估所使用的数据，最后给出云南基本气候要素的未来预估结果。

地球系统模式

地球系统模式是用来描述地球系统中大气圈、水圈、冰雪圈、岩石圈和生物圈之间相互作用，包含生物地球化学过程和人类活动影响的数值模式，是根据地球系统中的动力、物理、化学和生物过程建立起来的数学方程组（包括动力学方程组和参数化方案）来确定其各个部分（大气圈、水圈、冰雪圈、岩石圈、生物圈）的特性，由此构成地球系统的数学物理模型，然后用数值的方法进行求解，编制成一种大型综合性计算程序，并通过计算机付诸实现对地球系统复杂行为和过程的模拟与预测的科学工具。

4.2 数据与方法

4.2.1 排放情景

温室气体排放情景是对未来气候变化预估的基础。IPCC 先后发展了三套温室气体和气溶胶排放情景，过去应用的情景设计是在 2000 年完成的 IS92 和 1995 年完成的 SRES 排放情景，IPCC AR5 使用了最新的温室气体排放情景（典型浓度排放情景：Representative Concentration Pathways，RCPs）。这里，Representative 表示只是许多种可能性中的一种可能性，用 Concentration 而不用辐射强迫是要强调以浓度为目标，Pathways 则不仅仅指某一个量，而且包括达到这个量的过程，4 种情景分别称为 RCP8.5 情景、RCP6.0 情景、RCP4.5 情景及 RCP2.6 情景。

（1）RCP8.5 情景。这是最高的温室气体排放情景。情景假定人口最多、技术革新率不高、能源改善缓慢，所以收入增长慢。这将导致长时间高能源需求及高温室气体排放，而缺少应对气候变化的政策。与过去的情景相比，有两点重要改进：①建立了大气污染预估的空间分布图；②加强了土地利用和陆面变化的预估。

（2）RCP6.0 情景。这个情景反映了生存期长的全球温室气体和生存期短的物质排放，以及土地利用/陆面变化，导致到 2100 年辐射强迫稳定在 6.0 W/m²。根据亚洲太平洋综合模式（AIM），温室气体排放的峰值大约出现在 2060 年，以后持续下降。2060 年前后能源改善强度为每年 0.9%～1.5%。通过全球排放权的交易，任何时候减少排放均物有所值。

（3）RCP4.5 情景。这个情景是 2100 年辐射强迫稳定在 4.5 W/m^2。用全球变化评估模式（GCAM）模拟,模式考虑了与全球经济框架相适应的,长期存在的全球温室气体和生存期短的物质排放,以及土地利用/陆面变化。模式的改进包括历史排放及陆面覆盖信息,并遵循用最低代价达到辐射强迫目标的途径。为了限制温室气体排放,要改变能源体系,多用电能、低排放能源技术,开展碳捕获及地质储藏技术。通过降尺度得到模拟的排放及土地利用的区域信息。

（4）RCP2.6 情景。这是把全球平均气温上升限制在 2 ℃之内的情景。无论从温室气体排放,还是从辐射强迫看,这都是最低端的情景。在 21 世纪后半叶能源应用为负排放,应用的是全球环境评估综合模式（IMAGE）,采用中等排放基准,假定所有国家均参加。2010—2100年累计温室气体排放比基准年减少 70%。为此,要彻底改变能源结构及 CO_2 外的温室气体的排放,特别提倡应用生物质能、恢复森林。

其中,前 3 个情景大体同 2000 年排放方案（SRES）中的 SRESA2、A1B 和 B1 相对应,RCP的简单情况如表 4.1 所示。

表 4.1　典型浓度目标（Representative Concentration Pathways）

情　景	描　述
RCP8.5	辐射强迫上升至 8.5 W/m^2,2100 年 CO_2 当量浓度达到约 1 370 mL/m^3
RCP6.0	辐射强迫稳定在 6.0 W/m^2,2100 年后 CO_2 当量浓度稳定在约 850 mL/m^3
RCP4.5	辐射强迫稳定在 4.5 W/m^2,2100 年后 CO_2 当量浓度稳定在约 650 mL/m^3
RCP2.6	辐射强迫在 2100 年之前达到峰值,到 2100 年下降到 2.6 W/m^2,CO_2 当量浓度峰值约 490 mL/m^3

4.2.2　全球气候模式数据

鉴于数据下载量巨大,我们从多个全球气候模式模拟的数据中选取了 24 个全球气候模式的数值模拟结果及其集合来进行云南未来气候变化预估,目前这些模式已经制作成《中国地区气候变化预估数据集》3.0 版本,具体使用的全球气候模式信息见表 4.2。

另外,在用全球模式对未来云南气候变化进行分析时,我们主要使用的观测数据为根据2400 余个中国地面气象台站的观测资料插值得到的 0.5°×0.5°格点化平均气温和降水数据集（CN05.0）（Xu 等,2010）,从中截取云南的格点数据。在用全球气候模式对云南气温、降水变化的模拟能力进行评估的基础上,给出不同 RCPs 情景下云南 2050 年以前气温、降水的可能变化及部分极端气候指数的未来变化。为了便于对比分析,所有数据统一插值为 0.5°×0.5°,气温、降水的变化均与 1986—2005 年这 20 年的气候平均值进行对比,区域平均值为云南区域内所有格点的算术平均值,未来时间段为 2016—2025 年、2026—2035 年、2036—2045年和 2046—2055 年。

表 4.2　IPCC AR5 气候模式基本特征

模式名称	单位(ID)及所属国家	分辨率	模式名称	单位(ID)及所属国家	分辨率
ACCESS 1.0	CSIRO-BOM,澳大利亚	192×145	GFDL-ESM2G	NOAA GFDL,美国	144×90
BCC-CSM1.1	BCC,中国	128×64	GFDL-ESM2M	NOAA GFDL,美国	144×90
BNU-ESM	GCESS,中国	128×64	INMCM4	INM,俄罗斯	180×120
CanCM4	CCCMA,加拿大	128×64	IPSL-CM5A-LR	IPSL,法国	96×96
CanESM2	CCCMA,加拿大	128×64	MIROC5	MIROC,日本	256×128
CCSM4	NCAR,美国	288×192	MIROC-ESM	MIROC,日本	128×64
CESM1-BGC	NSF-DOE-NCAR,美国	288×192	MIROC-ESM-CHEM	MIROC,日本	128×64
CMCC-CM	CMCC,意大利	480×240	MIROC4h	MIROC,日本	640×320
CNRM-CM5	CNRM-CERFACS,法国	256×128	MPI-ESM-LR	MPI-M,德国	192×96
CSIRO-Mk3-6-0	CSIRO-QCCCE,澳大利亚	192×96	MPI-ESM-MR	MPI-M,德国	192×96
NorESM1-M	NCC,挪威	144×96	MRI-CGCM3	MRI,日本	320×160

更多细节可参阅 http://cmip-pcmdi.llnl.gov/cmip5/

4.3　全球气候模式对未来 10～30 年云南平均气温和降水变化预估

对于全球气候模式对中国地区的模拟能力的检验,已经有很多的科研人员进行了分析,虽然对于过去的气候变化的模拟还具有一定的不确定性,但基本可以反映中国各个地区的平均气温变化,对于较小尺度的气候也具有一定的模拟能力。对于中国未来气候变化预估,也有了很多的成果(Xin 等,2013a,b;Xu 等,2012,Xu 等,2012;Xu 等,2010;Yao 等,2013)。因此,本报告在上述研究的基础上,直接给出未来云南的气候变化结果。

4.3.1　平均气温变化

图 4.1 给出全球模式模拟的不同 RCP 情景下云南年平均气温和降水变化曲线,表 4.3 给出了 2016—2055 年每 10 年平均的年平均和 4 个季节的平均气温变化值。

对于区域年平均气温,不同 RCPs 情景下气温将持续上升(图 4.1a)。2030 年以前不同排放情景下增温幅度差异不大,2030 年以后,气温随着排放浓度的增加而增加,到 21 世纪中期,三种排放情景下云南的增温幅度为 1～2 ℃。对于不同季节的气温变化,变暖趋势与年平均基本一致。

云南未来 40 年每 10 年的气温变化年平均结果表明,2016—2025 年三种排放情景下,云南的升温幅度都在 1 ℃以下(0.5～0.7 ℃),2026—2035 年在高排放情景下的升温幅度达到了 1 ℃以上,2036—2045 年增温幅度为 1～1.6 ℃,2046—2055 年在 RCP8.5 排放情景下达到的 2 ℃以上。对于未来云南的年平均气温变化的线性趋势,RCP2.6 情景下为 0.13 ℃/10a,RCP4.5 情景下为 0.2 ℃/10a,RCP8.5 情景下为 0.35 ℃/10a。从春、夏、秋、冬四个季节季气温变化来看,增温幅度和变暖趋势基本一致,RCP2.6 排放情景下,春季和秋季变暖最明显。这与中国北方地区的变暖有所不同,北方地区的变暖贡献最大的是冬季,但在 RCP8.5 情景下,夏季变暖最小,其他三个季节变暖幅度基本一致(表 4.3)。

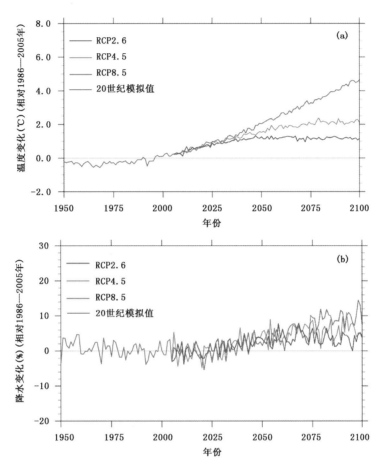

图 4.1　不同 RCP 情景下云南年平均气温(a)和降水(b)变化曲线

（紫线：20 世纪模拟值；蓝线：RCP2.6；黄线：RCP4.5；红线：RCP8.5；相对于 1986—2005 年）

表 4.3　RCPs 情景下 2016—2055 年云南平均气温变化(℃)

年代	RCP2.6				
	年平均	春季	夏季	秋季	冬季
2016—2025	0.6(0.7)	0.8(0.7)	0.6(0.8)	0.7(0.8)	0.5(0.8)
2026—2035	0.8(1.0)	1.0(1.0)	0.8(1.0)	0.9(1.1)	0.8(1.0)
2036—2045	1.0(1.2)	1.2(1.2)	1.0(1.2)	1.1(1.2)	1.0(1.3)
2046—2055	1.3(1.3)	1.3(1.3)	1.5(1.3)	1.1(1.3)	1.3(1.4)
趋势(℃/10a)	0.1(0.2)	0.2(0.2)	0.1(0.2)	0.2(0.2)	0.1(0.2)
	RCP4.5				
	年平均	春季	夏季	秋季	冬季
2016—2025	0.7(0.8)	0.9(0.8)	0.7(0.7)	0.6(0.8)	0.6(0.8)
2026—2035	1.0(1.1)	1.2(1.0)	1.0(1.0)	1.0(1.1)	0.9(1.1)
2036—2045	1.3(1.4)	1.5(1.4)	1.2(1.4)	1.2(1.5)	1.3(1.5)
2046—2055	1.6(1.7)	1.7(1.7)	1.5(1.7)	1.6(1.8)	2.0(1.8)
趋势(℃/10a)	0.2(0.3)	0.3(0.3)	0.2(0.3)	0.3(0.3)	0.4(0.3)

续表

年代	RCP8.5				
	年平均	春季	夏季	秋季	冬季
2016—2025	0.8(0.8)	0.9(0.8)	0.7(0.8)	0.7(0.9)	0.7(0.9)
2026—2035	1.1(1.2)	1.2(1.2)	1.1(1.2)	1.1(1.3)	1.0(1.3)
2036—2045	1.5(1.7)	1.6(1.7)	1.5(1.7)	1.5(1.8)	1.6(1.8)
2046—2055	2.1(2.3)	2.2(2.2)	2.0(2.2)	2.1(2.3)	2.0(2.3)
趋势(℃/10a)	0.4(0.5)	0.4(0.5)	0.3(0.5)	0.5(0.5)	0.4(0.5)

注:括号内的数值为全国平均的结果。

不同 RCPs 情景下、不同时期区域内年平均气温都将增加,RCP8.5 情景下的增温幅度最大,2016—2025 年,整个云南的年平均气温将上升 0.6～0.8℃,到 2046—2055 年大部分地区气温与 1986—2005 年相比,将上升 2℃左右(图 4.2)。四个季节相比,春季的平均气温在2046—2055 年上升幅度大于其他三个季节(图略)。

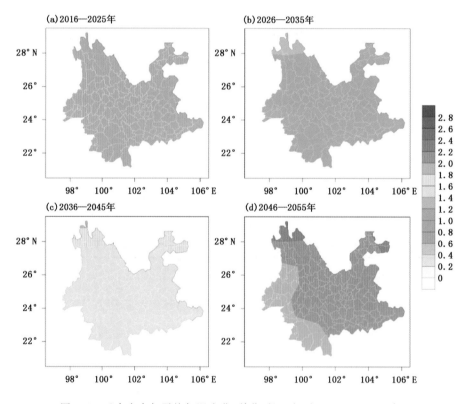

图 4.2　云南未来年平均气温变化(单位:℃)(相对于 1986—2005 年)

4.3.2　降水变化

对于云南年平均降水的变化(图 4.1b),RCP2.6、RCP4.5 情景下云南年平均降水量在

2025 年前后降水略有减少,2030 年以后年降水表现出增加趋势;2050 年以前三种情景下的降水增加趋势基本一致,呈略有增加趋势,2050 年以后降水增加趋势逐渐明显。对于未来 40年,云南每 10 年平均的年平均、四个季节降水变化见表 4.4。从表中看出,在三种情景下云南年平均降水都将增加,增加趋势分别为 0.3%/10a,0.7%/10a 和 0.3%/10a。

对于不同的季节,RCP2.6 情景下,2016—2025 年除夏季降水略有增加外,其余三个季节降水基本都呈减少趋势。此后降水基本都有增加的趋势,2046—2055 年夏季降水增加最明显,但冬季降水将减少。在 RCP4.5 和 RCP8.5 情景下,2016—2025 年年平均和四个季节降水都减少,减少最多的在冬季,尤其是在 RCP8.5 的排放情景下。2026—2035 年,春季和冬季降水也有减少的趋势,此后降水将会增加,增加最大的在春季,约为 5%(表 4.4)。

表 4.4　RCP 情景下 2016—2055 年云南降水变化(%)

年代	RCP2.6				
	年平均	春季	夏季	秋季	冬季
2016—2025	0.8(1.8)	−0.3(1.4)	0.4(2.0)	−0.3(1.6)	−0.4(1.6)
2026—2035	1.6(2.6)	0.5(2.4)	1.7(3.0)	2.6(2.4)	1.6(2.2)
2036—2045	1.8(3.3)	0.6(2.8)	3.1(3.8)	0.6(3.2)	1.1(2.9)
2046—2055	2.8(4.1)	1.0(3.8)	5.3(4.6)	1.0(4.2)	−4.6(2.2)
趋势(%/10a)	0.3(0.7)	0.6(0.7)	0.5(0.9)	0.0(0.8)	0.0(0.3)
年代	RCP4.5				
	年平均	春季	夏季	秋季	冬季
2016—2025	−0.4(1.3)	−0.6(0.5)	0.4(1.5)	−1.4(1.7)	−2.7(1.0)
2026—2035	0.1(2.8)	−1.3(2.2)	0.6(2.9)	1.3(3.8)	−2.1(1.3)
2036—2045	2.7(4.0)	2.7(3.7)	2.8(4.4)	2.0(4.0)	3.3(3.1)
2046—2055	3.8(5.0)	4.9(4.9)	4.2(5.5)	2.1(4.5)	2.6(4.5)
趋势(%/10a)	0.7(1.2)	1.9(1.4)	0.5(1.3)	1.0(0.9)	0.3(1.3)
年代	RCP8.5				
	年平均	春季	夏季	秋季	冬季
2016—2025	−1.5(1.2)	−1.4(0.4)	−0.5(2.0)	−2.5(1.2)	−6.0(−0.2)
2026—2035	0.5(3.2)	−0.3(2.4)	1.1(2.5)	1.2(2.5)	−3.1(1.2)
2036—2045	2.1(4.3)	4.7(3.5)	2.8(4.9)	−1.1(4.1)	−1.1(3.6)
2046—2055	3.4(3.8)	4.7(5.0)	4.3(6.6)	1.6(5.9)	−0.4(3.9)
趋势(%/10a)	0.3(1.6)	2.1(1.5)	0.8(1.6)	1.1(1.6)	−0.0(1.6)

注:括号内的数值为全国平均的结果。

对于年平均降水变化的地理分布特征,不同 RCPs 情景下、不同时期内降水变化表现出明显的区域性差异:2016—2025 年云南大部分地区降水将减少,尤其是云南的中部和东部降水减少最明显;随着时间的推移,云南东南部地区的降水减少情形将会得到缓解,但降水减少最明显的地区仍在云南的东部,西部地区的降水增加明显,达到 5%～7.5%(图 4.3)。

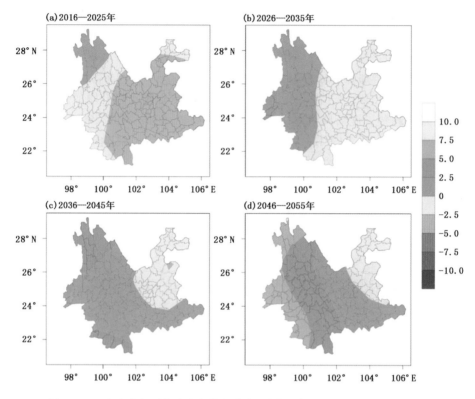

图 4.3　云南未来年平均降水变化的分布（单位：%）（相对于 1986—2005 年）

对于云南不同季节的降水变化，与气温相比，随着季节的变化，具有更大的区域变化特征，RCP8.5 排放情景下，2016—2025 年和 2026—2035 年，云南各个季节的降水大部分地区都将减少。夏季和春季降水在 2036—2045 年和 2046—2055 年主要增加的区域在云南的西部地区（图 4.4 和图 4.5）。秋季降水在 2046—2055 年主要增加的地区在云南的南部（图 4.6）。四个季节中春季云南西部地区降水增加最明显。在冬季，虽然区域平均降水减少明显，但到 2036—2045 年和 2046—2055 年，云南北部、西北地区和云南的南部部分地区降水则会增加，但中部地区的降水仍然呈减少趋势（图 4.7）。以上结果说明降水受地形作用的影响很大，不同季节降水分布变化差别明显，对于未来的预估结果也存在较大的不确定性。

4.4　区域气候模式对未来 10～30 年云南气温和降水变化预估

由于全球气候模式的分辨率较粗，为了给出更可靠的云南未来气候变化预估结果，使用更高分辨率的区域气候模式对云南未来气候变化进行了数值模拟计算，在对模拟结果进行检验的基础上，给出云南未来 2016—2025 年、2026—2035 年、2036—2045 年、2046—2055 年气温和降水的变化（与 1986—2005 年相比）。

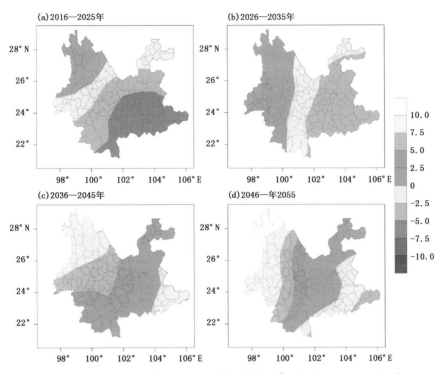

图 4.4　云南未来春季降水变化的分布（单位：％）（相对于 1986—2005 年）

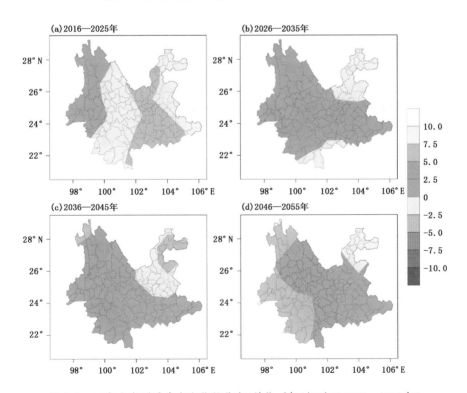

图 4.5　云南未来夏季降水变化的分布（单位：％）（相对于 1986—2005 年）

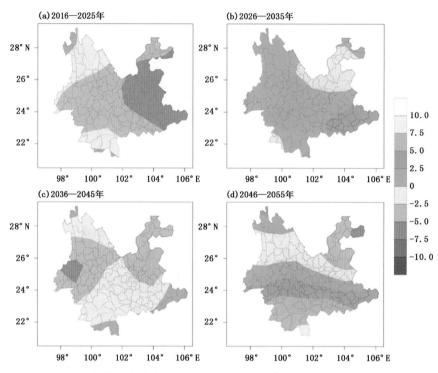

图 4.6　云南未来秋季降水变化的分布(单位:%)(相对于 1986—2005 年)

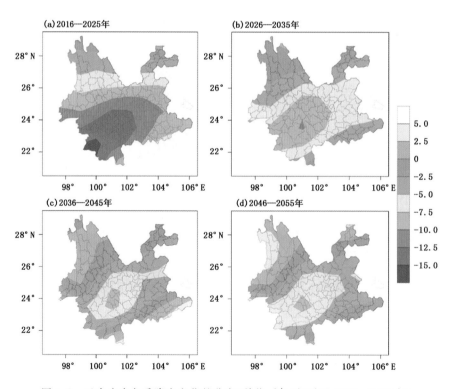

图 4.7　云南未来冬季降水变化的分布(单位:%)(相对于 1986—2005 年)

4.4.1 未来 10～30 年云南平均气温变化预估

表 4.5 给出区域模式模拟 RCP4.5 和 RCP8.5 排放情景下云南未来不同时期气温的变化（相对于 1986—2005 年）。可以看出，在 RCP 两种新排放情景下，未来云南年平均、冬季和夏季平均气温将一致升高，且随着时间的推移，升温幅度逐渐增大。在 RCP8.5 高排放情景下，升温幅度明显大于 RCP4.5 中等排放情景下的升温幅度。在 RCP4.5 排放情景下，到 21 世纪中期，年平均升温值将由 21 世纪初期的 0.7 ℃上升到 1.1 ℃，冬季升温值将由 0.7 ℃上升到的 1.1 ℃，夏季升温值则由 0.6 ℃上升到 1.1 ℃，未来最初 10 年的夏季升温值略低于冬季；而在 RCP8.5 排放情景下，21 世纪初期与 RCP4.5 排放情景下升温值差别不大，但随着时间的推移，二者升温值之差逐渐明显。到 21 世纪中期，RCP8.5 排放情景下年平均、冬季、夏季升温值分别达到 1.6 ℃、1.7 ℃和 1.6 ℃。

表 4.5 区域模式模拟 2016—2055 年云南气温变化(℃)

年代	RCP4.5			RCP8.5		
	年平均	冬季	夏季	年平均	冬季	夏季
2016—2025	0.7	0.7	0.6	0.7	0.9	0.5
2026—2035	0.8	0.9	0.7	1.1	1.2	0.9
2036—2045	1.0	1.0	0.9	1.3	1.3	1.3
2046—2055	1.1	1.1	1.1	1.6	1.7	1.6

图 4.8 给出区域模式模拟 RCP8.5 情景下云南未来 50 年年平均地面气温的变化分布。可以看到，在 RCP8.5 排放情景下，未来 50 年云南升温幅度明显大于 RCP4.5 排放情景下的升温幅度。其中 2016—2025 年年平均气温升高值在云南大部分地区都在 0.6 ℃以上，云南中部地区升温幅度达到 0.8 ℃以上，这个时期的升温幅度与 RCP4.5 情景下升温幅度相差不大；而到 21 世纪中期 2046—2055 年，全省升温值均达到 1.4 ℃以上，北部和西部地区升温值达 1.6 ℃以上，明显高于 RCP4.5 排放情景下的升温幅度。

4.4.2 未来 10～30 年云南降水变化预估

与气温相同，表 4.6 给出 2016—2055 年云南 RCP4.5 和 RCP8.5 排放情景下每 10 年年平均降水的变化（相对于 1986—2005 年）。

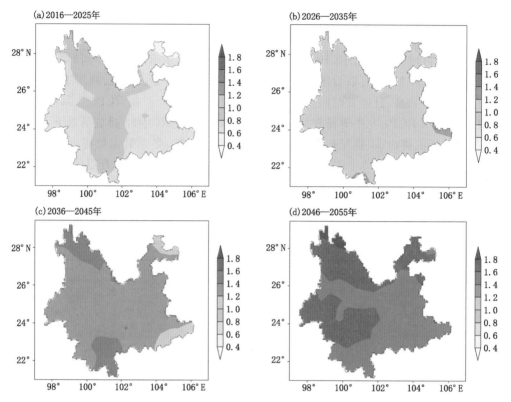

图 4.8　RCP8.5 情景下云南年平均气温变化分布（℃）

表 4.6　区域模式模拟 2016—2055 年云南降水变化（%）

年代	RCP4.5			RCP8.5		
	年平均	冬季	夏季	年平均	冬季	夏季
2016—2025	−3.2	−4.5	−2.4	−1.4	−8.7	3.2
2026—2035	−1.5	−5.0	0.5	−1.0	−7.2	3.0
2036—2045	0.3	−2.4	2.0	−4.5	−6.0	−3.5
2046—2055	−0.8	−5.1	2.0	−2.5	−1.4	−3.2

　　从表中可看到，RCP4.5 情景下，云南未来年平均降水将呈先减少，后增加，到 21 世纪中期又呈略微减少的趋势。冬季平均降水一直表现为减少趋势，在前 20 年减少较明显，减少值在 −4.5% 以上，随后 10 年减少值相对较小，为 −2.4%，而到 21 世纪中期 2046—2055 年减少值又升高为 −5.1%。夏季降水与冬季降水表现不同，夏季降水的变化在 21 世纪初期有所减少，减少值为 −2.4%，随后的 30 年降水都将呈增加趋势，增加值分别为 0.5%、2% 和 2%。总体来说，云南未来冬季降水将呈减少趋势，夏季降水将呈增加趋势。

　　RCP8.5 情景下，云南未来年平均降水都将减少，减少幅度为 2036—2045 年最大，为 −4.5%。夏季降水的变化在前 20 年有所增加，增加值分别为 3.2% 和 3.0%，随后的 20 年降水则都将减少，减少值相对较大，分别为 −3.5% 和 −3.2%。冬季降水值将呈减少趋势，且随时间的推移，减少值有所减小，前 30 年减少值变化不大，分别为 −8.7%、−7.2% 和 −6.0%，到 2046—2055 年减少值会大幅减小,为 -1.4%。

图 4.9 给出区域模式模拟 RCP8.5 情景下云南未来年平均降水的变化分布。可以看出,RCP8.5 情景下云南未来年平均降水减少趋势比 RCP4.5 情景下(图略)更明显。前 20 年云南年平均降水在整个区域上以减少和变化不大为主,减少地区在 2016—2025 年主要集中在云南西部,在 2026—2035 年主要集中在云南南部,但减少值相对较小,在 -10%～-2.5%。随后 10 年(2036—2045 年)降水减少范围明显扩大,云南大部地区都是减少的,且减少值大都在 -5% 以上,部分地区减少值达 -10% 以上。到 2046—2055 年降水减少范围又有所缩小。总体来说,未来云南降水是以减少为主的。

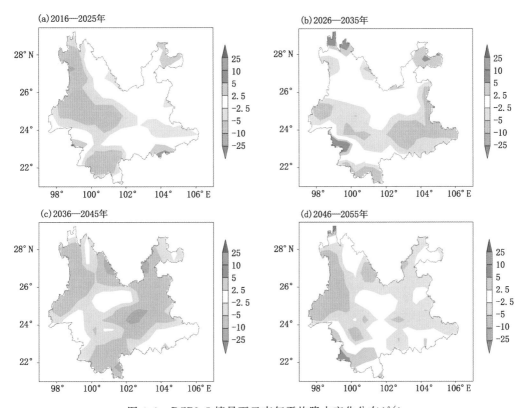

图 4.9 RCP8.5 情景下云南年平均降水变化分布(%)

4.5 小结

本章给出了云南未来 10～30 年平均气温和降水的变化,结果表明:未来随着温室气体浓度的升高,云南平均气温与全球和中国一样,呈上升趋势,但升温幅度比全国要小。

到 21 世纪中期,与 1986—2005 年相比,三种排放情景下云南增温幅度为 1～2 ℃,对于未来云南年平均气温变化的线性趋势,RCP2.6 情景下为 0.13 ℃/10a,RCP4.5 情景下为 0.2 ℃/10a,RCP8.5 情景下为 0.35 ℃/10a。四个季节相比,春季的平均气温在 2046—2055 年上升幅度大于其他三个季节。

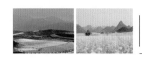

对于云南年平均降水的变化,RCP2.6、RCP4.5 情景下云南年平均降水量在 2025 年前后降水略有减少,2030 年以后年平均降水呈增加趋势;2050 年以前三种情景下的降水增加趋势基本一致,呈略有增加趋势,2050 年以后降水增加趋势逐渐明显。每 10 年平均,云南年平均降水除 2016—2025 年外,其他年份都呈增加趋势,夏季降水也将增加,但冬季降水将减少,尤其是在 RCP8.5 的排放情景下的 2016—2025 年。

不同 RCPs 情景下、不同时期内降水变化表现出明显的区域性差异:2016—2025 年云南大部分地区降水将减少,尤其是云南东南部地区降水减少最明显;随着时间的推移,云南东南部地区的降水减少情形将会得到缓解,但降水减少最明显的地区仍在云南东部,西部地区降水增加明显。对于云南不同季节的降水变化,与气温相比,随着季节的变化,具有更大的区域变化特征,四个季节中春季云南西部地区降水增加最明显。

此外,区域气候模式的模拟结果表明,未来云南大部分地区的降水以减少为主,与全球气候模式的模拟结果有所差别,说明目前气候模式对于降水的模拟比对气温的模拟不确定性更大。

第 5 章　未来 10～30 年云南极端天气气候事件变化预估

摘要:本章对未来 10～30 年云南极端天气气候事件的可能变化进行了分析,结果表明:在不同排放情景下,云南大于 25 ℃的高温日数(SU)将会增加,最低气温的最低值(TNN)会升高,霜冻日数(FD)减少,生长季长度(GSL)增加,线性变化趋势分别为 3.5～5 d/10a、0.3～0.6 ℃/10a、−0.5～−0.6 d/10a 和 0.2～0.3 d/10a。区域平均的连续无降水日数 CDD 在RCP4.5 情景下无明显变化,在 RCP8.5 情景下略有增加,大于 20 mm 的降水日数也无明显变化,连续 5 d 最大降水量 Rx5day 略有增多,但简单降水强度指数在 RCP4.5 和 RCP8.5 情景下都持续上升。由此表明,虽然降水次数会减少或者无变化,但单次的降水强度会增加。与对气温相关极端天气气候事件指数的变化相比,对于与降水相关的极端天气气候事件指数来说,模式间的差别较大。

5.1　引言

使用 IPCC AR5 的 CMIP5 数据库中 22 个全球气候模式的集合平均结果对云南未来极端天气气候事件的变化进行分析,分析的指数包括大于 25 ℃高温日数(SU)、连续 5 d 最大降水量(Rx5day)、大于 20 mm 降水日数(R20 mm)、降水强度指数(SDII)、连续干旱日数(CDD)、生长季长度(GSL)和日最低气温的最低值(TNN),具体定义见表 5.1。由于 RCP2.6 排放情景下,各极端天气气候事件指数的变化趋势不是很明显,这里我们主要对 RCP4.5 和 RCP8.5情景下云南未来极端天气气候事件指数的可能变化进行介绍。

5.2　极端天气气候事件指数定义

针对云南的气候特点,我们从气候变化研究中公认的 27 个极端天气气候事件指数中选取了 8 个指数,对云南未来极端天气气候事件的变化进行分析。具体指数定义见表 5.1。分析的时间段同对平均气温和降水的分析时段一致,分别为 2016—2025 年、2026—2035 年和2036—2045 年。

表 5.1　极端天气气候事件指数定义(Firch 等,2002)

指数	描述	单位
TNN	最低气温的最低值	℃
FD	霜冻日数,日最低气温达到 0 ℃以下的天数	d
SU	高温日数 日最高气温在 25 ℃以上的天数	d
GSL	生长季长度	d
Rx5day	连续 5 d 最大降水量	mm
R20mm	大于 20 mm 的降水日数	d
CDD	连续干旱日数,降水量低于 1 mm 的天数	d
SDII	简单日降水强度指数	mm/d

5.3　未来 10～30 年与气温相关极端天气气候事件指数变化预估

对于与气温相关的几个极端天气气候事件指数的分析结果表明,不同 RCPs 排放情景下,21 世纪云南大于 25 ℃高温日数(SU)表现为持续增加趋势,并且时间变化特征与年平均气温相类似(图 5.1a)。最低气温的最低值也随着时间呈持续增加的趋势,霜冻日数会大幅度减少,生长季长度逐渐增加。此外,可看出,对于与气温相关的极端天气气候事件指数不同模式间的模拟结果较一致(每条曲线的阴影区),不确定性较小。

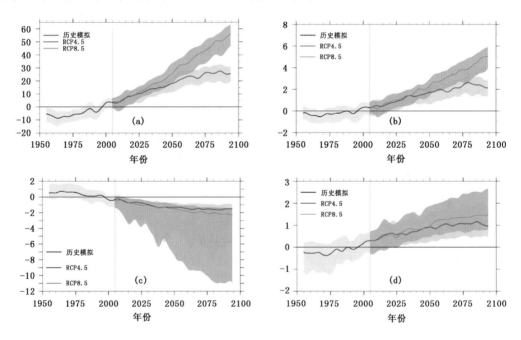

图 5.1　不同 RCP 情景下云南与温度相关的极端天气气候事件指数 SU(d)(a)、TNn(℃)(b)、FD(d)(c)和 GSL(d)(d)的变化(相对于 1986—2005 年)

为进一步考察云南未来 10～30 年不同时段极端天气气候事件指数的变化,表 5.2 给出与气温相关的几个极端天气气候事件指数在 2016—2025 年、2026—2035 年、2036—2045 年和 2046—2055 年的变化和趋势,包括大于 25 ℃高温日数(SU)、最低气温的最低值(TNN)、地面气温低于 0 ℃的霜冻日数(FD)以及生长季长度指数。结果表明,在 RCP4.5 和 RCP8.5 的排放情景下,SU 在 2016—2025 年将增加 8 d 和 9 d,最低气温的最低值将上升 0.6 ℃和 0.8 ℃,霜冻日数将减少 2 d,生长季长度的变化不大,增加 0.7 d;到 21 世纪的中期,2046—2055 年,随着温室气体浓度的上升,上述 4 个极端天气气候事件指数的变化加大,RCP8.5 情景下,SU 将增加 26.5 d,TNN 上升 2.3 ℃,霜冻日数将减少 4 d,生长季长度增加 1.5 d。从每 10 年的线性变化趋势上看,RCP4.5 和 RCP8.5 的排放情景下 SU、TNN、FD 和 GSL 的变化速率分别为 3.5～5 d/10a、0.3～0.6 ℃/10a、-0.5～-0.6 d/10a 和 0.2～0.3 d/10a。

表 5.2   RCP 情景下 2016—2055 年云南与气温相关的极端天气气候事件指数变化

情景 年份	RCP4.5				RCP8.5			
	SU	TNN	FD	GSL	SU	TNN	FD	GSL
2016—2025	8.4	0.6	-1.5	0.7	9.0	0.8	-1.8	0.7
2026—2035	12.0	1.1	-1.9	0.8	14.2	1.2	-2.4	1.0
2036—2045	15.5	1.3	-2.9	1.1	19.3	1.6	-3.1	1.3
2046—2055	18.5	1.6	-2.7	1.1	26.5	2.3	-3.9	1.5
趋势(/10a)	3.5	0.3	-0.5	0.2	5.0	0.6	-0.6	0.3

对于云南不同极端天气气候事件指数的空间分布变化,我们仅给出 RCP8.5 排放情景下的未来变化结果(图 5.2 至图 5.5)。结果表明:到 21 世纪中期,云南大于 25 ℃的高温日数(SU),从北向南逐步增加,增加最大的区域在云南南部,在 2016—2025 年增加最大值在 15 d 左右,到 2046—2055 年增加数值将达到 50～60 d(图 5.2);整个云南日最低气温的最低值(TNN)在 21 世纪中期都将上升,上升最明显的地区位于云南西北部,到 2046—2055 年西北部地区的最低气温的最低值将升高 3～4 ℃(图 5.3);云南霜冻日数(FD)将减少,减少最明显的地区位于云南北部,2016—2025 年北部地区霜冻日数将减少 5～10 d,到 2046—2055 年则将减少 20～30 d(图 5.4)。2016—2055 年,整个云南生长季长度都将增加,云南北部地区增加幅度大于南部地区。到 2046—2055 年北部地区生长季长度将增加 25～35 d,而南部地区的生长季长度将增加 5 d(图 5.5)。

5.4   未来 10～30 年与降水相关极端天气气候事件指数变化预估

图 5.6 给出了与降水相关的几个极端天气气候事件指数的未来变化。可以看出,云南平均的连续无降水日数 CDD 在 RCP4.5 情景下无明显变化,在 RCP8.5 情景下略有增加,大于 20 mm 的降水日数也无明显变化,连续 5 d 最大降水量 Rx5day 略有增多,但简单降水强度指数在 RCP4.5 和 RCP8.5 情景下都持续上升,这表明虽然降水次数会减少或者无变化,但单次降水过程的强度会增加。与对气温相关的极端天气气候事件指数的变化相比,对于与降水相关的极端天气气候事件指数来说,不同模式间的差别较大,即存在较大的不确定性。

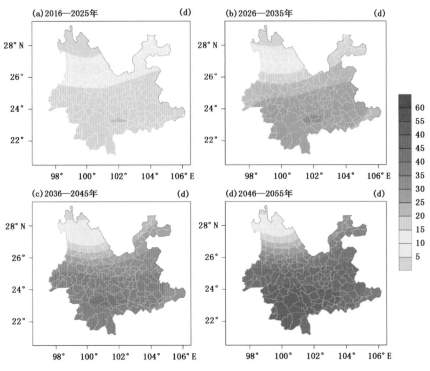

图 5.2　云南 2016—2055 年极端天气气候事件指数 SU 变化分布

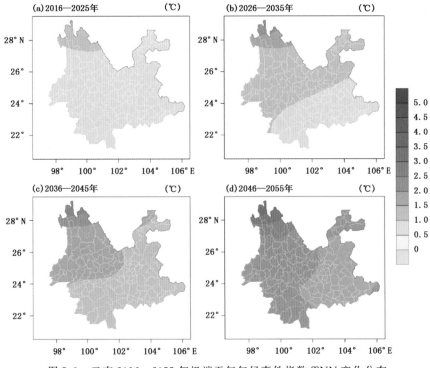

图 5.3　云南 2016—2055 年极端天气气候事件指数 TNN 变化分布

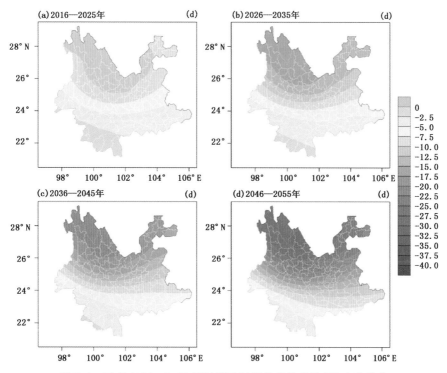

图 5.4　云南 2016—2055 年极端天气气候事件指数 FD 变化分布

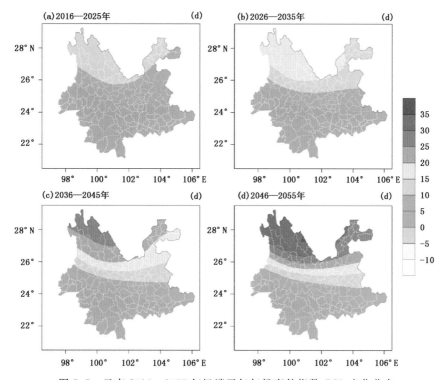

图 5.5　云南 2016—2055 年极端天气气候事件指数 GSL 变化分布

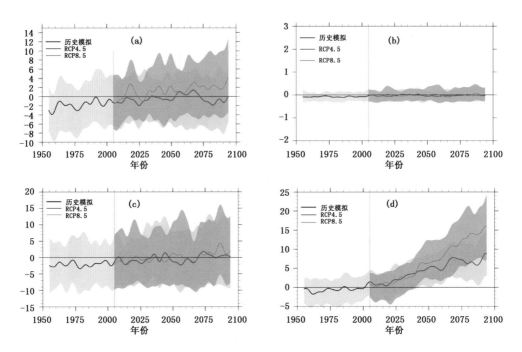

图 5.6 不同 RCP 情景下云南与降水相关的极端天气气候事件指数 CDD(d)(a)、R20mm(mm)(b)、
Rx5day(d)(c)和 SDII(％)(d)的变化(相对于 1986—2005 年)

表 5.3 给出了 2016—2055 年云南与降水相关的极端天气气候事件指数变化,结果表明,在 RCP4.5 和 RCP8.5 的排放情景下,云南大于 20 mm 的降雨日数(R20mm)变化不大,也没有明显的变化趋势,连续 5 d 最大降水量(Rx5day)在 RCP4.5 排放情景下的 2026—2035 年和 2036—2045 年增加幅度大于 2016—2025 年和 2046—2055 年,在 RCP8.5 情景下的增加幅度则有所减少;连续无降雨日数的变化则是 RCP8.5 情景大于 RCP4.5 情景,但简单日降水强度指数(SDII)随着未来温室气体浓度的升高,在 RCP4.5 和 RCP8.5 情景下都将增强,到 2046—2055 年增加的强度分别为 5.0 mm/d 和 7.6 mm/d。R20mm、Rx5day、CDD 和 SDII 每 10 年的变化趋势分别为 0 d/10a、0.3～0.4 mm /10a、0.1～0.7 d/10a 和 0.9～2.1/10a。

表 5.3 RCP 情景下 2016—2055 年云南年平均与降水相关极端天气气候事件指数变化

情景 指数 年代	RCP4.5				RCP8.5			
	R20mm	Rx5day	CDD	SDII	R20mm	Rx5day	CDD	SDII
2016—2025	0.0	0.0	0.0	1.3	0.1	3.0	2.0	1.0
2026—2035	0.1	2.3	0.9	2.5	0.0	1.6	0.6	2.5
2036—2045	0.1	4.2	0.1	4.5	0.1	2.2	2.7	4.9
2046—2055	0.1	1.4	0.7	5.0	0.1	2.9	2.9	7.6
趋势(/10a)	0.0	0.3	0.1	0.9	0.0	0.4	0.7	2.1

图 5.7 至图 5.10 给出云南 2016—2055 年与降水相关的极端天气气候事件指数的变化。结果表明:到 21 世纪中期,随着温室气体排放的增加和气温的上升,云南年平均连续无降水日

数（CDD）将随之发生变化。在 2016—2025 年南部地区将会增多 2～3 d；到 2026—2035 年，主要增加的区域在云南西部地区，南部地区的无降雨日数则有减少的趋势；到 2036—2045 年和 2046—2055 年，无降雨日数将明显增多，尤其是云南的西部地区（图 5.7）。对于大于 20 mm 的降雨日数，2016—2025 年云南全省大部地区都将减少，西北部地区略有增加。2026—2035 年、2036—2045 年和 2046—2055 年，云南大于 20 mm 的降水日数将由东向西逐步增多，这与全球和中国的预估结果一致：虽然降雨次数减少，但是降水强度增加（图 5.8）。从 Rx5day 的分布（图 5.9）和简单日降水强度指数 SDII（图 5.10）的分布图也可以看出，随着时间的推移，未来云南的降水强度会增加，尤其是 2046—2055 年在云南的西部地区增加最显著。

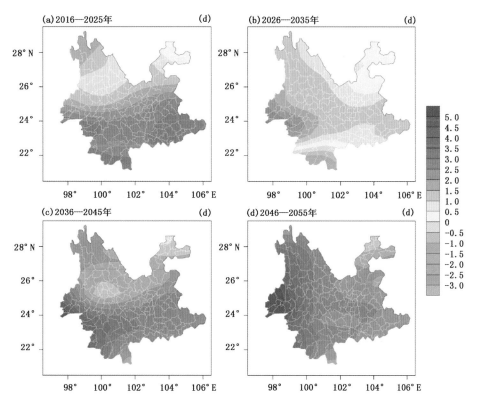

图 5.7　云南 2016—2055 年连续无降水日数变化分布

5.5　小结

本章对未来 10～30 年云南极端天气气候事件的可能变化进行了分析，结果表明：在不同排放情景下，未来与气温相关几个极端天气气候事件指数中，大于 25 ℃的高温日数（SU）将会增加，最低气温的最低值（TNN）会升高，霜冻日数（FD）减少，生长季长度（GSL）增加。从每 10 年的线性变化趋势上看，RCP4.5 和 RCP8.5 的排放情景下 SU、TNN、FD 和 GSL 的变化速率将分别为 3.5～5 d/10a、0.3～0.6 ℃/10a、−0.5～−0.6 d/10a 和 0.2～0.3 d/10a。从

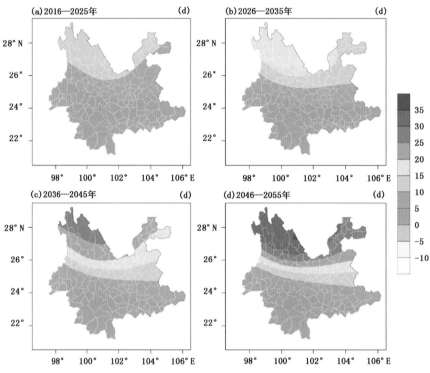

图 5.8　云南 2016—2055 年大于 20 mm 的降雨日数变化分布

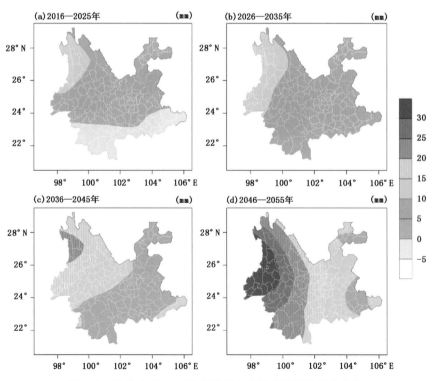

图 5.9　云南 2016—2055 年连续 5 d 最大降雨量变化分布

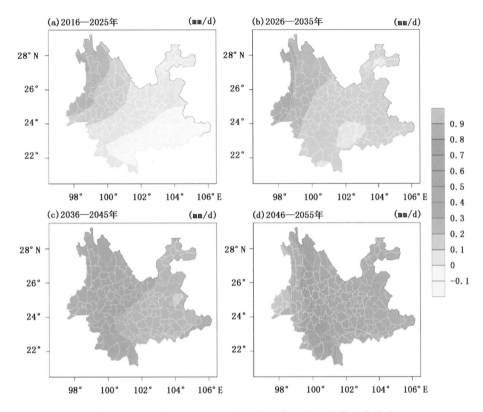

图 5.10　云南 2016—2055 年简单的降水强度指数变化分布

空间分布上看,SU 从北向南逐步增加,增加最大的区域在云南的南部;整个云南日最低气温的最低值(TNN)在 21 世纪中期都将上升,上升最明显的地区位于云南西北部;整个云南的霜冻日数(FD)将减少,减少最明显的地区位于云南北部地区。整个云南的生长季长度都将增加,北部地区增加幅度大于南部地区。

　　分析与降水相关的几个极端天气气候事件指数的未来变化发现,区域平均的连续无降水日数 CDD 在 RCP4.5 情景下无明显变化,在 RCP8.5 情景下略有增加;大于 20 mm 的降水日数也无明显变化,连续 5 d 最大降水量 Rx5day 略有增多,但简单日降水强度指数(SDII)在 RCP4.5 和 RCP8.5 情景下都持续上升,这表明虽然降水次数会减少或者无变化,但单次的降水强度会增加。与对气温相关的极端天气气候事件指数的变化相比,与降水相关的极端天气气候事件指数在不同模式间的预估差别较大,即存在较大的不确定性。

第 6 章　未来 10～30 年云南气象灾害风险变化预估

摘要：本章利用全球和区域气候模式的数值模拟结果，计算了不同灾害的致灾因子，并与社会经济数据相结合，对未来 10～30 年 RCP8.5 排放情景下，云南的高温、洪涝、干旱和低温灾害风险进行了预估。结果表明，云南未来 10～30 年存在不同程度的高温灾害、洪涝灾害、低温灾害、干旱灾害风险。未来云南干季和雨季的干旱日数均呈增加趋势，全球变暖使云南省未来发生干旱的概率增大、强度增强，其中滇西南的德宏、临沧、普洱和西双版纳干旱灾害风险加大。未来昭通、曲靖、文山、保山、德宏等地存在较大的洪涝风险，其中东部地区风险要大于西部地区。2016—2025 年间，滇西南和滇东南的低温风险较高，其后低温风险发生的范围和程度逐步降低。未来云南大部地区低温风险偏低，但发生阶段性高强度破坏性大的极端低温冷害事件的可能性增加。未来高温灾害风险相对较大的区域主要在滇东南和滇西南地区，其中文山、西双版纳、德宏和临沧高温风险最大。

6.1　引言

对于未来灾害风险的预估方面开展的工作比较少，尤其是对于省和区域的较小空间尺度的灾害风险的评估工作才刚刚开始。本章主要以吴绍洪等（2011）给出的进行气候变化相关风险评估的研究方法，以及全球气候模式在 RCP8.5 排放情景下的未来气候变化模拟结果，对云南未来 10～30 年的与气候变化相关的灾害风险进行初步评估，以期为政府的政策制定和决策提供参考。

6.2　数据和相关定义

6.2.1　数据

用于进行未来风险评估的气候情景数据同第 4 章所介绍的 CMIP5 的 22 个全球气候模拟数据（表 4.2）。

社会经济数据包括人口密度数据和 GDP 数据，使用的是未来温室气体浓度排放情景 A2（相当于 RCP8.5）下的全球 50×50 km 网格人口密度和 GDP 密度数据（1990—2100 年）。这些数据来自奥地利国际应用系统分析研究所（IIASA）GGI 情景数据库，该数据库中人口和 GDP 数据的时间分辨率为 10 年。在计算洪涝灾害风险时还用到了地形高度数据。

6.2.2　定义

(1)高温灾害:指由于气温大于某一临界值引起自然或社会经济系统等产生损害而造成的灾害。

(2)干旱灾害:指在某一时段,由于降水量等指标较常年同期平均值显著偏少而导致自然或社会经济系统受到影响的灾害。

(3)洪涝灾害:是通常所说的洪灾和涝灾的总称。由于短时间或连续的强降水过程(暴雨)致使江河洪水泛滥,淹没农田和城乡或因长时间降雨等产生积水或径流量,淹没低洼土地,造成农业或其他财产和人员伤亡的一种灾害。由于洪灾和涝灾往往同时发生,在大多数情况下很难区分,所以常统称为洪涝灾害。

(4)低温灾害:这里我们主要指霜冻灾害,在植物生长季内,植物表面及近地层的气温降到 0 ℃以下,引起植物体受冻而产生的伤害。

(5)承载体物理暴露度:指研究区域一定时间段内可能受到致灾因子影响的元素(如人口、经济和生态系统)数量。

(6)致灾危险性:指在一定范围和给定时间段内,系统遭受各种强度自然灾害的可能性大小。

(7)承灾体易损性:指承灾客体受到致灾因子冲击时的易损程度。它取决于承灾体对致灾因子的敏感性和适应能力,包含一系列涉及承灾体本身及自然、社会、政治、经济与环境因素等指标。

6.3　方法

6.3.1　高温灾害风险评估

(1)高温致灾危险性评估指标:包括高温日数和热浪日数,其中高温日数为日最高气温大于 25 ℃的日数(SU);热浪日数是指至少持续 3 d,日最高气温不低于 1961—1990 年样本概率分布第 97.5 个百分位气温值(WSDI)。计算方法是将这两个指标首先进行归一化处理后,再进行等权重相加,相加后的结果再进行标准化到 0～1,即为高温致灾危险度。

(2)高温承灾体易损性评估:在本报告中我们选择人口密度、GDP 摸底和耕地面积百分比作为承灾体物理暴露度的代用指标,分别表示人员、社会财富和农业生产。具体计算时,首先将上述三个指标作归一化处理,再根据专家打分法对各指标赋予权重,将权重视为各类承灾体对高温灾害的灾损敏感性,即得到高温承灾体易损性的评估模型为:

$$V_H = 0.4833 \times D_{pop} + 0.2389 \times D_{gdp} + 0.2778 \times P_f$$

式中,V_H 为评估区域高温承灾体易损性指数,D_{pop} 为评估区域归一化后的人口密度;D_{gdp} 为评估区域归一化后的 GDP 密度,P_f 为评估区域归一化后的耕地面积百分比。

在上述计算结果的基础上,再对计算得到的高温承灾体易损性指数进行标准化,即将所有格点中承灾体易损性指数的最大值定为 1,其他格点的承灾体易损性指数与其之比即为每个格点的高温承灾体易损度。

(3)高温灾害风险等级评估:根据"风险＝致灾危险性×承灾体易损性",将上述两部分得到的结果进行叠加,即得到未来各个时期云南的高温灾害危险度,再根据风险度的数值范围按 0.02～0.04、0.04～0.06、0.06～0.08、0.08～0.10、0.10～0.20 将高温灾害风险划分为 5 个等级。

6.3.2　洪涝灾害风险评估

(1)洪涝致灾危险性评估:选取了 5 d 最大降水量(R5xday)、大于 20 mm 降水日数(R20mm)和地形高度数据作为评估指标。计算方法是将这两个指标首先进行归一化处理后,再进行等权重相加,相加后的结果再进行标准化到 0～1,即为洪涝致灾危险度。

(2)洪涝承灾体易损性评估:承灾体易损性指标和数据处理同高温承灾体易损性评估。根据经验,洪涝灾害的易损性评估模型为:

$$V_F = 0.3444 \times D_{pop} + 0.3833 \times D_{gdp} + 0.2722 \times P_f$$

式中,V_F 为评估区域洪涝承灾体易损性指数,D_{pop} 为评估区域归一化后的人口密度;D_{gdp} 为评估区域归一化后的 GDP 密度,P_f 为评估区域归一化后的耕地面积百分比。再对计算得到的洪涝承灾体易损性指数进行标准化。

(3)洪涝灾害风险等级评估:根据"风险＝致灾危险性×承灾体易损性",将上述两部分得到的结果进行叠加,即得到未来各个时期云南的洪涝灾害危险度,再根据风险度的数值范围按 0.02～0.05、0.05～0.07、0.07～0.1、0.1～0.15、0.15～0.2 将洪涝灾害风险划分为 5 个等级,0 为无风险。

6.3.3　干旱灾害风险评估

基本方法同上述的高温和洪涝灾害风险评估。干旱灾害选取的指标是连续干旱日数(降水小于 1 mm)(CDD)和降水距平百分率(Pa)。易损性评估模型为:

$$V_D = 0.2611 \times D_{pop} + 0.2500 \times D_{gdp} + 0.4889 \times P_f$$

式中,V_D 为评估区域干旱承灾体易损性指数,D_{pop} 为评估区域归一化后的人口密度;D_{gdp} 为评估区域归一化后的 GDP 密度,P_f 为评估区域归一化后的耕地面积百分比。根据"风险＝致灾危险性×承灾体易损性",将上述两部分得到的结果进行叠加,即得到未来各个时期云南的干旱灾害危险度,再根据风险度的数值范围按 0.01～0.02、0.02～0.03、0.03～0.04、0.04～0.05 和 0.05～0.1 将干旱灾害风险划分为 5 个等级。

6.3.4　低温灾害风险评估

基本方法同上述的高温和洪涝灾害风险评估。低温灾害选取的指标是霜冻日数和最低气温的最低值。易损性评估模型为:

$$V_L = 0.2722 \times D_{pop} + 0.3833 \times D_{gdp} + 0.3444 \times P_f$$

式中,V_L 为评估区域低温承灾体易损性指数,D_{pop} 为评估区域归一化后的人口密度;D_{gdp} 为评估区域归一化后的 GDP 密度,P_f 为评估区域归一化后的耕地面积百分比。根据"风险＝致灾危险性×承灾体易损性",将上述两部分得到的结果进行叠加,即得到未来各个时期云南的低温灾害危险度,再根据风险度的数值范围按 0.0～0.01、0.01～0.02、0.02～0.04、0.04～0.06

和 0.06～0.08 将低温灾害风险划分为 5 个等级。

结果分析时,我们对上述四种灾害风险分析的年代分段,同对气候分析一样,分为 2016—2025 年、2026—2035 年、2036—2045 年和 2046—2055 年,选取的排放情景为 RCP8.5。

6.4 未来 10～30 年云南气象灾害风险变化

根据前面的定义,我们利用上节给出的极端天气气候事件指数的变化和社会经济数据分析了云南未来灾害风险的分布。包括以下几个方面:高温灾害风险、干旱灾害风险、洪涝灾害风险以及低温灾害风险(图 6.1 至图 6.4)。

6.4.1 高温灾害风险

对于云南高温灾害,如前所述,选用的致灾因子是大于 25 ℃ 的高温日数和持续天数,这两个因子等权重相加即得到高温致灾危险性(图 6.1)。如图所示,21 世纪不同的四个 10 年平均结果都表明,高温致灾危险性较高的地区主要在云南的南部地区,且随着时间的推移逐步加强。

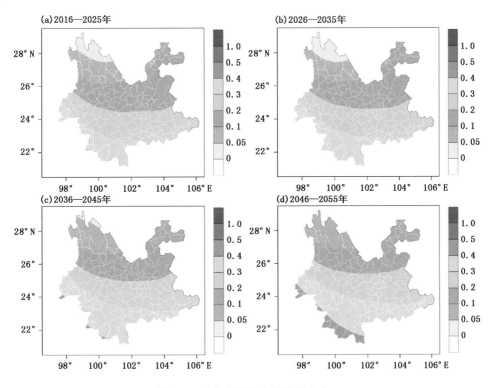

图 6.1 云南高温致灾危险性分布

云南高温承灾体易损性分布见图 6.2。可以看出,未来云南对于高温承灾体的易损性较高的地区主要位于云南的东部地区,四个时期的分布基本相同,这主要是未来云南的人口和 GDP 以及土地利用的变化不大。

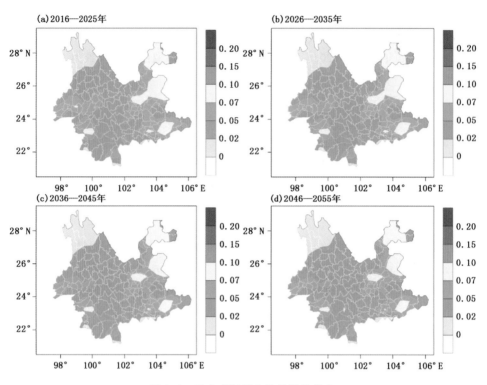

图 6.2　云南高温承灾体易损性分布

　　图 6.3 给出云南未来 40 年高温灾害风险分布,结果显示:云南未来 40 年的高温灾害风险相对较大的区域主要集中在滇中以南地区,其中文山、西双版纳、德宏和临沧风险最大,且对于2016—2055 年的四个 10 年中,高温灾害风险的区域分布变化不大(图 6.3)。

6.4.2　洪涝灾害风险

　　对于云南的洪涝灾害,我们选取的致灾因子为大于 20 mm 的降水日数和连续 5 d 最大降水量以及地形高度。图 6.4 给出云南洪涝致灾危险性分布。可以看出,2016—2035 年,云南洪涝致灾危险性较大的地区是西部的迪庆、怒江、保山、德宏和东南部的文山、红河;2036—2055 年,较大致灾危险区范围扩大至普洱、临沧和西双版纳等地。洪涝灾害的易损性与高温灾害的易损性分布基本一致(图略)。

　　图 6.5 给出了云南洪涝灾害风险的空间分布。可以看出,未来在云南的东部的昭通、曲靖和文山和西部的保山、德宏等地存在较大的洪涝风险,东部地区风险要大于西部地区。相对于全国洪涝风险较高的东部和南部省份,云南的洪涝灾害风险则相对较小。

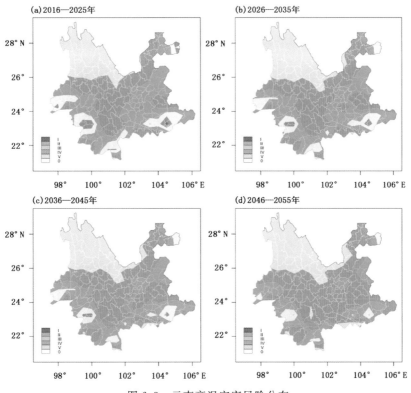

图 6.3　云南高温灾害风险分布

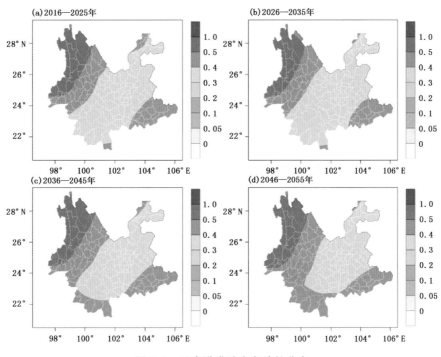

图 6.4　云南洪涝致灾危险性分布

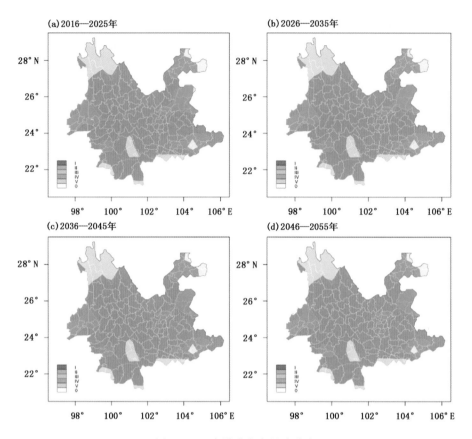

图 6.5　云南洪涝灾害风险分布

6.4.3　干旱灾害风险

干旱是云南近年来最大的灾害风险。我们利用未来连续无降雨日数和降水距平百分率计算分析了云南未来干旱灾害风险的变化。图 6.6 给出了干旱致灾危险性分布。可以看出,云南干旱发生危险性呈由东向西逐渐增大的空间分布特征,2016—2035 年干旱危险性最重的地区位于滇西保山、德宏、临沧、普洱和西双版纳等地,且随着时间的推移,2036—2055 年危险性最重的范围有向中东部扩大的趋势。

根据未来人口和 GDP 的发展以及耕地面积的变化,云南干旱易损度的变化在未来 4 个时段的分布变化不大,易损度较大的地区位于东部的昭通、曲靖和文山以及西部的德宏、临沧等地(图略)。

图 6.7 给出云南未来干旱灾害风险的分布。可以看出,与干旱致灾危险性的分布一致,云南未来干旱灾害风险相对较大的地区主要在西南地区的德宏、临沧、普洱和西双版纳,干旱风险较小的地区是北部和东部的地区。2016—2055 年各时段干旱灾害风险的分布少变。

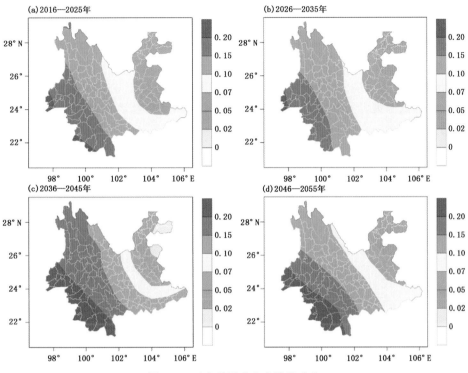

图 6.6　云南干旱致灾危险性分布

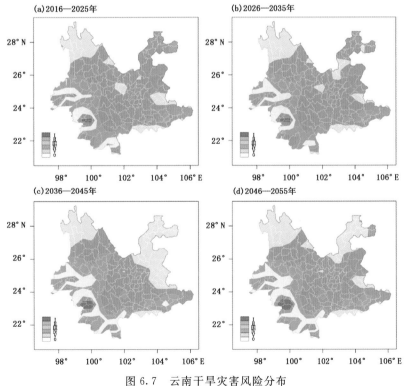

图 6.7　云南干旱灾害风险分布

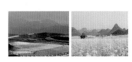

6.4.4　低温灾害风险

随着温室气体浓度的升高,最低气温的最低值基本都呈上升的趋势。但仍会有低温灾害的存在,因此,在这里我们简单给出未来10～30年云南的低温灾害风险发生的可能分布。如前所述,对于低温灾害风险的分析,我们选取的是日最低气温低于0 ℃的日数和最低气温的最低值的变化作为低温灾害的致灾因子,再与人口、GDP以及耕地面积进行叠加得到未来低温灾害风险的分布。

图6.8给出云南未来低温灾害风险的分布。可以看出,随着未来云南平均气温和最低气温的升高,2016—2025年部分存在低温灾害风险的地区,到2046—2055年风险降为很低。未来云南大部地区低温灾害风险很低,但仍需注意个别地区低温冷害的发生(图6.8)。

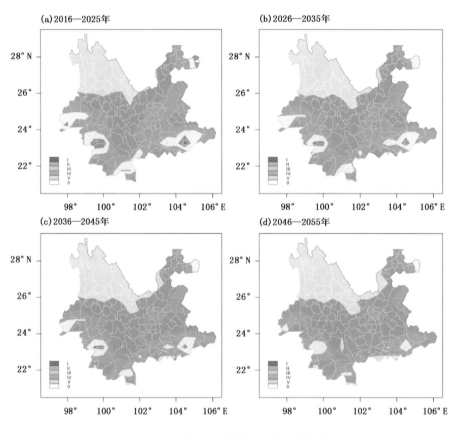

图6.8　云南省未来低温灾害风险分布

6.5　区域气候模式对未来10～30年云南干旱趋势的预估

由于干旱是云南最主要的气象灾害,我们进一步利用更高分辨率的区域气候模式对云南未来干旱趋势的变化进行了专门的分析。

对干旱的描述使用CDD指标,CDD定义为日降水量小于1 mm的最大连续日数,农作物的生长及自然生态系统的变化均与 CDD 密切相关。由于云南特殊的地理位置,形成了干雨季分明的气候:雨季为 5—10 月,降水量占全年的 85%;干季(11 月—翌年 4 月),降水量仅占 15%。因此,在分析干旱时,将一年分为干季及雨季进行分析。图 6.9 给出区域气候模式模拟 21 世纪前 50 年 RCP8.5 情景下云南干季 CDD 的变化。

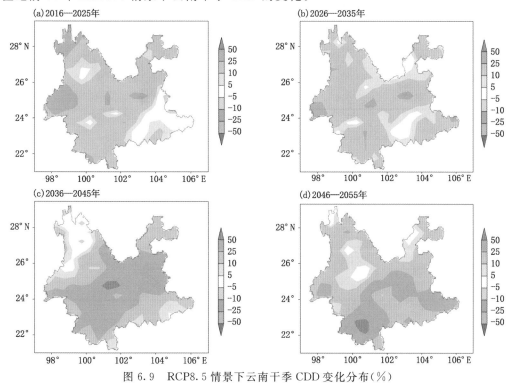

图 6.9　RCP8.5 情景下云南干季 CDD 变化分布(%)

由图 6.9 可以看出,21 世纪前期干季 CDD 都呈增加趋势,变化值大都在 5%～50%。随着时间推移,CDD 增加趋势有所增强。2016—2025 年,除云南东南部文山和红河 CDD 变化不大,其余地区 CDD 都将呈增加趋势,其中云南北部香格里拉和西南部德宏增加值最大,增加值在 25% 以上。2036—2045 年,除云南西北部之外,其余地区 CDD 均为增加趋势,大部分地区增加值达到 25% 以上;2046—2055 年,云南的 CDD 基本都呈增加趋势。

图 6.10 给出区域气候模式模拟 21 世纪前 50 年 RCP8.5 情景下云南雨季 CDD 的变化。可以看出,雨季 CDD 的变化与干季表现不同,总体来说,云南雨季 CDD 在 2026—2035 年表现为以减少为主,2046—2055 年表现为以增加为主,其他两个时段变化不大。2016—2025 年云南西北部迪庆、怒江、保山、大理西部的 CDD 将呈增加趋势,其中怒江 CDD 增加幅度在 10% 以上,其余地区 CDD 变化不大或呈略微减少趋势;2036—2045 年增加和减少区域呈相间分布,CDD 在云南大部分地区变化不大,变化幅度大都在 ±10%。

图 6.11 给出 1986—2099 年云南逐年区域平均的 CDD 值相对于 1986—2005 年的变化曲线。可以看出,干雨季 CDD 的变化均呈增加趋势,且干季的增加值较雨季大,尤其是 21 世纪末期。干季和雨季 CDD 的变化速率分别为 0.39 d/10a 和 0.23 d/10a。这从一定程度上表明,全球变暖可能会使云南未来干旱发生概率增大。

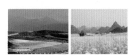
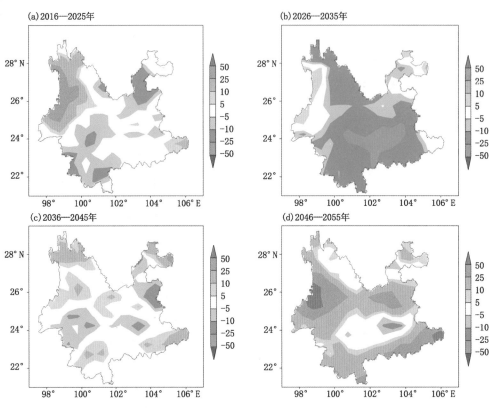

图 6.10　RCP8.5 情景下云南雨季 CDD 变化分布(％)

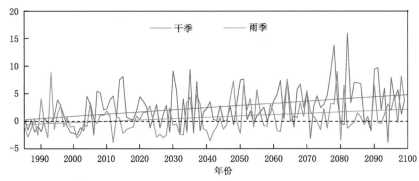

图 6.11　云南及周边地区干(红色)、雨(绿色)季 CDD 的变化(相对于 1986—2005 年)(单位：d/10a)

6.6　小结

根据不同致灾因子和社会经济数据,对未来 10～30 年云南的高温、洪涝、干旱和低温灾害风险进行了分析,结果表明:

(1)云南未来 10～30 年的高温灾害风险不大,相对风险较大的区域在云南的文山、西双版纳、德宏和临沧。

（2）洪涝灾害相对风险较大的地区主要位于东部的昭通、曲靖和文山，西部的德宏也相对风险较大。相对于全国其他省份来说，云南的洪涝灾害风险不大。

（3）云南未来干旱灾害风险相对较大的地区主要在滇西南的德宏、临沧、普洱和西双版纳。干旱风险较小的地区是北部和东部的地区，如迪庆和昭通。区域气候模式的模拟结果也表明，云南干季和雨季干旱日数的变化均呈增加趋势，且干季的增加值较雨季大，尤其是 21 世纪末期。这从一定程度上表明，全球变暖可能会使云南未来干旱发生概率增大。

（4）低温灾害风险随着平均气温和最低气温的升高，2016—2025 年部分存在低温灾害风险的地区，到 2046—2055 年风险较小。总体来说，未来云南大部地区低温灾害风险较小。

第 7 章　云南气候变化可能原因分析

摘要：本章总结了近年来全球气候变化原因的主要研究进展，并分别从自然原因和人为原因两方面分析了云南气候变化的可能原因。在自然原因方面，主要分析了海温、大气环流、冰雪覆盖等因子的影响；在人为原因方面，主要分析了温室气体、土地利用的变化、城市化进程以及城市热岛效应等方面的影响。由此指出，引起气候变化的因子十分复杂，相关问题的研究仍存在大量不确定性。

7.1　全球气候变化可能原因分析

近百年的全球气候变化主要是由自然变化和人类活动影响共同作用的结果（图 7.1）。自然变化既包括气候系统内部通过"海洋－陆地－大气－海冰"相互作用而产生的自然振荡，如大洋热盐环流的自然振荡、北极涛动（AO）、太平洋年代际振荡涛动（PDO）和 ENSO 等，又包括由太阳辐射、火山活动等外强迫因子变化引起的变率。人类活动引起的全球气候变化，主要包括人类燃烧化石燃料产生的温室气体，硫化物气溶胶浓度的变化，陆面覆盖、土地利用的变化以及城市化进程等。

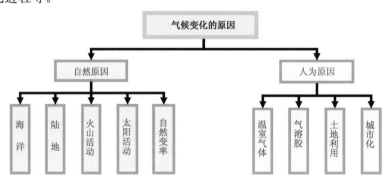

图 7.1　气候变化原因示意图

气候变化的检测和原因判别是 20 世纪 90 年代以来气候变化研究的一个热点问题，其重要性也是不言而喻的。气候变化的检测和原因判别的主导思想是利用不同工具分辨各种因子的作用，然后给出影响明显的因子。气候变化的检测和原因判别有多种方法，如简单的指标和序列法，最佳指纹法和多元回归法等，其主要工具是数理统计方法（如指纹法和多元回归）和气候模式（简单和复杂模式）。需要强调的是，由于科学认识水平所限，目前尚无任何工具可以完全定量地和确切地给出各种因子对气候变化的影响程度，只可能给出定性分析。

最近几十年，随着气候和气候变化研究的迅速发展，尤其是 IPCC 五次评估报告的发布，不断加深了人类活动对近百年气候变化影响的科学认识。IPCC 关于气候变化检测和归因的认识是逐步深化的(表 7.1)。

表 7.1 IPCC 五次评估报告关于全球温度变化观测结果和归因的主要结论

IPCC 评估报告	观测到全球温度变化			全球气候变化的归因
	平均温度变化（℃）	温度变化范围（℃）	观测时段（年）	
第一次	0.45	0.30~0.60	1861—1989	自然波动或人类活动或两者共同造成。
第二次	0.45	0.30~0.60	1861—1994	目前定量确定人类活动对全球气候影响的能力有限，在一些关键因子上仍存在不确定性，但是越来越多的各种事实表明，人类活动的影响被觉察出来。
第三次	0.60	0.40~0.80	1861—2000	尽管存在不确定性，但新的和更强的证据表明，过去 50 年观测到的大部分增暖可能是人类活动排放温室气体的增加造成的。
第四次	0.74	0.56~0.92	1906—2005	观测到的 20 世纪中叶以来大部分全球平均温度的升高，很可能是观测到的人为温室气体浓度的增加引起的。
第五次	0.85	0.65~1.06	1880—2012	全球气候变化是由自然影响因素和人为影响因素共同作用形成的，但对于 1950 以年来观测到的变化，人为因素极有可能是显著和主要的影响因素。

1990 年 IPCC 第一次评估报告认为，观测到的全球增温归因于自然变率和人类活动的共同影响，还不能将气候的人为影响和自然变率区划开来(IPCC，1990)；1995 年第二次评估报告指出，尽管仍存在较大的不确定性，但已有区别于自然变率的人类活动影响气候变暖迹象的证据(IPCC，1996)；而到了 2001 年的第三次评估报告第一次明确提出：有明显的证据可以监测出人类活动对气候变暖的影响，可能性达 66% 以上(IPCC，2001)；由于更多更新的研究进展，2007 年第四次评估报告把对于人类活动影响全球气候变暖的因果关系的判断由六年前 66% 的信度提高到 90% 的信度，认为最近 50 年气候变暖很可能由人类活动引起(IPCC，2007)。2013 年第五次评估报告进一步认为，全球气候变化是由自然影响因素和人为影响因素共同作用形成的，但对于 1950 年以年来观测到的变化，人为因素极有可能是显著和主要的影响因素。

7.2 云南气候变化可能原因分析

近百年的全球气候变化主要是由自然变化和人类活动影响共同作用的结果。由于云南地处低纬高原地区，境内地形复杂，具有干雨季分明的季风气候、独特的立体气候、鲜明的低纬高原气候，因此，影响云南气候变化的原因复杂且特殊。云南气候变化是全球与区域尺度变化的

叠加,是自然因子和人为因子共同作用的结果。自然因子包括外界强迫(如太阳辐射的变化、火山爆发等)和内部因子(如 ENSO、热盐环流、海气相互作用等)两个方面。综合前人研究,影响云南气候变化的自然因素中主要的内部因子如图 7.2 所示。人类排放的温室气体浓度的增加,硫化物气溶胶浓度的变化,陆面覆盖和土地利用的变化等都是造成云南气候变化的人为原因。

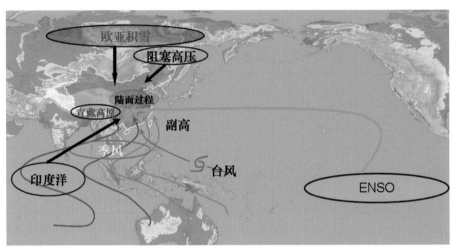

图 7.2 影响云南气候变化主要自然因子作用示意图

7.2.1 自然原因

(1)大气环流

大气环流在气候的形成中起着极其重要的作用,因此,大气环流的变化也必然会引起气候的变化。

北极涛动(Arctic Oscillation,简称 AO):是北半球冬季行星尺度大气环流变化的主要模态,它与北半球冬季极端天气和长期气候变化都有密切的联系。AO 的强弱直接反映北半球中纬度与北极地区之间气压和大气质量反向的振荡,对北半球冬季气候有重要影响,也是影响中国气候变化的一个重要因素。武炳义等(2004)阐述了 AO 对东亚冬季风的主要影响机制,指出当 AO 处于正位相时,冷空气被限制在极地地区,欧亚大陆以及东亚地区冬季风偏弱,容易出现暖冬。杨辉等(2008)分析了 AO 异常对大气环流异常变化的影响,指出 AO 的异常增强能使对流层上层的槽脊系统和海平面上的大气活动中心减弱,从而减弱东亚冬季风,最终导致我国东部、东北、新疆和内蒙古温度偏高。龚道溢(2003)分析了近百年 AO 对中国气候的影响后指出:当 AO 指数偏强时,我国大部分地区冬季气温偏高,同时降水也偏多。琚建华等(2003)在分析 AO 年代际变化对东亚北部冬季气温增暖的影响后指出:东亚北部冬季气温从 20 世纪 70 年代中期开始持续升高,具有明显的年代际变化特征。这种异常变化直接受到东亚冬季风减弱的影响。近 20 多年来,AO 对东亚冬季风的影响越来越显著。当 AO 指数维持在高位相并持续加强时,东亚冬季风指数从 70 年代中期开始由正距平转为负距平。冬季风的持续减弱,使得北半球东亚北部地区冬季气温升高。可见北极涛动持续增强的趋势可能是东亚北部地区冬季增暖的重要原因之一。对于云南来说,当 AO 处于负位相时,中纬度出现东风异常,云南西部地区受异常反气旋控制,降水偏少,而其东北部受副热带高压外围的东南暖湿气流影响,降水偏多。

西太平洋副高:500 hPa 高度场上出现在太平洋西部的副热带高压是控制我国天气气候变化的重要系统之一。冬半年,由于它的范围较小,位置偏南,因此,其东西进退和南北摆动都对云南冬季气候的变化起着十分重要的作用。晏红明等(2009)在分析云南 2008 年初云南低温冷害时指出,冬季西太平副热带高压位置偏东有利于冷空气南下影响云南。2008 年 1—2 月,西太平洋副高有一个持续减弱东退的过程,这个过程是造成云南 2008 年初低温雨雪天气的重要大尺度环流条件之一。到了夏季,西太平洋副高北抬西伸控制着我国东部、南部广大地区,它与印度低压配合构成的西南气流,是我国西南、中部以及南部地区的主要水汽来源。伴随着西太平洋副高脊伸入我国,其西北侧的雨带以及西南侧的热带天气系统直接影响我,云南进入了强天气频发的多雨时期。西太平洋副高也是造成云南旱涝的主要天气系统之一。刘瑜等(2007)在分析 2005 年初夏云南严重干旱时,曾分析了 2004 年至 2005 年近一年的副高脊线、位置、强度和西伸脊点的情况,结果表明:副高面积和强度持续偏强,脊点偏西,位置偏南,阻断了北方冷空气的南下及南方的暖湿气流在云南交汇,是造成云南 2005 年初夏干旱的重要环流系统之一。西太平洋副热带高压最近 20 多年来持续偏强,范围向西南方扩展。从 20 世纪 80 年代末期,副高强度逐渐增大,西界位置偏西,北界位置偏南。这样的变化形势引起云南夏季降水偏少。副高面积和强度持续偏强,脊点偏西,位置偏南,阻断北方冷空气的南下及南方的暖湿气流在云南交汇,是造成云南夏季干旱的重要环流系统之一。

季风:由于大陆和海洋在一年之中增热和冷却程度不同,在大陆和海洋之间大范围的、风向随季节有规律改变的风,称为季风。云南由于所处的特殊地理位置,它可以同时受到不同季风系统的交叉影响。在冬季,它既受到来自西伯利亚的寒冷而干燥的偏北季风的影响,又受到来自南亚大陆的干热气团的影响,还受到来自青藏高原的高原冬季风的影响;夏季既受到印度夏季风的影响,又受到东亚夏季风的影响,但两者对云南的雨季降水作用有所不同。东亚季风对云南的影响一般比印度季风的影响提早一周左右。在云南初夏雨季开始期,东亚季风的影响是主要的,但随着雨季的持续,印度季风逐步控制了云南,并取代东亚季风而成为主要的影响该地区雨季的环流系统。在冬季风和夏季风的影响下,云南的季节变化表现为冬季的干季和夏季的雨季。云南大部分地区一般从 11 月—翌年的 4 月末受冬季风影响,表现为干季。5—10 月进入夏季风期,也是雨季时期(秦剑等,1997)。肖子牛等(1999)指出:云南 5 月降水量的多寡受南亚季风活动重要影响,它与前期南亚季风活动区域内季节内震荡活动有密切联系。冬春季印度洋赤道地区季节内震荡活动强,并在 2—4 月份有明显的向东向北伸延,到达 20°N,95°E 以东以北地区,则云南 5 月降水量大,雨季开始早;反之则相反。晏红明等(2001)也曾研究过云南 5 月雨量与亚洲季风变化的关系,研究指出:云南 5 月雨量的变化与南亚初夏季风的异常活动关系密切,一般而言,南亚地区初夏季风指数高,季风暴发早且偏强,云南 5 月雨量偏多;南亚地区初夏季风指数低,季风暴发晚且偏弱,云南 5 月雨量偏少。晏红明还指出:前期冬季 12 月—翌年 1 月东亚中高纬度地区大气环流和赤道附近大气热力状态的异常变化对云南夏季旱涝有重要的指示意义。当冬季东亚大槽加强(减弱),冬季风偏强(弱),东亚地面温度偏低(高),赤道附近高低层大气为冷(暖)状态时,后期云南夏季降水偏多(少)(晏红明等,

2007)。南亚夏季风自 20 世纪 70 年代中期起呈减弱趋势(李建平等,2005),在东亚夏季风、东亚冬季风及南亚夏季风均呈减弱趋势的形势下,云南降水及温度必然有着相应的变化形势:在南亚夏季风及东亚夏季风偏弱的形势下,不利于云南夏季降水偏多;在东亚冬季风偏弱的形势下,对应冬季云南大范围偏暖,后期云南夏季降水偏少。

(2)海温

海—气相互作用与全球温度变化存在一定的联系,厄尔尼诺(El-Nino)与拉尼娜(La-Nina)事件对全球温度在年代际尺度上可能造成 0.1～0.3 ℃的影响。在分析气候变化原因时要在气候变化的长期变暖趋势上叠加可能的短期过程的影响。研究表明:赤道东太平洋的海温异常,特别是 ENSO 现象是云南气候异常的重要原因,其次,印度洋海温异常也是造成云南气候异常不可忽略的一个重要因素。段旭等(2000)在对云南气候异常物理过程及预测信号的研究中指出:云南初夏降水对 ENSO 事件有着很好的响应关系,当发生 El-Nino 事件,云南初夏降水偏少。但 El-Nino 事件的起止时间不同,对云南 5—6 月的降水影响也不同。当 EEP:赤道东太平洋区为冷水时,有利于云南初夏降水。琚建华等(2003)研究指出,云南盛夏 7—10 月降水和全年降水与 ENSO 之间不存在显著的对应关系,云南春季温度和夏季温度与 ENSO 之间也不存在显著的对应关系;但云南 8 月温度和冬季温度与 ENSO 存在着较好的对应关系,当赤道东太平洋为冷海水,发生 La-Nina 事件时,云南冬季温度偏低;当赤道东太平洋为暖海水,发生 El-Nino 事件时,云南冬季温度偏高。El-Nino 事件对云南 8 月温度影响不很显著,但当出现 La-Nina 事件时,云南容易出现 8 月低温。云南春季温度和夏季温度与 ENSO 之间也不存在显著的对应关系。程建刚等(2009)研究指出,云南汛期雨量是异常高度场和异常海温场所引起的异常环流系统共同作用导致的。大气环流和海温变化影响云南汛期降水的物理概念模型如图 7.3 所示。

(3)冰雪覆盖

冰雪圈是地气系统中重要的成员之一,冰雪由于其反射率大可以减少到达地面的太阳辐射,冰雪融化又能吸收大量热量,冰雪还可以阻挡地气之间的热量交换,因此,冰雪覆盖能改变地球表面上冷热源的分布及强度的变化,冰雪异常可激发各种遥相关型影响大气环流和气候变化。海冰和大陆积雪对气候的影响最明显,研究表明,北极冰异常可以产生类似暖池海温异常所激发出的东亚遥相关型、格陵兰海冰异常可激发出欧亚遥相关型,青藏高原冬春积雪异常对后期夏季环流和汛期降水有更长时间的影响效应。

云南地处青藏高原的东南延伸部分,是比邻青藏高原积雪区最近的省区之一,青藏高原冬季积雪异常与云南汛期降水异常有一定的关系。赵红旭(1994)利用青藏高原积雪深度资料分析了青藏高原冬季 1 月平均积雪深度与云南夏季气温、降水的联系。结果表明:青藏高原冬季积雪与云南夏季气温和降水有较好的联系,即青藏高原冬季 1 月积雪峰值年对应云南北部 7—8 月气温低谷年,云南夏季易出现"8 月低温"天气;青藏高原积雪多的年份,昆明夏季 6—8 月降水异常偏多,云南大部 7 月降水异常偏多,云南哀牢山脉以北、以东地区 8 月降水异常偏多。500 hPa 异常环流分析表明,冬季青藏高原积雪多的年份云南夏季对流层中部冷空气活动较频繁,冷空气与底层西南夏季风暖湿气流交汇,可使降水异常增多。

同时,欧亚雪盖在北半球雪盖中亦占有重要的位置。研究表明,欧亚雪盖对全球气候变化,尤其是对亚洲季风系统的变化起着十分重要的作用。陈海山等(1999,2003)在研究欧亚

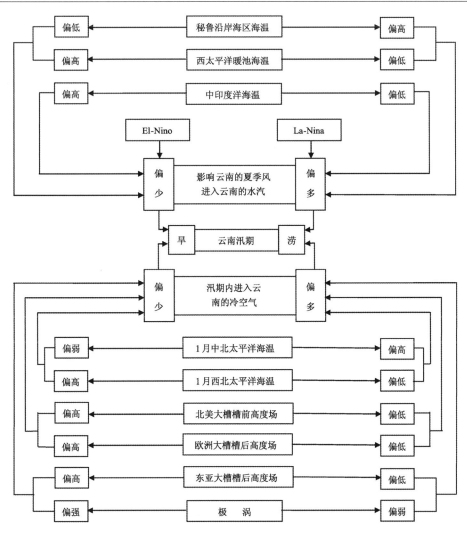

图 7.3　影响云南汛期降水的前期物理因子概念模型

积雪异常分布对冬季大气环流的影响中曾指出,冬季欧亚中高纬积雪面积偏大时,欧洲西部经西伯利亚附近到东亚附近的积雪深度呈"正—负—正"的异常分布。通过上述辐射冷却过程,可以造成多雪区域表面温度降低及其上大气的冷却,少雪区域表面温度升高及其上大气的增暖,并引起 500 hPa 高度场的调整,出现大气正 EUP 欧亚—太平洋型遥相关型,引起强的东亚冬季风活动,从而造成中国北方气温偏低,南方气温偏高;当积雪分布呈反位相时,其产生的影响则相反。青藏高原积雪对云南 6—8 月降水的影响除滇西北外,大部地区为正相关,即高原积雪偏多,云南大部地区 6—8 月降水偏多(程建刚等,2009)。何媛等(2013)对北半球春季雪盖面积与云南 5 月降水的关系进行研究,结果表明,北半球春季雪盖与云南 5 月降水密切相关,当北半球雪盖面积增加时,云南西部地区降水偏少,东部地区降水偏多,呈东西型的空间分布特征。

7.2.2 人为原因

(1)温室气体排放

高排放可能是造成 20 世纪中国(包括云南)气候变暖的原因之一,尤其是近 50 年。中华人民共和国成立初期,云南省总人口约 1700 万人,2011 年已经达到 4631 万人。人口的增加必然导致能源消耗的增长,2011 年云南能源消费总量较 1990 年增加了近 4 倍,并引发温室气体排放的增加。由于云南正处在工业革命的早、中期,经济增长方式粗放,单位产出的耗能高,从能源消费结构看,云南消费结构不合理,能源结构仍以煤炭为主(其消耗占能源总消耗的70%以上),温室气体排放较大。2011 年云南全省单位国内生产总值(GDP)能耗(单位:吨标准煤/万元)为 1.162,高于全国平均值 0.793 吨标准煤/万元,更是远远高于欧美发达国家和日本。

(2)土地利用

据云南土地利用现状 2005 年变更调查统计,全省土地总面积 3831.94×10⁴ hm² (57479.10万亩*),其中农用地 3176.09×10⁴ hm²(47641.35 万亩),占 82.88%;建设用地77.53×10⁴ hm²(1162.95 万亩),占 2.02%;未利用地 578.32×10⁴ hm²(8674.80 万亩),占15.10%。农用地中,耕地面积 609.44×10⁴ hm²(9141.60 万亩),园地面积 82.79×10⁴ hm²(1241.85万亩),林地面积 2212.87×10⁴ hm²(33193.05 万亩),牧草地面积 78.30×10⁴ hm²(1174.50 万亩),其他农用地面积 192.69×10⁴ hm²(2890.35 万亩)。建设用地中,居民点及工矿用地面积 60.20×10⁴ hm²(903.00 万亩),交通用地面积 9.46×10⁴ hm²(141.90 万亩),水利设施用地面积 7.87×10⁴ hm²(118.05 万亩)。据有关资料,新中国成立前,云南森林覆盖率约为 50%左右,经过 40 多年,已减少了近一半。1988 年调查全省水土流失面积达 14.68×10⁴ km²,占全省土地总面积的 38.3%,其中侵蚀强度在中度以上的达 6 万多平方千米;年侵蚀量达 51385×10⁴ 吨。云南省纬度低,海拔差异大,垂直地带性明显,从低海拔地区到高海拔地区大致可分为低热、中暖、高寒三层,具有我国从海南岛到东北的各种气候类型,各气候类型具有不同的土地利用特性。云南省是我国地质灾害频发的省份之一,崩塌、滑坡、泥石流等地质灾害隐患点多达 20 多万处。2005 年云南耕地水土流失面积 395.87×10⁴ hm²(5938.05 万亩),占总耕地面积的 64.96%。1997—2005 年云南因水土流失(含洪水、滑坡、泥石流等)共计冲毁农田 4.75×10⁴ hm²(71.25 万亩),平均每年冲毁农田 0.53×10⁴ hm²(7.95 万亩),年均冲毁农田占耕地减少总量的 10%以上,水土流失问题严重。近 10 年来,云南每年因山洪、泥石流等水土流失灾害毁坏耕地达 6000～14000 hm²。一般情况,植被退化会导致当地气温升高,气候变得更加干燥,严重的植被退化还可以减弱东亚夏季风环流,云南降水可能偏少;而大范围植被扩大则使东亚夏季风增强,有利于大量暖湿空气从海洋向内陆地区输送,可能使云南降水增加。

(3)城市化

城市热岛(简称 UHI)效应对气温的变化的影响程度有多大,或者气候变暖趋势中包含了多少 UHI 的影响,目前学术上存在两种观点:一部分学者认为,UHI 对大范围的气温序列不

---

* 1 亩＝1/15 公顷,下同。

构成影响,或者影响很小;也有相当多的研究表明,UHI 对气温序列的升高具有不可忽略的贡献。

陈艳等(2012)分析了 1971—2008 年昆明地区(包括城区、郊县和太华山)气温序列的变化趋势,研究了城市化对气温序列的可能影响,揭示了在城市化快速推进和低纬高原复杂地形条件下城市热岛效应的特殊性和复杂性。结果表明,昆明地区的平均气温总体呈上升趋势,上升速率大小依次为昆明城区＞郊县＞太华山。其中,昆明城区和郊县气温具有相似的变化规律,主要表现为冬、春季最低气温显著升高和气温日较差明显减小;太华山气温的变化则明显不同,主要表现为最低气温全年少变,秋、冬季最高气温小幅上升,而气温日较差有增大趋势。20 世纪 80 年代中后期以来,昆明城区与郊县气温,特别是最低气温的显著上升可能受到城市化的严重影响。图 7.4 分别给出了昆明地区逐年平均气温、最低及最高气温表征的年平均城市热岛(UHI)强度变化曲线。从平均气温 UHI 强度的变化(图 7.4 a)以及最低气温 UHI 强度(图 7.4b)的变化可以看出,20 世纪 80 年代中后期以前没有明显的热岛现象,80 年代中后期开始 UHI 强度开始上升,特别是 1994 年以后上升趋势明显,昆明城市的快速发展与 UHI 的增强密切相关。由最高气温 UHI 强度(图 7.4c)的变化可以看出,昆明城市化对昆明最高气温有一定影响,而对周边中小城镇最高气温变化趋势的影响不明显。

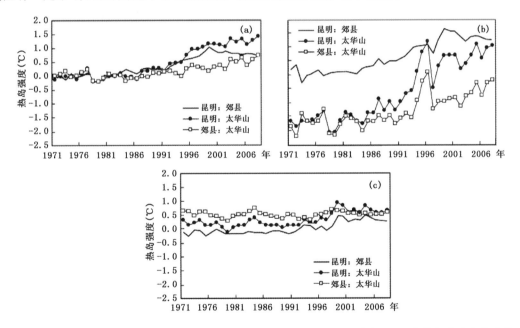

图 7.4　1971—2008 年昆明地区逐年平均气温(a),最低气温(b)和最高气温(c)的热岛强度变化曲线
("昆明:太华山"表示昆明站气温减去太华山气温所得的昆明 UHI 强度,"郊县:太华山"表示
郊县气温减去太华山气温所得的郊县 UHI 强度,"昆明:郊县"表示昆明站气温
减去郊县气温所得的昆明 UHI 强度)

何萍等(2010)在对云南南部蒙自的城市热岛效应研究时也指出,蒙自城市热岛效应自有气象记录以来一直都存在,随着近年来城市发展十分迅速,城市规模的扩大和人口的增长,城市的热岛效应有逐渐增强的趋势。同时,何萍等(2009)还对云南中部楚雄的城市热岛效应进

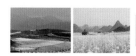

行了分析,指出楚雄的热岛效应也有增强的趋势,这与该城市相应的城市化和工业革命进程比较一致。

全省各型城市的规模扩张迅速,以昆明为例,20 世纪 70 年代末开始,在改革开放的背景下,昆明城区经历了快速城市化的进程,1978—1992 年是城市化发展恢复期,昆明城市建成区面积从 1979 年的 22.6 km² 增加到 1992 年的 70 km²,人口从 110 万人增加到 1992 年的 180 万人。到 2006 年底昆明城区面积达到 225 km²,人口达到 278 万人,1992—1998 年是城市化发展重振期,1998 年以后是城市的快速发展期,在这期间有两个重要的发展阶段,一个是 1999 年为迎接世博会而进行大规模的城市化建设和改造,另一个是 2003 年昆明市政府提出新昆明发展战略以来,使得城市化的速度加快。另外,据统计,截止到 2010 年 7 月云南东部的曲靖,中心城区建成面积达到 55 km²,城镇人口 58 万人,城镇化水平达 64.2%,也跨越式地进入全国大城市行列。中、小城市的快速扩张,对区域性增暖具有不可忽略的影响,是区域增暖的原因之一。

7.3　云南气候变化可能原因小结

综上可知,云南气候变化的可能原因主要分为自然原因和人为原因两个方面。在自然原因方面,既有海温的外强迫,也有环流系统自身的变化(比如云南主要影响系统有西太平洋副热带高压、南亚高压、季风系统等的变化),此外,还有太阳活动、冰雪覆盖等因素。在人为原因方面,包括有温室气体和大气气溶胶的排放、土地利用的变化、城市化进程及城市热岛效应等。许多学者认为,人类排放的温室气体是造成过去 50 年气候变暖的主要原因。云南气候变化的成因非常复杂,由于仪器和代用资料本身存在很多偏差,人们对气候系统运行机理的认识不完善,气候系统模式还有待改进等原因,云南气候变化成因仍存在不确定性,有待于今后进一步研究。

第二篇　影响与适应

第8章　气候变化对云南农业的影响与适应

摘要：气候变化对农业的影响既包括对农业生产条件、生产环境、生产技术、自然资源、自然灾害的影响，也包括对农业的影响过程、影响机制、农业适应气候变化的技术、政策，农业布局的调整。云南作为农业大省，粮食播种面积占比大，经济作物品种多样。云南农业生产受气候变化影响的风险很大，尤其是经济欠发达，农业投入不足的地区，对气候变化的适应能力不强，更容易遭受气象灾害和气候变化的不利影响。

研究结果表明：气候变化对云南农业的影响利弊共存。气候变化改变了云南的农业气候资源，气温升高、降水减少、日照减弱、气候带北移、气候适宜区改变；生产潜力两极分化、土地退化，造成化肥、农药等投入增加，农业生产成本增大；气候变暖虽然提高了粮食产量，但生育期的变化导致农作物冬春抗寒能力下降；CO_2 的升高使产量和品质下降；气候变暖和极端天气气候事件频繁发生使经济作物的发展产生了很大的不确定性；作物病虫害偏重发生，病虫害种类和世代增加、危害范围扩大、经济损失加重；干旱、极端高温和极端低温等天气气候事件的增多对农业危害均呈加重态势，对农业产量安全构成重大威胁。建议通过合理利用农业用地资源，科学调整种植制度，提高防灾减灾能力和发展生物技术等前沿科学的方式，改善气候变化对云南农业的影响。

8.1　云南农业生产概况

8.1.1　云南农业概况

云南由于得天独厚的地理环境和气候条件，使境内孕育了从热带、亚热带、温带到寒带的作物种类，品种繁多，是一个农业资源相当丰富的省份。其中粮食作物包括水稻、玉米、麦类、豆类、薯类等。作为一个以产粮为主的农业大省，自20世纪90年代以来，云南粮食播种面积在总耕地面积中的比例一直维持在70％左右（娄锋，2008）。经济作物则主要包括烤烟、橡胶、

茶叶、甘蔗、花卉、水果、油料(包括油菜、花生、向日葵等)、咖啡、香料、蔬菜等,农业环境条件地域差异和垂直差异较大而形成了农业生产种类多、门类全的特点。

云南以山地地貌为主,坝少山多,坡度 6°以上的坡耕地占 75.8%,其中坡度大于 15°的占 47.6%,农田不集中,特别是山区耕地分布广、规模小。旱地多、水田少、土层薄,红壤有机质含量低,高稳产农田建设难度较大。在全省现有的 6882.6 万亩常用耕地中,其中中低产田占全省常用耕地的 55%。由于地形特点和经济条件等方面的制约,在云南农业生产中,传统农业生产技术仍占主导,设施农业还未取得突破性进步,农业生产的缓慢增长只能依赖于土地和劳动投入的增加。

8.1.2 敏感性分析

农业对气候变化的敏感性是指农业受到与气候有关的刺激因素影响的程度,包括有利和不利影响。所谓刺激因素是指所有的气候变化因素,包括平均气候状况、气候变率和极端天气气候事件的频率与强度(孙芳,2005)。

农业生产与气候的关系非常密切,任何程度的气候变化都会给农业生产及其相关过程带来潜在的或显著的影响。同时,由于农业生产与人类生存活动密切相关,所以在气候变化影响研究中,气候变化对农业及其相关过程的影响研究占了很重要的部分。

由于露天生产的特性,农业生产对气候变化具有敏感性。例如,气温升高引起了气候类型发生变化,进而对传统的种植制度产生影响;日照变化造成植物光合作用的波动,对作物品质产生影响;旱涝的加剧可能引发灾害和土地退化,对农业产量和粮食安全造成威胁等。有研究表明,农业生产的稳定发展受到气候变化的严重制约(秦大河,2003)。云南是以农业为主的省份,人均耕地资源占有少,农业经济不发达,抗御不利气候条件的能力差,农业生产的发展对气候变化是非常敏感的。

8.1.3 脆弱性分析

农业对气候变化的脆弱性是指农业系统容易受到气候变化(包括气候变率和极端天气气候事件)的不利影响,且无法应对不利影响的程度,是农业系统对经受的气候变异特征、程度、速率以及系统自身敏感性和适应能力的反应(孙芳,2005)。

云南农业对气候条件有很大依赖性,对气候变化非常敏感,适应能力有限,对气候变化的脆弱性较高,相关研究将云南划为中国的水稻、玉米和小麦的脆弱区(杨修,2004)。

云南农业对于气候变化的脆弱性主要表现在以下几个方面:

(1)自然环境因素。云南境内海拔高差悬殊,地形复杂,农业系统本身即具有自然脆弱性。气候变化有可能加剧水土流失、石漠化加重,土壤变得瘠薄,且自我修复能力较弱,自然恢复时间较长。

(2)气候因素。云南低纬高原季风气候特征明显,虽然热量资源丰富,但雨热同季,大部地区夏季作物生产旺季温度强度不高,对农业生产影响较大,特别是夏季低温对农业产量和品质都会带来威胁。云南干季、雨季分明,雨季水量有余,干季水源不足,每年雨季开始的早晚对农业生产都具有关键的作用。

(3)自然灾害影响。云南是我国自然灾害最为严重的省份之一,并具有多灾并发、交替叠加的特点。对农业而言,气候变化导致极端天气气候事件频繁,气象灾害频发,农作物病虫害加重,农业生产的稳定发展受到气候变化的严重制约。

(4)经济因素。云南属中国西部经济不发达地区,经济综合实力和人口综合素质较低,农业基础设施欠缺,水利化程度低,生产方式落后,靠天吃饭短时期仍难以根本改变,适应气候变化的能力有限。

8.2 气候变化对云南农业影响的观测事实

8.2.1 对农业气候资源的影响

8.2.1.1 热量资源

热量条件是各种农作物在生长发育过程中所必需的环境因素之一。一般用温度来表示某地区热量多少,通常用界限温度表示不同作物的温度要求。全球气候变化一个最显著的特征就是气候变暖,除了北部金沙江流域的部分地区,云南大部地区年平均气温呈显著的上升趋势,变化幅度为 0.16 ℃/10a,各季节气温都呈上升趋势,其中冬季增温幅度最大,夏季最小。

≥0 ℃积温的数量反映作物发育对热量条件的满足程度,≥0 ℃积温的持续时间表征一地农事季节的总长度,即视为广义的作物生长季。同≥0 ℃积温一样,≥10 ℃积温是作为衡量作物生长季热量条件优劣的重要指标,也是确定种植品种熟型的参数。与气温变化相对应,云南≥10 ℃积温也发生明显的变化(图 8.1),1961—2012 年≥10 ℃积温呈明显的增加趋势,52 年增加了 383.9 ℃·d(7.1%),增加速率为 73.8 ℃·d/10a(1.4%/10a)。

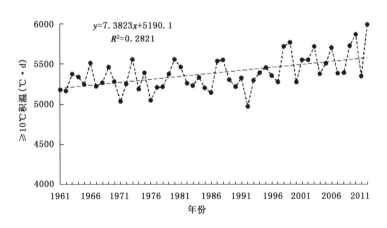

图 8.1 云南稳定通过 10 ℃积温变化趋势(单位:℃·d)

云南≥10 ℃积温变化空间分布为:全省除了金沙江流域的少数地区,大部分区域≥10 ℃年积温呈增长趋势(图 8.2),而且稳定通过 0 ℃、10 ℃积温的初日出现了提前趋势,终日则呈推后的趋势,使得云南大部分地区日平均气温持续≥0 ℃、≥10 ℃的日数呈延长的趋势。

以≥10 ℃积温和持续日数作为云南气候带的划分标准,近 50 年来云南气候带总体上呈热带亚热带范围扩大、温带范围减少的变化趋势,其中以北热带增加最明显,而南温带减少最

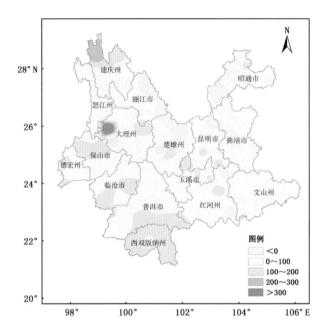

图 8.2　云南稳定通过 10 ℃积温倾向率变化(单位:℃·d/10a)

明显,并且气候带的区域分布变化呈现出向高海拔地区的扩展比北移的趋势更加明显(程建刚等,2009)。

无霜期也是衡量农业种植热量条件的重要指标之一,其变化特征与≥10 ℃积温变化趋势一致,云南大部分地区的无霜期日数呈增加的趋势,并且均表现为初霜日推后,终霜日提前。

8.2.1.2　水分资源

云南 1961—2012 年间降水量变化呈减少趋势,减少速率为 16.1 mm/10a。全省年降水量变化呈现西部略增中东部减少的分布,东部地区年降水量减少速率较大,在 30 mm/10a 以上。季节变化上,春季降水量呈增加趋势,夏秋季降水量减少趋势较冬季明显。同期云南年平均降水日数也呈减少趋势,减少速率为 4.1 d/10a。全省除北部局部地区年降水日数呈增加趋势外,其余大部地区降水日数呈减少趋势,南部地区年降水日数减少速率较快。季节变化上,春季降水日数呈略增趋势,夏秋季降水日数减少速率较冬季显著。

8.2.1.3　光照资源

1961—2012 年云南有 56% 的气象站点年日照时数呈减少趋势,全省平均的年日照时数变化幅度为 −17.39 h/10a。春夏秋冬四季日照时数也都呈减少趋势,其中春季减少最明显,秋季减幅最小。与日照时数的变化趋势一致,1961—2007 年云南的太阳总辐射变化总体上呈显著减少趋势,线性倾向率为 −0.64%/10a,其中夏季、春季变化幅度最大,秋季变化相对较小,而冬季变化不显著(王学锋等,2009)。

8.2.2　对种植制度的影响

云南地形复杂、地势垂直高差大,形成了独特的立体气候类型。云南气候类型多样,从南到北分布有北热带、南亚热带、中亚热带、北亚热带、南温带、中温带和高原气候区共 7 个气候带,相当于涵盖了从我国的海南岛到黑龙江省的各种气候类型。采用程建刚等(2009 年)对气候带的精细化划分方法,并进行了误差订正,得到云南气候带的区划,其平均态(1981—2010年)如图 8.3 所示。可以看出,北热带和南亚热带(热区)主要集中在滇西南地区及河谷地带,中温带和高原气候区主要分布在滇西北和滇东北广大高海拔地区,其他地区以中亚热带、北亚热带和南温带为主。

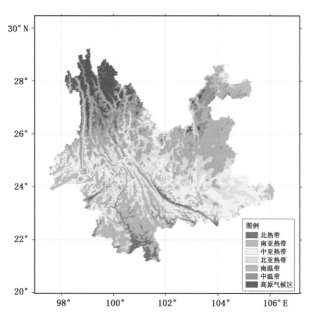

图 8.3　云南气候带分布(平均态,1981—2010 年)

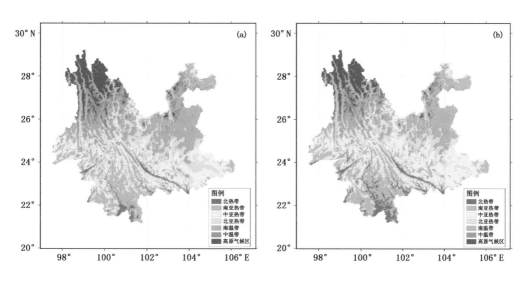

图 8.4　20 世纪 60 年代(a)和 21 世纪前 10 年(b)云南气候带分布比较

图 8.4a 为 20 世纪 60 年代和图 8.4b 为 21 世纪前 10 年云南气候带分布比较。可以看

出：与 20 世纪 60 年代相比,21 世纪前 10 年热带、南亚热带和中亚热带面积明显扩张,而北亚热带、南温带、中温带和高原气候区面积明显缩小。上述变化主要表现在气温上升后偏暖的气候带面积向更高海拔地区的扩张,而偏冷气候带则逐渐缩小,其中北热带扩张最为明显。

表 8.1 是自 20 世纪 60 年代至 21 世纪前 10 年各气候带面积的比较。可以看出,在 7 个气候带中,北热带、南亚热带、中亚热带 3 个气候带面积是扩张的,而其他 4 个气候带面积是缩小的。其中从 20 世纪 60—70 年代,北热带、南亚热带 2 个气候带和中温带、高原气候区 2 个气候带面积缩小,中间的 3 个气候带面积有所增加。从 80 年代以后,特别是进入 90 年代后,北热带、南亚热带、中亚热带 3 个气候带面积迅速扩张,而其他的气候带面积缩小。

表 8.1　20 世纪 60 年代至 21 世纪前 10 年各气候带面积($\times 10^4 km^2$)

年代 气候带	1960	1970	1980	1990	2000	1981—2010
北热带	0.67	0.56	0.78	1.09	1.56	1.03
南亚热带	7.74	7.31	7.58	8.13	8.89	8.15
中亚热带	8.06	8.21	8.00	8.02	8.69	8.15
北亚热带	8.06	8.47	8.44	7.69	7.62	7.96
南温带	7.64	7.79	7.59	7.20	6.48	7.19
中温带	4.55	4.50	4.49	4.70	3.91	4.42
高原气候区	2.67	2.56	2.52	2.58	2.25	2.49

从图 8.5 可以更清晰地看出云南各气候带的变化特征。从 20 世纪 60 年代至 21 世纪前 10 年,北热带面积增加了 131%,南亚热带面积增加了 15%,中亚热带面积增加了约 8%,而北亚热带面积减少了 5.5%,南温带、中温带和高原气候区 3 个偏冷的气候带则分别减少了 15.3%、14% 和 15.6%。热区(北热带和南亚热带总和)面积由 8.41 km^2 增加到 10.44 km^2,增加了 24%。

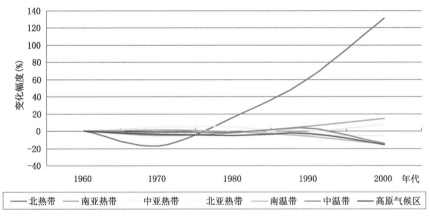

图 8.5　云南 7 个气候带面积各年代与 20 世纪 60 年代比较

气候带的变化对云南农业的影响首先表现在农业种植制度方面。气候带的变化使得一些热带作物及喜温作物的种植北界北移,种植的海拔高度上限提高,面积扩大。比如云南亚麻的种植上限从海拔 1700 m 提高到 2100 m;云南籼稻的种植上限在哀牢山以西提高了 130 m,在哀牢山以东提高了 150 m(周跃等,2011)。

气候变暖使高海拔、高纬度地区热量资源改善,促进了作物种植结构调整,先前的种植制度发生改变,一熟制地区的面积减少,两熟制地区将北移,而三熟制比例提高。这为云南多熟种植制度的增加和冬季农业开发带来了机遇。目前全省冬季农业开发区域和范围扩大,逐步形成南部热区、滇中地区、滇东北和滇西北地区 4 个冬季农业开发的优势产业带(张锐,2009)。但应注意到升温最显著的季节是冬季,在夏季增温幅度明显偏小,对夏季喜温作物的生长发育条件并没有多少改善。而在温度升高的同时,土壤水分的蒸散量也将加大,一些作物可利用的水资源量会减少,热量资源增加的有利因素可能会由于水资源的匮乏而无法得到充分利用,这种情况对于冬季农业的效应更加明显。

气候的年际变化引起了云南烤烟种植气候适宜区的变化,例如与 1994 年比,2008 年烤烟种植气候不适宜区面积增加 35.6%,次适宜区面积增加 1.9%,适宜区面积减少 21.7%,最适宜区面积减少 40.1%(黄中艳,2011)。未来温度升高会使云南部分温度偏高的烟区从适宜气候区变成次适宜气候区,使温度偏低的适宜区变成最适宜气候区,一些温度偏低的次适宜气候区因温度升高进入适宜气候区,而一些温度偏高的次适宜区则因温度升高进入不适宜区(张家智等,2007)。气候变暖将使一熟制地区的面积减少,两熟制地区将北移,而三熟制比例提高。另外,冬季温度的升高也使得冬季农业的可开发利用范围进一步扩大。

8.2.3　对气候生产潜力的影响

气候生产潜力是衡量农业气候资源的一个重要指标,随气候的变化而变化,其大小主要取决于气温的高低和降水的多少(李广,2006),而云南大部分地区热量充足,气温的影响不显著,降水对作物气候生产潜力的影响最大。1961—2012 年云南气候生产潜力总体呈弱增长的趋势,但趋势不显著(图 8.6a),地域分布上昭通南部、昆明东部、文山北部及大理西部等地为弱递减趋势,其余地区为弱递增趋势(图 8.6b);从变化历程看,全省出现两次比较明显的上升过程,1975—1985 年和 1992—2000 年,2001 年以来年际波动比较大并且出现明显的下降趋势,尤其 2009 年以来连续干旱,也使得气候生产潜力波动加剧,且明显低于常年。未来当云南出现"暖湿型"气候时,气候生产潜力增加 5.8%;出现"暖干型"气候时,气候生产潜力减少 0.5%;出现"冷湿型"和"冷干型"时分别减少 0.8% 和 5.98%(李蒙,2010)。

8.2.4　对产量、品质的影响

8.2.4.1　对粮食作物的影响

随着云南大部气温的升高及明显的暖冬现象出现,气候变化对云南的粮食作物产生显著的影响:一方面温度升高,作物生长季内热量条件有所增加,农作物所需的热量充足,利于冬小麦等作物的安全越冬,同时无霜期明显延长,低温霜冻灾害的发生频率及影响程度明显降低,积温增加主要是由于平均温度的升高引起,对各类农作物的生长较有利,体现出气候变化对其影响的正面效应(田展等,2006)。另一方面,温度的升高,使作物发育期提前,生育期普遍缩短,生长过程中容易出现徒长旺长,使得冬小麦等作物抗逆能力降低,易受低温影响;且日照减少,作物光合作用不能充分进行,影响干物质的积累,生育期缩短使作物光合产量积累时间缩

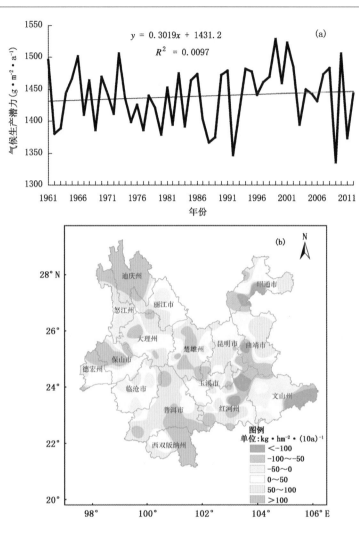

图 8.6　云南气候生产潜力变化趋势分布(a)及空间分布(b)

短;年温差减小,日较差也在减小,也导致无养呼吸消耗增多,农作物有机物质积累时间减少,有机质积累量随之下降,这些因素造成作物产量、品质下降。

8.2.4.2　对经济作物的影响

冬季升温有利冬季作物及果树生长和安全越冬,有利于冬季大棚蔬菜、花卉、苗木的生长,这将使云南冬季农业开发的范围进一步扩大。

气候变暖对云南喜凉作物有一定的不利影响。喜凉作物一般均有一个自然休眠期,进入休眠期后需要经历一定的低温量才能解除休眠,恢复生长。云南冬季气温偏高,部分温带经济林果对低温的需求得不到满足,果树发芽抽枝过早,冬春营养生长过旺,消耗养分过多,从而明显影响其后期生殖生长,导致产量水平下降(龙红,2006)。

气候变化总体上对烤烟、橡胶、茶叶、花卉等经济作物种植面积的扩大十分有利,但在气候变暖和极端天气气候事件频繁发生的背景下,这些产业的发展具有不确定性,往往伴随着病虫害加剧,干旱、低温影响加剧等情况,直接影响着这些经济作物的产量和品质。

在气候变化的影响下,云南烤烟大田生长中后期光、温、水匹配的变化趋势有一定的年代际差别,但对云烟品质风格特点形成影响小,夏季变暖和低温强度减弱,有利于烤烟生长和改善烟叶质量,但日照减少会降低烤烟种植的温度有效性并影响烟叶质量(黄中艳,2009)。

随着全球变暖,橡胶的种植海拔已达到 $1200\sim1300$ m,橡胶适宜种植面积进一步扩大,但是由于天然橡胶生产过程中对各气候敏感因素变化的敏感程度高,极端天气气候事件对橡胶产量的影响大(陈瑶等,2008),在全球气候变暖和极端天气气候事件频繁发生的情况下,天然橡胶的种植与产量有很大的不确定性。

茶叶的生长发育、形态结构以及生化合成与气候要素关系密切,茶叶的色、香、味、形在很大程度上受气候或小气候条件的影响和制约(王学良,1997),特别是水分与温度状况的制约。茶树在干旱缺水条件下,光合作用降低,能量代谢紊乱,糖、氨基酸和多酚类物质合成和积累受阻,严重影响茶叶品质。随着气候变暖,云南主要产茶区气温都有升高的趋势,这不仅影响茶叶中的可溶性物质合成,造成茶叶质量与口味的变化,干旱等极端天气气候事件的出现还会影响茶叶的产量。

8.2.5　对农作物病虫害的影响

云南因特殊的地形地貌条件和独特的立体气候环境,形成了多样性的病虫害种类。据云南全省普查记载,有害生物共 8183 种,是全国稻飞虱、小麦条锈病和黏虫等病虫害发生、发展、传播的源头之一。云南的农业病虫害具有种类多、影响大并时常暴发(蔓延)成灾的特点,是导致农业生产发展不稳定、农业产量大幅度下降的重要因素之一。据统计,云南农作物病虫害年均发生 1.2 亿亩(次),每年因病虫害造成减产 10%～30%。

农作物病虫害的发生和流行取决于病源、寄生作物和环境条件,它们之间关系复杂,难以用简单的因果关系加以阐明。但是,在影响病虫害发生发展的诸多因素中,环境气象条件往往起着关键性的作用,它不仅直接影响病虫的生长发育和流行蔓延以及危害的发生和危害程度,还通过对病虫寄生作物或其他生物(如天敌)的作用,间接地影响病虫灾害的发生和蔓延流行。云南地处低纬高原地区,温暖湿润,光照充足,十分有利于发展多熟种植,为病虫提供了充足的寄生作物。冬季温度升高,将有利于害虫和病原体安全越冬,使来年春夏的虫病源基数增大,引发危害面积扩大,危害程度加重。春秋季温度升高,将延长害虫和病菌的可生育时期,有利于病虫害春季早发,冬季休眠推迟,危害期延长;而积温增加,可使一年中病虫繁育的世代增多,致使农作物受害概率增大。高温干旱时段增多,可部分抑制喜湿性病虫害种类的演替更迭。空气中 CO_2 浓度增大,植株中含碳量增高,含氮量下降,致使害虫的采食量增大,以满足其对蛋白质的生理需求,导致对农作物的危害加重(王馥棠,2003)。

云南早稻、中稻、双季稻同时并存的局面,十分有利于水稻病害和虫媒的滋生繁殖与传播。水稻稻飞虱等迁飞性害虫在虫源基数高和气候条件适宜的情况下,具有大发生和特大发生的可能,气候变暖和变湿变干都将对病虫害发生发展产生重要影响。稻瘟病、稻纹枯病、稻白叶枯病未来也将有严重流行或局部地区大流行的可能,小麦的白粉病、赤霉病、纹枯病等不断扩大发展,麦蚜、吸浆虫等害虫的严重发生的可能性较大,玉米螟将有大发生或局部地区大发生的可能。近年来云南虫害已大发生多次,2007 年云南稻区出现大范围白背飞虱、褐飞虱迁入,

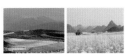

迁入虫量是中华人民共和国成立以来最多的一年,田间虫量为历史记载以来最高年。

气候变暖以后各种农业生物灾害出现的范围扩大,并向高纬度和高海拔地区延伸,目前局限在热带的病原和寄生组织会蔓延到亚热带甚至温带地区,而这些地区对于此类病原和寄生组织的免疫力十分低下,导致蔓延加速。据云南省植保植检站预计,由于气候变暖的影响,今后 10 年内,云南省农作物病虫害将处于持续偏重发生趋势,稻飞虱、稻瘟病、小麦条锈病和斑潜蝇等主要病虫害仍将处于大发生趋势,发生面积和危害程度将加重。冬季变暖也会导致杂草蔓延,这些都意味着气候变化有可能增大农药和除草剂的施用量,从而增加农业成本。

8.2.6 对农业气象灾害的影响

云南气候资源年际间和季节间的多变性以及地区分布的差异性,常常给农业生产造成不利的气候条件和气象灾害。云南最主要农业气象灾害是干旱和低温冷害。灾情分析表明,温室效应有进一步加剧气候变暖并促使气象灾害增多的趋势,未来气候变化可能会改变原有农业气象灾害的格局,给因为气候带的北移和向高海拔的扩展所带来的农业种植结构调整的机会增加风险。

干旱是云南最主要的农业气候问题,其中初夏干旱是影响最严重的干旱。1951—1999年,初夏干旱有 23 次,差不多每两年就发生一次。进入 20 世纪 90 年代以来,由于气温升高、降水减少,几乎每年都有不同程度的初夏干旱发生。冬季是云南全年降水量最少的时节,但由于气温低、蒸发小、土壤底墒足、光照充足,农业用水有保证。即使冬季降水比常年偏少,也不会造成大的旱灾。只有当前期夏秋季降水偏少,冬季也露旱象,才有可能冬旱成灾危害小春作物。从云南近 50 年的气候变化看,主要冬旱只发生了 9 次,约 5 年多出现一次,但 20 世纪 90 年代以来暖冬突出,冬旱明显(秦剑,2000)。受季风气候影响,云南的春旱是发生频率最大的干旱,但 60 年代以来云南春旱强度有缓慢减弱的趋势,1999—2007 年为最近 54 年春旱最弱期(黄中艳,2009),2009 年后干旱明显加强。

低温冷害也是云南主要农业气象灾害。低温对农业影响显著的事件主要是倒春寒与 8 月低温。倒春寒是春季 2—4 月,天气回暖后出现的强冷空气过程,8 月低温是指 7 月下旬到 8 月这段时间出现的连续几天低温或连阴雨天气。20 世纪 80 年代后期以来,由于气候变暖,气温一直处于上升期,8 月低温明显减少,程度减轻。而倒春寒天气的情况要复杂得多,因为大的气候背景变化虽然对冷空气发生的频率、强度有影响,但 3—4 月正是大气环流季节转换期,天气冷暖变化极不稳定,很容易出现倒春寒。1951—1999 年云南共发生大、小倒春寒天气过程 40 次,其中严重的有 9 次。统计 20 世纪 50—90 年代的倒春寒的分布表明,80 年代以前倒春寒天气除 50 年代略少外,其他年代都相差不大,进入 90 年代倒春寒明显减少,强度减弱,这与 90 年代以来的气候变暖突出有关(秦剑,2000)。由于气温升高,作物生长发育加快,作物本身抗冻能力降低,因此,尽管低温强度总体上有所减弱,但急剧低温波动的危害程度却有可能加剧。如 1999 年发生的强降温降雪天气过程,导致滇中地区小春作物和花卉、蔬菜等经济作物以及滇南广大地区的热带作物(橡胶、咖啡、甘蔗等)受到极大的危害,造成的直接经济损失高达 55 亿元,但是 1999 年的冬季气温是最近 30 多年来最高的一年。此次灾害损失如此惨重,与作物本身抗冻能力下降及人们在温暖的气候下放松了对低温冷害的防御工作有关。

8.2.7 对农业用地的影响

气候变化对云南农业的影响还突出的表现在土地的退化方面。云南东部和贵州、广西是我国也是世界上喀斯特地貌大面积发育的最典型地区之一。长期以来,由于人类活动导致水土流失严重,生态环境已极为脆弱;气候变化导致降雨日数减少和强降水日数的增加,雨水对云南喀斯特地形的冲刷作用加剧,从而进一步引发石漠化面积的扩大和石漠化等级的提高,石漠化的危害日益严重,导致可利用耕地减少,土地涵养水源能力下降,石漠化分布区干季大面积的地表干旱出现。同时,由于石漠化地区缺乏森林植被来调节缓冲地表径流量,致使这类地区一遇强降水,地表径流量便快速汇聚于低洼处,造成暂时局地性涝灾。受雨水冲刷,土壤颗粒及其所吸附的营养元素和农药转移到水体中,既污染了水质又造成土壤肥力下降,影响作物生长发育,进而影响了农业的产量和品质。

气候变化导致云南呈现出雨日明显减少,降水的集中度明显加剧的特点,局部暴雨、大暴雨日数增多,加之森林植被的破坏,泥石流灾害频发,冲毁、填塞农田,水土流失十分严重,云南水土流失面积 13×10^4 km^2,占国土面积的 1/3 还多,年土壤侵蚀总量 5×10^8 吨,占全国年流失量的 1/10。水土流失导致耕地面积减少,土壤有机质损失,土质下降且难以恢复。

气候变暖带来农业生产条件改变,农业成本和投资也将大幅度增加。气候变暖后,土壤有机质的微生物分解将加快,造成地力下降。为解决上述问题,需增加施肥量和农药施用量,温度增高 1 ℃,能被植物直接吸收利用的速效氮释放量将增加约 4%,释放期将缩短 3.6 d。因此,要想保持原有肥效,每次的施肥量将增加 4% 左右。施肥量的增加不仅导致农业生产的投入和成本的增加,其挥发、分解、淋溶流失的增加也会对土壤和环境产生危害。

降水分布的变化有可能导致部分地区土壤水分减少,使得水资源短缺和灌溉费用增加。在水土流失加重及淋溶侵蚀严重地区,为改善水利设施、整治改良土壤、保持水土需增加必要的投入。如 2008 年全省主要粮食作物稻谷和玉米每亩平均产值分别为 1191.92 元、712.73 元,同比分别增加 28.5%、27.99%,但每亩现金成本也在增加,分别为 421.76 元和 291.13 元,同比分别增 32.25%、24.55%。

8.3 未来气候变化对云南农业的可能影响

(1)未来 10～30 年,随着温室气体浓度的升高,云南的平均气温将继续呈上升趋势,≥10 ℃积温和持续日数也将增加,气候带的分布在气候继续变暖形势下,呈现出整体向高海拔扩张和向高纬度北移的趋势将更加明显。气候带的这种变化将使一些热带作物及喜温作物的种植北界北移,种植的海拔高度上限提高,面积扩大。高海拔、高纬度地区热量资源改善,促进了作物种植结构调整,当前的种植制度发生改变,一熟制地区的面积减少,两熟制地区将北移,而三熟制比例提高。另外,冬季温度的升高也使得冬季农业的可开发利用范围进一步扩大。

(2)未来云南气温的继续升高,对于喜温作物可以延长全年生长期,对无限生长习性多年生作物以及热量条件不足的地区有利;而对于生育期短的栽培作物则会加快发育速度,产生抗逆能力降低,生育期缩短,单产下降等不利影响。未来云南气温的继续升高会加剧高温热害出现的概率,同时降水的变化也直接影响农作物产量的变化,降水减少对于需水量较大的水稻等作物的产量影响更加显著,同时对于旱地作物的种植也将带来困境,减产将更为显著。

(3)气候变暖总体上对烤烟、橡胶、茶叶、花卉等经济作物种植面积的扩大十分有利,但在气候变暖和极端天气气候事件频繁发生的背景下,往往伴随着病虫害加剧,干旱影响加剧等情况,给这些产业的发展带来了不确定性,直接影响着这些经济作物的产量和品质。

(4)在未来全球气候变暖及大气中 CO_2 浓度上升的气候情景下,水稻抽穗扬花期的温度也会随之上升,一些中低海拔地区会出现超过水稻花期的临界温度,从而导致严重的花期高温危害以及严重的产量下降(谢立勇,2009),水稻产量大多表现为不同程度的减产趋势,其中早稻减产幅度最大,而云南一些高海拔地区由于温度偏低,无高温危害,在未来气候情景下则可能出现一定的增产趋势(熊伟,2001)。另外,CO_2 浓度增高会导致作物光合作用增强,使根系吸收更多的矿物质元素,有利于提高作物产品的质量,但由于植株中含碳量增加,含氮量相对降低,蛋白质含量也可能降低,粮食品质有可能下降。对豆科作物而言,CO_2 增加可通过光合速率提高而增加其固氮能力,但温度的升高又会减弱固氮作用和增加固氮过程中氮的能量消耗,从而产生豆类的含油量和油分碘值下降而蛋白质增加的趋势(吴志祥等,2004)。

(5)未来气候变暖背景下,云南农作物病虫害将处于持续偏重发生趋势,稻飞虱、稻瘟病、小麦条锈病和斑潜蝇等主要病虫害仍将处于大发生趋势,发生面积和危害程度将加重。气候变暖将使一些目前局限在热带的病原和寄生组织可能会蔓延到亚热带地区。冬季变暖也会导致杂草蔓延,这些都意味着气候变化有可能增大农药和除草剂的施用量,从而增加农业成本。

8.4 云南农业对气候变化的适应对策建议

8.4.1 合理利用农业用地资源,加强农业基础设施建设

云南地处西南部多山省份,人均耕地资源有限,采取各种政策措施合理开发和高效利用土地资源尤为重要。首先实行基本农田保护制度,划定基本农田保护区,对基本农田实行特殊保护,确保土地利用总体规划确定的基本农田保护数量不减少。对基本农田进行分等定级,保持和提高基本农田质量。其次是保护耕地质量,维护排灌工程设施,改良土壤,提高地力,防止土地荒漠化、水土流失,防止污染土地。三是节约使用土地,非农业建设可以利用荒地的,不得占用耕地,可以利用劣地的,不得占用好地。禁止擅自在耕地上建房、挖砂、采石、采矿、取土等,禁止占用基本农田发展林果业和挖塘养鱼。四是防止闲置、荒芜耕地。五是鼓励开发未利用地,鼓励单位和个人按照土地利用总体规划,在保护和改善生态环境、防止水土流失和土地荒漠化的前提下,开发未利用的土地;适宜开发为农用地的,应当优先开发成农用地。

加强农业基础设施建设,加强农村土地整理复垦,推进以水浇地、坡改梯、土地平整、水利配套、土壤改良、地力培肥为重点的中低产田地改造、"兴地睦边"和高稳产农田建设。大力推进小型农田水利建设,继续加大山区"五小"水利建设,夯实山区水利基础条件。开展中小河流流域治理,完善农田排涝工程体系;大力发展防护林、水源涵养林,调节区域气候,营造绿色水库,减少水土流失,加强农业生态建设,不断提高农业对气候变化的应变能力和抗灾减灾水平。

8.4.2 推进农业结构和种植制度调整

气候变暖,生长期延长对粮食生产可能有利,因而要充分利用这一机遇,科学地调整种植制度。改变传统的种植业二元结构,逐步形成粮食生产中的粮食作物—饲料作物—经济作物协调发展的三元结构。气候变暖给冬季农业开发带来了机遇,要充分利用各地的气候优势,调整产业结构,大力发展优质高效农业和特色农业,加大冬季农业的开发力度。由于气候变化及其对农业的影响和适应只是最近 30 年出现的新课题,对农业从业人员无经验可循,应加强宣传指导,推广农业适用技术。

虽然未来的种植制度会因升温而有所变动,但其结果在很大程度上取决于水分状况,因为许多地区水热变化并不同步。要想利用气候带变化的契机提高复种指数,必须大力发展节水农业,在雨养农业地区开展旱地农田种植;气候带的变化为作物种植调整提供了机遇,但会使原有作物生育进程加快,生育期缩短,抵御气候波动能力减弱;热量条件改善的同时也使作物稳产的气候风险性增加,热量资源提高也会由于水资源的匮乏而无法得到充分利用。因此,应当将当前勉强或不适合农业的地区逐步调整转变为牧业或林业地区,或牧、林结合地区。增加土壤植被的覆盖率不仅有利于吸收利用大气中的 CO_2,也有利于防止土壤退化。在种植业内部适时改革耕作制度,调整作物品种布局,以充分适应气候的变化,增加农作物吸收 CO_2 的能力,大幅度提高作物的产量水平。

8.4.3 提高防灾减灾能力

气候变暖背景下云南干旱和半干旱地区降水可能趋于更不稳定或者更加干旱,这必将对农业生产造成不利影响。因而这些地区要以改土治水为中心,加强农田基本建设,改善农业生态环境,建设高产稳产农田,不断提高对气候变化的应变能力和抗灾减灾水平。农田水利建设、节水农业体系、农田防护林等都有利于改善农田生态环境,提高农业适应气候变化能力。营造农田防护林,发展农田林网化,既能增强对 CO_2 的吸收库容,还能改善农田小气候环境,提高农作物的抗灾能力。在干季改进灌溉方案,优化灌溉系统和灌溉方式,提高灌喷水分的利用效率等;在雨季,采取防止土壤被淋蚀、肥料流失以及调控地下水位等排灌措施,既可改善农业生产的生态环境条件,还可提高农业抗御灾变的自适应能力。特别是在红黄壤瘠薄地更要结合提高灌排能力,重点改造这些中低产田,以增强这些地方的适应能力。

针对未来气候变化对农业的可能影响,分析未来光、温、水资源重新分配和农业气象灾害的新格局,改进作物品种布局,有计划地培育和选用抗旱、抗涝、抗高温和低温等抗逆品种,采用防灾抗灾、稳产增产的技术措施,预防可能加重的农业病虫害。解决化肥数量不足和氮、磷、钾比例失调。更好地利用 CO_2 浓度增加的气候新资源,增强光合生产率,使之在因水分相对亏缺或发育加速而导致生育期缩短的情况下,仍能获得高产优质。推广抗旱等农作物优良品种,开发冬季农业、设施农业,推广旱用农业的保水节水技术和农作物病虫草鼠害综合防治技术,增加农膜、农机使用,发展独立的饲料农业等,也都是行之有效的降低脆弱性、增强农业适应能力的集中管理战略。

8.4.4 加快农业科技创新推广

开展气候资源与农业资源综合协调利用研究,以及气候变暖背景下动植物灾害、突变规律

及防控技术研究等,完善气候变化对农业影响评估、模拟和预测的研究。加快应对气候变化系统工程建设,提高应对气候变化的科技创新能力。把气候变化领域的科学研究、适应和减缓技术开发及其能力建设纳入地方发展规划中,部署和实施云南气候观测系统、气候变化综合影响评估系统等重大工程建设和科学研究计划,形成应对气候变化的综合科技支持体系。

由于北热带和南亚热带面积的大幅度增加,加之境外农业生物灾害的入侵,云南农业生物灾害有增强和蔓延的趋势。因此,加强对农业生物灾害防治技术的研究,开发研制各种高效低毒无污染的新型农药,包括应用生物工程技术选育抗病虫草害性强的新品种,开展生物防治,发挥自然天敌对病虫害的调控作用;完善农业植保的预警和防治基础设施,以应对气候带变化导致的病虫害和草害可能加重的严峻挑战。

广泛推广适应气候变化的生态农业新技术,积极促进发展与农业有关的前沿学科和高科技,提高农业生态系统的适应能力。加强光合作用、生物固氮、生物技术、抗御逆境、设施农业(如温室大棚)和精准农业等方面的技术开发和研究,力求取得重大进展和突破,以强化人类适应气候变化及其对农业影响的能力。

第 9 章　气候变化对云南水资源的影响与适应

摘要：云南是水资源较为丰富的省份，但若考虑到云南水资源空间分布不均，加之洪旱灾害、水土流失、水资源浪费、水污染、城市化进程与管理方面的限制因素后，水资源形势不容乐观。云南水资源分布与经济发展需求极不适应，重要经济区资源性及水质性缺水严重。

1961—2012 年，云南可利用降水量除在春季略有增加外，其余季节都在减少，特别是在夏季减少最明显，导致云南年可利用降水量明显减少。近 52 年来云南降水总量、降水日数呈减少趋势，气温呈增加趋势，干旱程度不断加剧，云南河流径流量以减少趋势为主。气候变化对农业灌溉用水的影响远远大于对工业用水和生活用水的影响，尤其在云南未来 10～30 年降水减少、蒸发增加、干旱趋势化严重的情况下，云南农业生产用水预计将更加紧张。尽管由气候变化引起的缺水量小于人口增长、经济增长及经济发展引起的缺水量，在云南未来干旱加剧的背景下，干旱引起的缺水量将大大加剧云南北部及滇中的缺水形势，并对这些地区的社会经济发展产生严重的负面影响。极端水文事件频次将增加，负面影响的程度也将增加。适应气候变化的云南水资源对策与建议包括加强水利基础设施建设，增强防洪抗旱能力；提高节水意识，推进节水型社会建设；强化水资源统一规划与管理，实现水资源优化配置；开展人工增雨作业，科学有效地开发空中水资源等。

9.1　云南水资源概况和水资源安全形势

9.1.1　云南水资源概况

云南水资源总量丰富，多年平均降水量 $4820.8 \times 10^8 \, m^3$，折合降水深 1258.7 mm；多年平均年水资源量 $2222 \times 10^8 \, m^3$，折合径流量深 580 mm（张照伟，2002）。地下水资源量经 1983 年对 118 个富水地段和 50 个主要盆地进行勘探，为 $742 \times 10^8 \, m^3/a$。冰川雪山净贮水量约 $10 \times 10^8 \, m^3$，湖泊净贮水量近 $300 \times 10^8 \, m^3$。云南河流众多，全省河流分布密集，主要水系有长江、珠江、红河、澜沧江、怒江、伊洛瓦底江 6 大水系。水资源总量（即河川径流量与过境水量之和）为 $4165 \times 10^8 \, m^3$（伍立群，2004）。经初步评价，云南自产水资源量占全国水资源量的 7.0%，人均水资源量为全国人均水资源量的 2.4 倍。

虽然就总量与人均水资源量看，云南是水资源较为丰富的省份，但人均水资源量分布差异较大，94% 的山区人少、地少、水多，6% 的坝区人多、地多、水少。水、土资源匹配极不均衡，水资源分布与经济发展需求极不适应，重要经济区资源性及水质性缺水严重。同时，由于山区河谷深切，开发利用困难；平坝支流短，水资源贫乏而需水量大；山区水土流失严重，有加剧趋势；城镇水供需矛盾突出，水短缺及水污染严重；岩溶地区分布较广，地表水严重不足（伍立群，

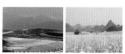 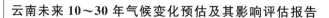

2004)。

从时间分配上看,水资源年内分布不均。受太平洋与印度洋孟加拉湾吹来的两股暖湿气流的交替影响,雨季(5—10 月)径流量占全年径流量的 73％～85％,干季(11 月—翌年 4 月)径流量仅占全年径流量的 15％～27％。而农业用水量最大的 4—5 月,径流量仅占全年水量的 2％～3％,可利用量则更少。而且在径流量愈少的地区还有年际变化愈大的特点,丰枯变化剧烈,进一步加剧了该地区的水资源问题。

从空间分配上看,云南水资源地区分布也极不均匀,总的趋势是南多北少,西多东少,深谷多平坝少。从全省范围看,滇西和滇南为两个多水带区,而滇中是极为突出的少水区。滇西和滇南地区有澜沧江、怒江及伊洛瓦底江、红河流过,而且滇西的高黎贡山、碧罗雪山、邦马山和滇南的点苍山、哀牢山及中越边境地区年降水量达 2000 mm 以上,年产水规模达 300×10^4 m³/km²。而滇中地区虽然也有长江水系贯穿其中,但由于东、南、西山脉对暖湿气流的阻挡,而且海拔较低,降水量较少,年均仅 989 mm,径流量深 413 mm,尤其宾川、元谋地区多年平均降水量仅 500～600 mm,而蒸发量却高达 1500～2000 mm,是云南水资源问题最突出的地区(张学波,2006)。

9.1.2 敏感性分析

水资源系统对气候变化的敏感性是指流域的径流量、蒸发及土壤水对气候变化情景响应的程度。在相同的气候变化情景下,响应的程度愈大,水资源系统愈敏感,反之则不敏感(气候变化国家评估报告,2007)。虽然因不同地区未来降水和气温变化的不同而有差异,但基本结论可概括为:在高纬度地区由于降水量的增加可能导致径流量的增加,在低纬度地区由于蒸发量的增加和降水量的减少,径流量可能有所下降;对于有季节性降雪和融雪的流域,季节径流量和土壤湿度对温度变化的敏感性要高于对降水变化的敏感性,尤其是北温带地区的流域,大部分年径流量是在春夏洪水期间形成的,气温变化对年内径流量分配的影响明显大于年降水量;年径流量对于降水变化的响应要比对于气温变化的响应敏感;径流量和径流量年内分配的变化将影响现有供水系统的可靠性、恢复性和脆弱性;在未来降水量减少、气温升高的地区,径流量和土壤水分将减少,干旱频率和强度将增加;洪水频率在有些地区增加,而有些地区减少(王顺久,2006)。

由于流域产流过程十分复杂,不同地区产流条件存在差异,导致不同地区径流量对气候变化的敏感性不同(张建云,2008)。但总的看来,干旱地区或水资源缺乏地区径流量对气候变化相对敏感;对比气候条件相似、人类活动不同流域的分析结果,可以发现,大规模水土保持和水利工程建设因增加了流域对径流量的调节能力,从而减少了径流量对气候变化的敏感性(王国庆,2002)。从某种意义上说,人类活动对径流量的影响作用也不可忽视。

云南多为山区,地表水资源量绝大部分为河川径流量,其中多年平均年径流量深最大的是怒江和德宏,分别为 1563 mm 和 1228 mm,最小的是楚雄,仅为 221 mm。玉溪、昆明、大理、丽江等地为 300～400 mm,年径流量深变差系数在 0.14～0.39,水资源地区差异极大(张先起,2008)。根据径流量对气候变化敏感性分析结果表明,径流量对降水的敏感性远大于气温,在降雨情景固定的情况下,气温变化对径流量的影响幅度在 60％以内,并随着气温的增高加大。气温对径流量的影响随降水的变化而变化,降水增加,气温对径流量的影响更显著,降水减少,气温对径流量的影响愈不明显;而变化相同的幅度,降雨的增加对径流量的影响比减少对径流量的影响要大(王国庆,2005)。

9.1.3 脆弱性分析

气候变化条件下水资源的脆弱性是水循环系统在气候变化、人为活动等的作用下,水资源系统的结构发生改变、水资源的数量减少和质量降低,以及由此引发的水资源供给、需求、管理的变化和旱、涝等自然灾害的发生程度(唐国平,2000)。

云南水资源对气候变化的脆弱性表现在以下几个方面:

(1)季节差异明显。云南季风气候显著,干季和雨季自然降水差异很大,导致干旱和洪涝交替发生。气候变化可能引发降水的不稳定性进一步增大,导致水资源的供需矛盾更加突出。

(2)云南水资源的空间分布与经济社会发展不匹配,绝大多数的城镇、工业区和农业区聚集在坝区或盆地,处于多水带的滇西、滇南地区高山纵横,峡谷深切,坝区较少,经济落后。而坝区较多的滇中地区,经济发达,人口稠密,人均水量和亩均水量均偏低,水资源不足。随着经济社会的发展、人口的增长,工业用水、生活用水都在不断增加,人均水资源占有量会持续减少,水资源系统的脆弱性将加大。

(3)适应能力低。由于云南经济发展水平低,生产方式粗放,对自然环境破坏极大。而山地坡度陡,水流势能大,水蚀能力强,地表生态系统自我调节能力弱,生态系统极为脆弱,导致地表植被破坏严重,水源涵养能力减弱,水土流失不断加剧,湖泊河流淤积、富氧化日益严重,大大削减了云南有效水资源的供给能力。

(4)云南水资源开发难度大,利用率低,浪费严重。云南省内山脉绵亘,地形复杂,河谷深切,大量水资源海拔极低,六大水系均存在干流水低田高、支流源短流小的缺陷。由于高山阻隔,建立蓄水库的难度极大,水资源调度经费高,94.2%的水资源无法得到利用。农业是用水大户,约占总用水量的70%,而90%的农业用水是灌溉用水,由于传统落后的漫灌、跑马水占主导地位,有效用水率仅为32%左右,灌溉用水大大超过了作物的需水要求,造成水资源的大量浪费。工业用水方面,水重复利用率不到50%,存在用水无计划、循环利用率低的现象(张学波,2006)。

9.2 气候变化对云南水资源影响的观测事实

9.2.1 大气中可利用降水量变化

可利用降水量是指大气水资源中可被人们实际利用的降水资源。利用云南122个测站1961—2012年逐月降水量、气温观测资料,依据高桥浩一郎的陆面实际蒸散发经验公式(9.1)(以下简称高桥公式)计算云南各测站逐月的蒸发量,并用降水量减蒸发量,得到大气可利用降水量。

高桥公式为:

$$E = \frac{3100P}{3100 + 1.8P^2 \exp(-\frac{34.4T}{235 + T})} \qquad (9.1)$$

式中,E 为月蒸发量,P 和 T 分别为月降水量和月平均气温;E 和 P 的单位均为 mm,T 的单位是℃。

9.2.1.1 云南可利用降水量的时间变化

由云南全省平均可利用降水量距平(多年平均取 1981—2010 年,以下同)演变趋势图 9.1 可见,1961—2012 年云南年及四季可利用降水量有着明显的年际及年代际变化特征。年可利用降水量呈减少趋势(图 9.1a),平均每年减少约 1.8 mm,较年降水量(平均每年减少约 1.6 mm,图 9.1d)及年陆面蒸发量(平均每年增加约 0.3 mm,图 9.1e)的变化幅度大。这是因为云南年降水量减少、年蒸发量增加,所以可利用的水资源减少明显。全省平均年可利用降水量 1966 年最大,为 728.0 mm,比多年平均值偏多 184.9 mm;2011 年最少,为 330.2 mm,比多年平均偏少 212.8 mm。从年代际变化特征来看,20 世纪 70 年代中叶以前云南年可利用降水量偏多,70 年代后期开始减少,90 年代中叶后有所回升,自 2003 年后又有减少的趋势,其中 2009—2012 年为连续 4 年偏少。可利用降水量的年际变化趋势与年降水量基本一致(图 9.1a,d)。

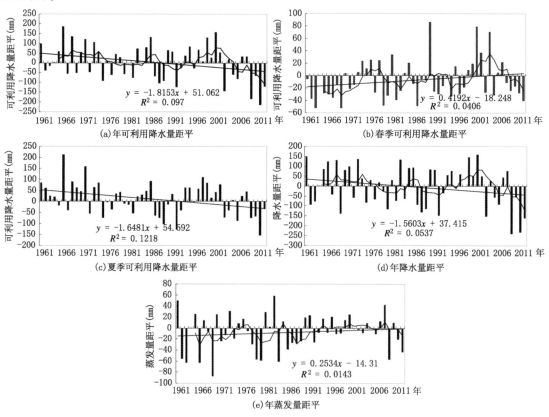

图 9.1　1961—2012 年云南年及季节可利用降水量、年降水量及年蒸发量距平

春季可利用降水量总体呈明显的上升趋势(图 9.1b),平均每年增加 0.4 mm。最多的年份出现在 1990 年,为 157.0 mm,比多年平均偏多 86.2 mm;最少的年份是 1969 年,为 18.6 mm,较多年平均偏少 52.1 mm。春季可利用降水量也存在明显的年代尺度变化:20 世

纪 70 年代初期前,处于一个偏少的时段;之后明显增加,持续到 70 年代末;80 年代初到 90 年代中叶,以年际变化为主,年代际变化特征偏弱;90 年代后期至 2007 年为一个相对偏多期,其增加的趋势非常明显。这主要是由于云南在这个时段春季自然降水量增加明显,其增加幅度远远大于蒸发的增加幅度;2008 年后春季可利用降水偏少比较明显,这主要是因为这几年春季降水减少比较明显所致,平均每年约减少 11.6 mm。

夏季可利用降水量总体明显下降(图 9.1c),平均每年减少约 1.6 mm,通过 0.05 的显著性水平检验。最多的年份出现在 1966 年,为 560.6 mm,比多年平均偏多 212.4 mm;最少的年份是 2011 年,为 195.2 mm,比多年平均偏少 153.0 mm。夏季可利用降水量在 20 世纪 70 年代中叶以前偏多,70 年代后期开始减少,90 年代中叶后有所回升,2003 年后又有明显减少,2009 年至 2012 年已经连续 4 年为负距平。夏季可利用降水量的变化与降水量非常相似,但减少幅度大于降水量。云南夏季蒸发量增加(平均每年增加约 0.1 mm),而降水量减少(平均每年减少约 1.5 mm),这使得夏季可利用降水量减少的趋势加剧。

秋季可利用降水量总体变化趋势与夏季一样为下降(图略),但减少幅度明显小于夏季,平均每年减少约 0.5 mm。最多的年份出现在 1965 年,为 196.6 mm,比多年平均偏多 83.2 mm;最少的年份是 2009 年,为 35.1 mm,比多年平均偏少 78.2 mm。秋季可利用降水量的年代际变化与夏季不同:20 世纪 70 年代前,以偏多为主,70 年代到 80 年代初减少,处于一个相对缺乏期,80 年代初到 90 年代中叶有所增加,之后逐渐减少转入到一个相对缺乏期,特别在 2002 年后减少进一步加剧。

冬季可利用降水量整体看略微减少,变化幅度较小(图略)。冬季可利用降水量平均每年减少 0.1 mm。最多的年份出现在 1970 年,为 39.5 mm,比多年平均偏多 28.6 mm;最少的年份是 2009 年,为 1.1 mm,较多年平均偏少 9.7 mm。冬季可利用降水以年际变化特征为主,年代际变化特征较弱。

总之,近 50 多年来云南可利用降水量四季有着不同的变化特征。除春季增加外,其余 3 个季节都减少,夏季的演变趋势通过了显著性水平检验,其他季节及年可利用降水量的变化趋势未通过显著性水平检验。夏季可利用降水量减少最明显,导致云南年可利用降水量减少;春季可利用降水量增加,这对于云南大春作物播种非常有利。年可利用降水量的减少,对云南社会、经济可持续发展将产生负面影响。

9.2.1.2 云南可利用降水量变化的空间分布

由图 9.2 可见,云南可利用降水量线性趋势空间变化特征为:春季全省大部以增加为主(图 9.2b);夏季以减少为主(图 9.2c);秋季除西部边缘地区为增加外,其余以减少为主(图 9.2d);冬季除滇东、滇中北部以及滇西北为增加外,其余地区以减少为主(图略);全年可利用降水量全省大部地区以减少为主(图 9.2a)。这与云南降水量变化程度的分布非常相似,仅变幅小于降水量。这说明云南可利用降水的时空分布与自然降水有着密切的关系,受到自然降水的影响较大。

云南年可利用降水量变化的空间分布特征(图 9.2a)为:云南有 91.8% 的县(市)呈减少趋势,减少幅度在 0.1~8.0 mm,其中减少趋势最大的是罗平,平均每年减少约 8 mm,有 8 个县(市)减少幅度>4.0 mm/a,有 80 个县(市)减少幅度为 1.0~4.0 mm/a,24 个县(市)减少幅度<1.0 mm/a。滇西北局部和滇中局部的 10 个县(市)呈增多趋势,增加幅度为 0.1~

1.6 mm/a,其中滇西北的贡山增加最明显,平均每年增加约 1.6 mm。

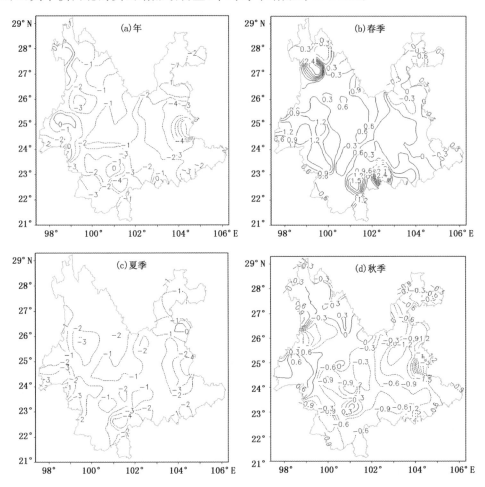

图 9.2　1961—2012 年云南可利用降水量变化趋势空间分布(单位:mm/a)

春季是可利用降水量增多范围最广的季节(图 9.2b):云南有 99 个县(市)为增加的趋势,其中有 16 个县(市)增加的幅度为 1.0～2.7 mm/a,83 个县(市)增加幅度为 0.0～1.0 mm/a。滇南的绿春增加幅度最大,平均每年增加约 2.7 mm/a;有 23 个县(市)为略微减少的趋势,减少幅度为 0.0～0.9 mm/a,主要分布在滇东北北部和滇西北北部。

夏季可利用降水的变化趋势几乎与春季相反(图 9.2c):除东部的宣威、昭通和南部的河口 3 个县(市)为增加外,其余县(市)均为减少的趋势。全省有 31 个县(市)减少幅度为 2.0～4.5 mm/a,有 60 个县(市)减少幅度为 1.0～2.0 mm/a,其余县(市)可利用降水减少幅度<1.0 mm/a。其中,滇东的罗平减少幅度最大,平均每年减少约 4.5 mm/a。

秋季可利用降水(图 9.2d)除滇西北局部为增加外,其余大部地区为减少趋势。全省有 98 个县(市)为减少的趋势,减少幅度为 0.0～3.9 mm/a,其中滇东的罗平减少幅度最大,平均每年减少约 3.9 mm/a。有 24 个县(市)为增加趋势,增加幅度为 0.0～0.9 mm/a,其中滇西北的福贡增加幅度最大,平均每年增加约 0.9 mm。

冬季可利用降水变化幅度不大(图略),所有县(市)的变化幅度都<1.0 mm/a。全省有85 个县(市)略减少,主要位于滇西南地区,其中南部的绿春减少幅度最大,平均每年减少0.9 mm。其余 37 个县(市)冬季可利用降水略增加,主要位于滇西北、滇中北部以及滇东地区。

9.2.1.3　气候变暖对云南年可利用降水量的影响

在全球变暖格局下,不同区域气候出现了具有自身演变特色的变化规律。云南位于中国的西南边陲,地处低纬高原地区,同时受到西南季风及东亚季风的影响,有着明显的区域气候特征,其可利用降水量对全球变暖的响应也具有自身的特点。

云南全省年平均气温与全球的演变趋势基本一致,总体表现为上升趋势,其中 20 世纪 80年代以后变暖趋势更加明显。

表 9.1　全球气候冷暖时期云南各季和全年可利用降水的差异

时段	可利用降水量距平(mm)	
	偏冷期	偏暖期
春季(3—5 月)	−13.8	−1.9
夏季(6—8 月)	45.1	−12.1
秋季(9—11 月)	1.53	0.2
冬季(12 月—翌年 2 月)	0.51	−0.2
年(1—12 月)	33.1	−20.6

为了研究全球气候变暖对云南可利用降水量变化的影响,选取 1961—1976 年为全球偏冷时段(16 年中全球平均气温仅有一年为正距平)及 1987—2012 年为全球偏暖时段(26 年全球平均气温均为正距平),分别计算了两个时期云南平均年及四季可利用降水量。结果显示(表9.1):年和夏季可利用降水量在全球气候偏冷(暖)期较多年平均偏多(少),而春季可利用降水量在全球偏冷期和偏暖期均较多年平均偏少,秋季和冬季对全球气候偏暖或偏冷的响应不是很明显。

综上所述,全球气候变暖与云南可利用降水量的丰枯有着密切联系,随着全球气候的不断变暖,云南全年可利用降水量有减少的趋势。

为了进一步了解全球变暖对云南年可利用降水量的空间分布的影响,我们选取全球年平均气温距平低于−0.2 ℃的 4 年(1964 年、1965 年、1974 年和 1976 年)为偏冷年,而距平高于0.4 ℃的 7 年(2006 年、2007 年、2008 年、2009 年、2010 年、2011 年和 2012 年)为偏暖年,利用合成分析方法(将选取的偏冷(暖)年的物理量求算术平均),分析了偏暖年与偏冷年云南年可利用降水量的空间分布(图 9.3)。可以看出,云南年可利用降水量在偏暖年以偏少为主,而在偏冷年则以偏多为主。

9.2.2　对径流量的影响

(1)澜沧江

澜沧江流域是以降雨补给为主、冰雪融水和地下水补给为辅的河流。降雨补给约占径流量的 50%以上,冰雪融水补给量由上游至中游递减,下游无冰雪融水补给。流域径流量地区

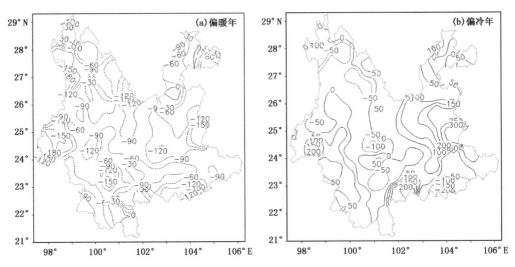

图 9.3　全球气候偏暖年(a)与偏冷年(b)云南年可利用降水量距平分布(单位:mm)

分布呈现出极大差异,具有地带性分布和垂直变化规律,在水平分布上是西多东少,南多北少,地带分布呈现明显的高低相间,即河谷地带小、山区地带大的特点。澜沧江下游的普洱市当降水和径流量处于多雨(少雨)和丰水期(枯水期)时,气温越低(高),蒸发越弱(强),径流量越多(少)。东西部流域的前期径流量变化趋势是基本一致的,20 世纪 80 年代以来,普洱境内澜沧江流域的下游气温呈上升趋势,且西部的上升趋势更显著,气温上升对径流量的变化起减小的作用;20 世纪 90 年代以来,该流域东西部的降水量变化出现显著的差异,东部流域的降水增多明显,与此一致,其东部流域径流量变化的增幅也明显大于其西部(索渺清等,2005)。澜沧江 1980—2000 年的平均地表水资源量较 1956—1979 年有所增加,地下水资源量增加了7.4%(邹宁等,2008;李丽娟等,2002)。澜沧江上游昌都站在 1968—2000 年间径流量也呈增加趋势(曹建廷等,2005)。尤卫红等对澜沧江研究结果表明,夏季跨境径流量变化在 20 世纪60 年代中期至 80 年代末期为显著减少时段,而从 90 年代初期以来则表现出了一种显著增多的演变趋势;夏季澜沧江跨境径流量变化与较低层东西风分量变化的相关性不显著,与较高层东西风分量变化的相关性显著;夏季澜沧江跨境径流量变化与中低层和较高层南北风分量变化的相关性都是显著的,与 OLR(射出长波辐射)场变化的负相关性也是显著的,表明澜沧江径流量的变化是气候变化所引起的(尤卫红等,2005,2006,2007)。

(2)怒江

根据 1956—2000 年的径流量资料分析表明,怒江流量从 5 月份明显增加,5—10 月的流量占全年的 81.92%,月均在 13.65%,其他月均仅为 3%,月均流量为其他月份的 4.5 倍。说明流量的季节性变化大,且集中在雨季。除 7 月流量外,月流量与雨量存在 1 个月的滞后;5月雨量对年和干季流量影响很大。怒江径流量表现出 16 年、8 年以及 2~4 年周期变化,年降雨量和流量存在 2~4 年的低频振荡。年、雨季和干季流量变化一致,并呈增加趋势,年流量平均每 10 年增加 57.6 m³/s,而干季流量平均每 10 年增加 28.1m³/s,雨季流量平均每 10 年增加 85.7 m³/s(张万诚等,2007)。其中,占流域总出境径流量超过 90%的道街坝水文站,1958—2000 年径流量检测到了显著的增加趋势,增幅为 18.6×10⁴m³/10a,且 1958—2000 年年径流量在 1958—1979 年、1970—1990 年及 1980—2000 年等时期内的增幅逐渐增大,相应增幅分别为 $8.7 \times 10^4 \mathrm{m}^3/10\mathrm{a}$、$12.1 \times 10^4 \mathrm{m}^3/10\mathrm{a}$、$44.0 \times 10^4 \mathrm{m}^3/10\mathrm{a}$;各月径流量都表现出增加的趋势,但 8 月份的径流量呈不显著的减少趋势;道街坝、嘉玉桥、旧城和姑老河站年径流量在 1980—2000 年都表现出增多的趋势,但趋势并不显著,增幅分别为 $44.0 \times 10^4 \mathrm{m}^3/10\mathrm{a}$、$28.7 \times 10^4 \mathrm{m}^3/10\mathrm{a}$、$3.0 \times 10^4 \mathrm{m}^3/10\mathrm{a}$ 和 $1.7 \times 10^4 \mathrm{m}^3/10\mathrm{a}$。总体来看,怒江径流量的年代际尺度变化特征主要表现在 20 世纪 80 年代的中期以前,径流量相对来说是比较少的,而从 80 年代的中期以后有明显增加的趋势。分析成因后得知,怒江径流量的变化主要是由于纵向岭谷区西南季风环流系统活动的变化造成的,至少在夏季风活动期间是这样(张万诚等,2007;李科国,2003;尤卫红等,2007,2008;郭志荣,2007)。这表明气候变化已引起怒江流量增加显著,其原因可能与上游冰川融化,流域水量增加有关。

(3)西江

西江是珠江主干流,从上源南盘江的发源地——云南省曲靖市乌蒙山脉的马雄山,到广东省思贤溶。西江流域主要河流有南盘江、红水河、黔浔江、郁江、柳江、桂江、贺江,总面积为 $30.49 \times 10^4 \mathrm{km}^2$,其中西江流域高要站 1957—2007 年年径流量资料分析表明,其径流量呈略减少趋势,年径流量序列存在 10 年、38 年和 48 年的周期性变化(汪丽娜等,2009)。西江流域梧州站 1946—2007 年年径流量总体也呈下降趋势,其中 1946—1954 年、1968—1983 年和 1993—1998 年年径流量偏大,1955—1967 年、1984—1992 年和 1999—2007 年年径流量偏小(朱颖洁等,2010)。

(4)红河流域

元江—红河为中国、越南间的国际河流,发源于云南省巍山彝族回族自治县哀牢山东麓,上游称礼社江,与东支绿汁江在三江口汇合后称元江,流经河口瑶族自治县进入越南后始称红河。红河流经越池和河内,最后分股注入南海的北部湾。从河源至入海口全长 1185 km,流域面积 $15.8 \times 10^4 \mathrm{km}^2$,越池处多年平均流量约 3900 m^3/s,多年平均径流量达 $1230 \times 10^8 \mathrm{m}^3$。对于红河流域而言,近 50 年来,其跨境径流量变化表现出了较大时间尺度的波动,径流量年内分配不均,主要集中在云南雨季开始的 6—11 月份;径流量的年际变化表现出了十分明显的多时间尺度特征,其特征时间尺度约为 2 年、8 年和 17 年;红河的跨境径流量变化与云南干、雨季的降水量场变化之间存在着十分显著的相关关系,但与云南干、雨季的气温场变化之间的相关性不是很显著(赵宁坤等 2006;柏绍光等,2002;任敬等,2007),说明红河的跨境径流量变化主要是由于云南降水量场的变化造成的。

9.2.3 对供需水的影响

20 世纪末以来云南气温持续升高、降水异常偏少,造成了云南地表水资源及地下水资源都出现了明显减少的情况。图 9.4 为 1999—2012 年云南地表水资源总量以及地下水资源总量的变化。可以看出,20 世纪末以来云南的地表水资源及地下水资源呈明显减少趋势,其中地表水资源减少速率大于地下水资源减少速率。特别是 2009—2012 年云南连续 4 年降水偏少,全省各地出现不同程度的严重干旱,造成云南地表及地下水资源减少尤为明显。2009—2012 年云南地表水资源平均较常年减少了 24%,地下水资源平均较常年减少了 22%。水资源总量的减少,加剧了云南供需水紧张局面。

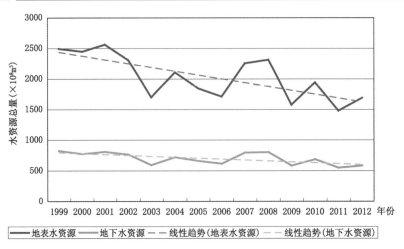

图 9.4　1999—2012 年云南地表水资源总量以及地下水资源总量变化(单位：×10⁸ m³)

一般可供水量包括地表水(调水、引水、蓄水)、浅层地下水和非常规水(处理后污水、回归水和集雨)。气候变化所导致的流量的改变、暴雨的增加以及水温的升高都会最终给水的供需带来重大影响。需水量可以分为四大类：城镇生活与工业需水、农田灌溉需水、生态环境需水以及农村生活用水(谢先红,2007)。灌溉是水资源的最大"消费者",对气候变化尤其敏感。由于气温越来越高、环境越来越干燥,因此,灌溉需水量也在不断增长。

不考虑气候的变化,水资源也正逐渐变得缺乏和昂贵,需水量正随着人口、经济、对河流生态价值的认识和娱乐使用的增长而增长。然而,对生活、工业、农业用水的回收利用,受限于昂贵的经济费用和有限的回收机会,提高用水效率已成为调节水资源供需平衡的主要方法。由于越来越多的人依赖于一种固定的供水机制,加大了旱灾产生的可能性。为了防止洪灾和旱灾,以及处理气候变化带来的一些不确定影响,人们储备了一定量的水,然而由于现在主要的储水设施是水库,近年来由于水库沉积作用引起的损失已超过了重建一座新水库的费用,水库容积减少导致储水量不断下降。

云南水资源虽然相对较丰富,远大于需求量,但是受地形、海拔、水资源时空分布、光热水土资源差异和经济发展等因素的影响,全省范围内资源型、工程型、水质型、管理型等多种缺水形式并存。基于模式预测未来气候变化情景,云南气温升高,降水减少,这将进一步加剧水资源供需矛盾。农业是缺水的主要部门,遇旱则受灾严重。由于云南的耕地多为山坡地,且呈小片散布在山区高处,土层薄瘠,丰富的水资源存在深谷及地下深处,不易使用。未来降水量的减少将增大农业灌溉的压力,同时极端降水事件的增加也会加剧降水量的不均匀分布,对农业的影响较大。工业和城镇生活用水集中区一般位于经济较为发达的地区,如滇中一带,这些地区大多位于盆地内,仅靠近金沙江、南盘江的二、三级支流,为水资源贫乏区,用水主要依靠水库蓄水、区域调水等。因此,合理调度水资源,提供充足的工农业、生活用水是云南社会经济可持续发展的重要保障。

9.3   未来气候变化对云南水资源的可能影响

（1）对农业生产用水的预计影响

农业在云南占重要地位,生产需要耗费大量水资源,气候变化将使云南未来农业生产面临产量波动增大,布局与结构调整、成本与投资增加等问题。此外,气候变化对农业灌溉用水的影响远远大于工业用水和生活用水的影响,尤其在云南未来 10～30 年降水减少、蒸发增加、干旱趋势化严重的情况下,云南农业生产用水预计将更加紧张。

（2）对水资源供需矛盾的影响

在云南未来 10～30 年降水减少、气温升高的背景下,随着径流量的减少、蒸发增大,可能会加重河流原有的污染程度,特别是在枯水季节。同时,河水水温上升,也会促进河流污染物沉积、废弃物分解,进而使水质下降。气候变化将加剧水资源的不稳定性和供需矛盾。尽管由气候变化引起的缺水量小于人口增长及经济发展引起的缺水量,在云南未来干旱加剧的背景下,干旱引起的缺水量将大大加剧云南北部及滇中的缺水形势,并对这些地区的社会经济发展产生严重的负面影响。

（3）对极端水文事件的影响

云南地形复杂,南北、东西跨度较大,自然灾害极为频繁,其中洪涝、干旱最为常见。随着气候变暖,水文过程的加强,洪涝及干旱等极端水文、气象事件发生的频率将增加,由此将面临更为严重的旱洪形势。

总体上,降水与径流量呈非线性正相关关系,气温与径流量呈负相关关系,但径流量的年际和季节的具体变化取决于气温和降水变化的综合情况:冬春季的地表径流量变化趋势更多受气温变化的影响,夏秋季则基本与降水变化趋势一致。根据云南未来 10～30 年的趋势预测,暖冬和雨季降水的减少,极端天气气候事件的增多,将使云南面临更加严重的干旱洪涝趋势,极端水文事件频次将增加,负面影响的程度也将增加。

9.4   云南水资源对气候变化的适应对策建议

9.4.1   强化水资源统一规划与管理,实现水资源优化配置

资源优化配置是实现水资源可持续利用的技术手段,而水资源统一规划与管理则是实现水资源优化配置的前提和基础。深化水资源管理体制改革,提高机构管理效能,建立现代化的水资源管理体制,强化水资源的统一管理和保护,建立适应气候变化和水资源可持续利用的水行政管理机制,形成建立水权和水市场管理的基本制度,制定和完善有关法律、法规和政策体系,以法管水。

为了更有效地开发利用水资源,云南应建立科学管理水资源的机制,设立省、各功能区、地方政府三级共同负责管理水资源的机构,分别赋予不同的职责,避免“多头”管理局面。由各级主管部门制定系统全面的水资源管理法律法规体系,确保有法可依,执法必严,违法必究,保证水资源法律法规的贯彻执行。根据各功能区内水资源管理的重点进行技术改造;在优化开发

区内主要进行污水处理和水循环利用,在重点开发区内主要进行对七大高原湖泊的水质治理工作,在限制开发区和禁止开发区内主要发展农业节水技术和水资源开发利用方式的多样性,科学管理水资源,有效利用水资源。同时按照水资源的特征,把城市和农村、地表水和地下水、水量和水质、开发和保护纳入统一管理体系,并采用经济手段、法律手段和辅以行政办法,促进水资源的合理利用与保护(李禾等,2008)。

气候变暖最直接的影响是农田灌溉需水量增长、生态用水消耗量加大和生活用水及工业用水等相继递增。采用经济手段,通过价格机制完善水资源市场的合理配置是调节部门之间、上下游以及缺水地区用水竞争及供需矛盾,建设节水型社会的重要手段。水的经济、社会及环境价值可用经济方法根据获取水资源需要投入的成本定量地算出。当水资源数量减少时,其价值和重要性增加,这时如何将水供给最有价值的用户以取得最大的净社会效益,对稳定社会、保持社会经济的可持续发展都是十分重要的(刘春蓁,2000)。

将市场机制引入到水资源的开发利用和管理中,可采取以下做法:一是可适当开放水权市场。在某一地区内用水额度可以自由交易,使每个用水户主动地参与到用水的管理当中,提高他们的节水意识。二是进一步完善水价制度。根据不同地区的丰水期、枯水期以及不同时期水资源的全成本收回原则,制定出全成本水价。此外,要根据用水量、水质的不同,实现水资源费阶梯征收、超额翻倍的调控措施,确保价格对水资源利用率的激励作用,早日做到以水养水。三是在市场条件成熟的地区可选为试点单位开放水权、水市场,用市场机制来鼓励节约用水。总而言之,应该不断探索,充分利用市场杠杆,对水资源进行适当调配,有效利用当地水资源,为社会经济发展做出贡献(李禾等,2008)。

9.4.2 提高节水意识,建设节水型社会

节水是指采取现实可行的综合措施,减少水资源的损失和浪费,提供用水效率与效益,合理、高效利用水资源,提高水资源承载能力。节水型社会就是人们在生活和生产过程中,在水资源开发利用的各个环节,贯穿对水资源的节约和保护意识,以完备的管理体制,运行机制和法制体系为保障,在政府、用水单位和公众的共同参与下,通过法律、行政、经济、技术和工程等措施,结合社会经济结构的调整,实现全社会用水在生产和消费上的高效合理,保持区域经济社会的可持续发展(气候变化国家评估报告,2007)。

对水资源的不可持续利用主要表现在对水资源的浪费上,特别是在限制开发区和禁止开发区的水资源浪费现象极为严重,用水效率仅为 $4\%\sim5\%$,人均用水量达 $370\sim533$ m³,单位 GDP 用水量均超过 1000 m³/万元,农田灌溉定额达 $8355\sim9885659$ m³/hm²,均高于全省平均水平。由于这些地区大多处云南省边缘地区,人少地多,经济和技术发展水平落后;GDP 总量小,高附加值产品少,以致单位 GDP 用水量高出全省平均水平的 $1.61\sim2.57$ 倍。这些地区土地资源丰富,种植业以水稻和甘蔗等高耗水作物为主,灌溉粗放,用水定额呈增长趋势;产业结构单一,工业发展水平落后,用水效率低。而一般优化开发区和重点开发地处全省中心地段,人多地少,经济和科技水平较高,产业结构合理,发展水平先进,高附加值产业多,节水水平较高,水资源浪费现象有所缓解(李禾等,2008)。

在对不同区域水资源进行发展规划时,应加大水资源因素的权重,以水资源的可持续利用为目标。如在水资源缺乏的优化开发区就要选用耐旱高产的农作物品种,推广先进的耕作方

式和农技措施;发展低耗水工业,提供水的重复利用率;对工业污水要进行回收利用,使污水资源化,提高污水的回用率。在水资源相对丰富的限制开发区和禁止开发区,要合理地利用水资源,大力发展水利工程,开发水能资源。

应加大农业节水设备研制的资金投入,使用不同级别适应不同地形状况的农业灌溉设施,逐步改变传统落后的灌溉方式,实施农业高效灌溉技术,提高农业利用率和水分生产率。工业用水和生活用水方面,应加快供水设施改造,实现不同途径的用水和对水质要求不同的用水的分开供水;鼓励和推广生活节水设备,减少浪费,提高水资源的重复利用率(张学波等,2006)。多层次、多渠道、多形式地筹措水利建设基金,保证水资源工程建设与我国国民经济和社会发展的同步。通过修建与社会、经济发展状况相适应的防洪、发电、航运、除涝、水土保持等工程设施,兴利除弊,充分发挥水资源的综合利用效率。

9.4.3　加强水利基础设施建设,增强防洪抗旱能力

云南水量相对丰富,但时空分布不均匀,随着社会经济不断发展和气候变化带来的影响,水文、气象极端事件有可能愈加严重,因此,继续加强水利枢纽工程建设,完善工程措施和非工程措施相结合的综合防洪体系,加快主要江河堤防达标建设,使重点河段的防洪标准进一步提高,尽快完成大中型和重点小型病险水库除险加固,提高区域防洪和兴利能力。加快建成工程措施和非工程措施相结合的防灾减灾体系,加强重点城镇防洪工程建设,基本建成重要城镇的防洪体系;加快重点中小河流域治理及山洪灾害防治,加强山洪灾害防治和易灾地区水土保持,完善水文基础设施和预警预报系统,提高综合防灾能力。加强重点河道整治和地震灾区堰塞湖的疏浚,提高行洪能力。加强应急水源建设和水资源调度,优先布局和安排旱涝灾害严重地区的水利工程项目,利用水库、河堤等流域防洪工程体系,采用优化调度等非工程措施将洪水拦蓄应用,实现雨水(洪水)资源化,在山区利用小水库、小塘坝、小水窖等汇集雨水径流量,提高雨水利用率。从战略的高度,做好供水安全储备工作,深入开展山洪地质灾害调查评价,完善监测预警体系,加快搬迁避让和重点治理,提高山洪地质灾害综合防治能力;完成防汛抗旱指挥系统建设。切实避免水库汛前“有水不能蓄”,汛后“欲蓄无水”的被动局面,有效地预防特大干旱和突发洪水事件,保证流域社会经济可持续发展,确保用水安全。

9.4.4　提高地表涵养水资源的能力

由于云南山地坡度陡,水流势能大,水蚀能力强,地表生态系统自我调节能力弱,生态系统极为脆弱,经济发展容易使地表植被破坏,水源涵养能力减弱,水土流失不断加剧,湖泊河流淤积、富氧化日益严重,生态环境不断恶化。要改善云南水资源环境的恶劣情况,应该大力开展水土保持工作,改善水生态环境,提高地表涵养水资源的能力。涵养水源是被誉为“大自然总调度室”——森林的五大功能之一,是大自然的天然绿色水库,林下生长的地表植被具有减缓降水流速、增加下渗、补充地下水资源的功效,而且还有固定土壤防止水土流失发生的水土保持作用。因此,对于山地遍布的云南省,必须严格执行山体坡度大于$25°$的坡地严禁农耕的政策,加大封山育林植树造林工作的力度,提高植被覆盖率,改善生态环境,增加有效水资源量,减少山地面源水土流失对江河湖库的污染和淤积。水土保持工作在具体实施上,以国家“长治”工程为重点,建设一批高标准、高质量、大规模、综合型、达到国家级示范标准的示范州、示

范县和示范小流域,带动全省工作的开展(张学波等,2006)。

保护水源是防止水体污染扩大、污染程度加深的前提和基础,云南省的防污治污工作也要坚持"以防为主,防治结合,谁污染谁治理"的方针,健全法律法规,依法治水,并对不同的污染源、污染水体实行不同的防治措施,保证已污染水源的蓄水调节,防止新污染水体的出现,不断改善水生态环境。首先,改变经济发展模式,取缔或减少排污大的工业企业,鼓励和发展污染少的高新技术产业。其次,在工业方面,健全污水监测系统,对排污企业定期检查,大力推行清洁生产,实现从末端治理为主向以源头治理为主的治理过程的转变。再次,农业生产方面,防止面源污染如农村生活垃圾、生活污水、作物秸秆等固体废弃物污染及生产废水、农药化肥的污染,推广绿色农业。第四,建设集体性污水处理设施,控制水污染并实行净化水的重复利用,提供水资源经济价值的转换率。第五,特别污染水体特别对待,如滇池,以不断改善湖底淤积污染环境为指导思想,通过减污增容的方法逐步改变水质(张学波等,2006)。

9.4.5 开展人工增雨作业,科学有效地开发空中水资源

实践证明,人工增雨是开发利用空中水资源、增加水资源供给量的有效措施。过去的经验表明,人工增雨能够在缓解旱情、预防和扑救森林火灾等方面发挥重大作用,应大力加强。

云南大气中含有丰富水汽资源,可通过现代人工影响天气技术手段,实施规模化科学人工增雨作业,开发利用空中云水资源,提高大气降水效率,增加区域降水量,进而增加地表水和补充地下水,获得更多的可利用水资源总量,以缓解关键时期工农业及生活用水的紧张局面。通过科学调整和布局地面作业网,显著提升云南地面人工增雨防雹作业能力,有效消除农经作物主产区地面增雨防雹作业的盲区,形成空地结合、点面结合、动静结合的人工影响天气作业体系,实现立体作业。

第 10 章　气候变化对云南生态系统和生物多样性的影响与适应

摘要:云南是我国生态系统类型和生物多样性种类最丰富的地区,保存了许多珍稀、特有或古老的类群,是我国生物多样性重要类群分布最为集中、并具有国际意义的陆地生物多样性关键地区之一。气候变化对云南的森林、草地、湿地、湖泊、河流生态系统和生物多样性以及濒危动植物已经产生了可以辨识的影响:植物物候期延长,受极端灾害影响加重;林木空间分布迁移破坏树种生境、林线上升,导致树种灭绝;森林火灾和病虫害加剧;草地退化加剧,草场面积减少,草地生产力随温度、降水变化而有地域差异;湿地面积萎缩,生境破坏,栖息在湿地的动植物数量减少;高原湖泊、河流的水面面积缩减,生产力下降,枯水期延长,导致物种消失;水体富营养化加剧导致污染,加速了水生动植物死亡;珍稀濒危动物、植物和微生物的生境和栖息地遭到严重破坏;气候变暖和外来物种入侵也加速了本地物种的灭绝。预计未来的气候变化将继续对云南的生态系统和生物多样性产生更深远影响,包括对物种分布范围、多样性和丰富度、栖息地、生态系统及景观多样性、有害生物及遗传多样性等,并产生使生物的自然地理地带向北、向高海拔推移的趋势。

为减缓和适应气候变化对云南生态系统和生物多样性的影响,提出以下适应对策建议:①完善生态系统及生物多样性保护的相关法律、法规;加大投资,提高自然保护区的建设力度和运行能力。②建立生物多样性监测系统,加大对气候因子的监测,建立动态监测网络,构建气候变化对云南生物多样性的影响评估方法和模型。③开展深入的气候变化影响科学研究,为生物多样性保护提供理论依据。④开展生态系统恢复重建,为珍稀濒危动植物提供更丰富的生存空间。

10.1　云南生态系统和生物多样性概况

云南生态系统类型的多样化,堪称是世界生态系统类型的缩影。全境涵盖了从热带、温带到寒带,从水生、湿润、半湿润、半干旱到干旱,从自养到异养的各种生物种类和生态类型。云南生态系统的特有性非常明显,由于其生态环境的复杂、多样,植物类群分化发展激烈,形成了众多的地区特有属和特有种,尤其是滇西北横断山区、干热河谷地区、滇东南岩溶地区及迎东南季风的热带山地,植物特有属和特有种相对集中,其中有不少种类是云南植被有关类型的建群种、优势种或标志种。沿着云南六大水系河谷,可以见到较大面积的"河谷型萨王纳植物群落"、"河谷型马基植物群落",为我国特有的植被类型。云南动物类群的情况也类似植物,从而形成许多特有的生态系统。

云南境内生态系统可分为陆生(地)生态系统和水生(域)生态系统两大类。其中陆生生态

系统几乎包含了地球上所有的陆生生态系统类型,包括森林生态系统、草地生态系统、湿地生态系统等。森林生态系统包含热带雨林、季雨林、季风常绿阔叶林、思茅松林、半湿润常绿阔叶林、云南松林、温带针叶林、寒温性针叶林等多种森林植被类型,其分布特点为,既有水平(纬度)上分布,又有垂直变化,具有明显的独特性。草地生态系统类型多样,分布广泛,主要分为高寒草甸、沼泽化草甸和寒温草甸 3 个生态系统类型,其中,还有与热带草原即稀树草原外观极为相似的"稀树灌木草丛"。云南水生生态系统有河流生态系统和湖泊生态系统。金沙江、澜沧江、怒江、依洛瓦底江、元江和南盘江 6 大水系构筑了云南淡水生态系统的基本框架,而以滇池、洱海、抚仙湖、异龙湖和泸沽湖等九大高原湖为代表的云南高原湖泊,反映了中国淡水生态系统的一些特殊性。云南水生植被按其生存习性又分为挺水植物、浮叶植物、沉水植物和飘浮植物等 4 种类型。水生动物方面,浮游动物、底栖动物和鱼类资源也都非常丰富(程建刚等,2010)。

生物多样性是地球上的生命有机体经过几十亿年发展进化过程的结果,是地球生命的基础,人类的发展归根结底也要依赖于自然界中多种多样的生物。根据国际《生物多样性公约》的中文文本定义,"生物多样性"是指所有来源的活的生物体中的变异性,这些来源包括陆地、海洋和其他水生生态系统及其所构成的生态综合体的多样化程度:这包括物种内、物种之间和生态系统的多样性。气候变化对生物多样性的影响主要包括:气候变化下物种分布范围缩小、破碎化和栖息地散失,物种多样性和丰富度降低,有害生物范围扩大、危害增加,物种脆弱性增加,灭绝速率加快,水源和食物短缺,生态系统及景观多样性下降,植被群落逆向演替,生态系统关键种改变,遗传资源散失等。

云南是中国乃至世界上生物多样性最为丰富的地区之一,这里丰富的生物多样性已经受到了极大的关注,被认为是世界上三个生物多样性热点地区的核心区域,即喜马拉雅地区、中国西南山地区、印度—马来西亚区三区的交汇带(Thorn 等,2009)。云南在 4%的国土面积上栖息着我国 50%以上的动植物种类和 70%以上的微生物种类,并囊括我国绝大多数生物群落类型,自然保护区数量占全国的 1/9(段昌群,2003)。作为我国境内生物多样性最丰富和最完整的省份,在独特的气候特点、复杂的地质地貌条件和丰富多样的人文因素共同影响下,形成了适合多种生物生存繁衍的独特生境,为该区生物多样性发展提供了有利的自然条件,孕育了该区丰富的生物资源。云南的生物资源呈现出种类数量多、珍稀濒危种类多、种质资源品种多、近缘及可替代种类多、特有及优良品种多、有开发价值的种类多的特点。云南作为举世瞩目的"生物基因宝库",储备着巨大的种质遗传资源,保护好这些未来世界最重要的战略资源,关系着我国的种质遗传资源的安全。

云南境内森林分布广泛,而且发育了从寒温性到热性的各类森林生态系统,作为多种植物区系的荟萃之地,同时也是森林资源树种的物种基因库和全球单位面积裸子植物最丰富的地区、维管植物分布最丰富的地区,云南的森林生态多样性在全国名列前茅。云南植被类型包括 12 个植被型(热带雨林、季雨林、常绿阔叶林、硬叶常绿阔叶林、落叶阔叶林、暖性针叶林、温性针叶林、竹林、稀树灌木草丛、灌丛、草甸、湿地植被)、34 个植被亚型、445 个群系和数量众多的植物群丛,境内高等植物达 18340 多种,占全国总数的 55%,其中苔藓植物(1658 种)和蕨类植物(1500 种)所占比例最高,分别为全国的 56.9%和 57.7%。《云南植物志》中给出了更明确的记录,截至 2006 年全部出版完毕时,共记录高等植物 433 科 2 980 属,占中国高等植物的半数以上,居全国第一位。其中,苔藓植物有 109 科 439 属,蕨类植物有 60 科 205 属,裸子植物有 11 科 33 属(116 种),被子植物有 253 科 2303 属(15241 种),被列为《国家重点保护野生植物名录(第一批)》的有 144 种,占全国的 46.3%。云南省植物多样性最丰富的县是玉龙县,共有高等植物 4358 种;其次分别为贡山县(3981 种)、香格里拉县(3874 种);3000 种以上的地区包括滇西北的古城区和玉龙县、德钦、维西以及滇南的勐腊、景洪;物种数在 1000 种以下的县共有 51 个,这些县主要集中在云南中部和东部(陈丽等,2013)。

云南蕴藏了大量珍贵的遗传基因多样性,特别是许多经济价值高、利用范围广的栽培植物与家养动物,都能在云南找到其野生类型或近缘种。云南农业栽培作物、特色经济林木、畜禽等物种遗传种质资源丰富,有农作物及其野生近缘种植物数千种,其中栽培植物约 1000 种、主要栽培植物 500 余种,200 多种起源于云南,占全国的 80%,是世界栽培稻、荞麦、茶、甘蔗等作物的起源地和多样性中心,我国共有的 3 种野生稻(普通野生稻、疣粒野生稻和药用野生稻),均分布于云南南部至西南部的边缘热带地区。全省核桃、板栗等特色经济林果种类 100 多种。药用植物 6157 种,占全国总数的 55.4%,位居全国之首。地方畜禽品种约 172 个,种质特性各异,45 个品种被《云南省畜禽品种志》收录。

植被类型的复杂既是生物多样性复杂的表现,又是形成植物物种、动物、真菌、微生物的生物多样性的基础。作为生物多样性研究的热点区域,云南也是我国野生生物种类和生态系统最丰富的地区。境内保存了许多珍稀、特有或古老的生物类群,是我国生物多样性重要类群分布最为集中,并具有国际意义的生物多样性关键地区之一。全省各种动植物种数均接近或超过全国动植种数的一半以上(表 10.1),其中高等脊椎动物 1972 种,占全国总数的 52.8%;其次是鸟类(848 种)、哺乳类(305 种)、鱼类(522 种);爬行类(174 种)、两栖类(123 种)居后,但总体均超过 40%;物种总数中 30% 以上的动植物类群为新分类类群,为全国之冠。云南分布有 234 种国家重点保护动物,占全国的 72.5%。得天独厚的自然条件为物种栖息、生长、繁衍提供了多样化的生境,生物物种种类及特有类群之多居全国之首,其生物多样性地位在全国乃至全世界均占有重要的地位。

表 10.1　云南与全国和世界物种多样性比较

类群	云南种数	全国种数	世界种数	云南占全国总种数(%)	云南占世界总种数(%)
兽类	305	607	4181	50.1	7.3
鸟类	848	1244	9040	65.1	9.0
爬行类	174	376	6300	45.2	2.7
两栖类	123	284	4010	42.3	3.0
昆虫类	13000	51000	920000	25.5	1.4
龟类	432	3862	21400	43.2	2.0
被子植物	13160	30000	260000	43.9	5.1
裸子植物	100	270	900	37.0	11.1
蕨类植物	1500	2600	12000	57.7	12.5
苔藓植物	1658	2900	23000	56.9	7.2
淡水藻类	800	9000	25000	8.9	0.3
竹类植物	250	500	1000	50.0	25.0

10.2 气候变化对云南生态系统影响的观测事实

气候变化对生态系统的影响体现在不同的时空尺度上,通过影响生物的生理过程、种间相互作用,甚至改变物种的遗传特性,从而影响整个生态系统的种类组成、结构和功能。高原地区是气候变化的敏感区和启动区,气候变化的微小波动都会对高原地区的生态系统产生强烈的影响(Klein 等,2004;姚檀栋等,2000)。广泛的定位观测和样地试验为了解陆地生态系统在减缓或加剧气候变化的过程提供了一定的实验证据。一方面,气候变化对生态系统组成和结构产生影响。生态系统的种类组成会随气候变化而发生显著的改变,而不同物种对气候变化的反应也有很大的差异。首先,种类组成的改变会导致生态系统结构的变化;其次,气候变化可以通过改变植物的死亡率以及随后的幼苗生长而影响着陆地生态系统结构;另外,由于不同植物种类的生长率、抗干扰能力以及对气候变化的反应很不同,某一地区或更大范围内的植被不可能以单一整体发生变化。另一方面,生态系统对气候变化具有反馈作用。表现在陆地生态系统调节大气成分,改变水文条件、热量平衡、云层分布;水生生态系统改变全球碳素循环以及其他无机物和矿质元素的流通;湿地生态系统改变各种营养元素循环、水分调配及气体成分,不同生态系统都以独特的方式反馈气候变化对其产生的影响(林万涛,2005)。

尽管气候变化的原因存在不确定性,但气候变化对生态系统已造成并将继续产生显著影响已经形成广泛共识。全球气候变化特别是温度升高和 CO_2 浓度增加情景下,生态系统将受到严重的影响,系统结构、成分、空间格局和分布范围以及生态系统功能、生产力都将发生变化。此外,气候变化还会使得部分物种的适生面积缩小,一些生态系统干旱出现频率加大,荒漠化趋势加重,脆弱性增加等。气候变化对云南生态系统和生物多样性的影响已经被许多研究记录所证实。

10.2.1 气候变化对云南森林生态系统的影响

森林生态系统是地球陆地生态系统的主体,它具有很高的生物生产力和生物量以及丰富的生物多样性,对维持生物圈的稳定,维护生命系统的功能平稳发展具有举足轻重的作用,气候变化将显著地影响森林生态系统服务的供给水平和质量。从已有研究成果来看,云南不同森林生态系统受气候变化影响的总体表现为:寒温带针叶林南界北退、抬升明显,温带针阔混交林向北移动,亚热带常绿林北界北进,地理分布上整体呈现北界向北、向更高海拔移动,高山林线上升;林木春季物候期提前,秋季物候期推迟,生长季延长;净初级生产力不同程度的增加,原生林面积有所减少;森林火险期提前到来、推迟结束,火险期总体延长,森林火灾隐患增大,火灾发生频率增高;林木病虫害种类增多,面积扩大,影响加重。

10.2.1.1 气候变化对森林物候的影响

植物物候是指植物受生物因子和非生物因子(如气候、水文、土壤等)影响而出现的以年为周期的自然现象,它包括植物的发芽、展叶、开花、叶变色、落叶等现象。物候是监测气候对植被影响的优秀仪器(陆佩玲等,2006;宋富强等,2010),已经开展的长期物候变化研究获得了比较一致的研究成果:20 世纪内的全球气候变暖对许多动植物的物候已经产生了明显的影响,主要表现在植物春季物候,如萌芽、开花、展叶期提前;秋季物候,如叶片变色、落叶期等推迟,生长季延长。实况过程研究也表明,在进入 21 世纪以后,云南大部就开始出现了明显的夏季变长、冬季缩短的现象,而更高海拔从 1980 年开始就有这个现象产生,当地植被的早春和晚春物候均有推迟的趋势(郑景云等,2003;郁珍艳等,2011)。在西双版纳,物候期内更加频繁出现的极端天气(尤其是极端低温)往往对热带植物造成严重损伤,如光合系统损伤、寒斑、停止开花,甚至死亡(姜艳娟,2008)。当地大多数植物,尤其是引种植物也都表现出了物候变化的趋势,气温的上升在其中起着重要的作用。植物生长季延长,但花期缩短,降低了传粉成功率,从而影响植物的正常繁殖(Zhao 等,2013)。云南河口地区具有一个独特的植胶环境,通过对近55 年的地面气象观测资料和近 20 次的橡胶寒害资料分析,虽然全球气候变暖有可能会给热带作物带来更好的温度条件,但也存在很多不利的影响因子。各种自然灾害可能会频繁出现,也不排除低温寒害影响,尤其是在云南这一特殊的植胶环境条件下,抗寒植胶越来越成为不容忽视的问题(王树明等,2011)。

10.2.1.2　气候变化对云南森林分布的影响

每一种植物对于气候变化都有一个适应(容忍)范围,我们称之为"气候适应区间"。在这个区间内,植物可以生存,而离开了这个区间则很可能死去。由于气候变化,植物的这个适应区间在地球表面不断移动,为了能一直待在这个适应区间内,植物也必须随之移动。气温的升高,一方面使植被生长期增加,植被生长空间得到拓展;另一方面也会加剧植被对水的需求。如果此种状况下某一区域降水量出现减少趋势,则在气温升高的同时,亦将出现植被覆盖退化的现象。随着全球变暖趋势的扩展和加深,云南的森林生态系统空间分布将发生迁移,总的来说,生长在低纬度的热带雨林将侵入目前亚热带和温带地区,并且向更高海拔地区扩展,雨林和季雨林的面积进而增加;温带森林则将向北和向更高海拔方向迁移,面积总体将呈下降趋势。温带落叶阔叶林面积扩大,南部的森林类型取代北部的森林类型;高寒草甸被稀树草原和常绿针叶林取代,森林总面积增加(潘愉德等,2001;赵茂盛等,2002)。同时,气候变化也影响和干扰群落的恢复过程,区域气候变化已经导致热带森林生态系统的群落次生演替恢复速度降低,而且增加了次生林演替过程中的树木死亡率(臧润国等,2008)。

树木年轮对气候变化的响应是树轮生态学研究的重要内容之一。树木年轮资料被广泛用于探究限制树木生长的主要气候因子和重建区域气候因子的研究中,在揭示气候变化规律及机理研究中发挥着重要作用。研究表明,丽江玉龙雪山的丽江云杉(*Picea likiangensis*)与云南铁杉(*Tsuga dumosa*)的径向生长与气候因子之间存在一定的相关关系,丽江云杉的径向生长与温度升高在 1990—2008 年间存在一定的分离现象,即对气候变化产生了不同的响应(Guo 等,2009;赵志江等,2012)。云冷杉林是珍稀濒危动物滇金丝猴的重要栖息生境,通过对滇西北云冷杉林群落建立年轮和气候关系的基础上分析发现:云冷杉林向北部的山坡迁移,在山地生态系统中物种向高海拔移动造成了森林面积的减少,群落的前沿前进了 34.3 m,而在后沿则后退了 97.8m,森林面积的范围减少了 13.6%~25.9%,森林面积在 21 世纪减少了16.4%~38.6%。如果以这样的变化速度,大约有 60% 的云冷杉林会在 21 世纪消失(Wong等,2009)。

高山林线是气候变化的最敏感区之一,林线位置的变化与气候变化直接相关,气候变暖会使山地各植被带逐渐上移,最终可能导致原有的高山带生境缩小或消失。已观测到的数据和相关研究结果表明,气候变化已经使一些类型的森林分布出现了空间转移,一些地区的林线海

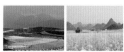

拔正逐步升高。云南的干旱、河谷地区,因气候变暖而引起灌丛侵入到高山草甸,林线海拔升高大约每 10 年上移 8.5 m(朱建华等,2009)。相同的研究也表明,在云南西北部的干旱河谷地区,通过对 1868—1949 年间有关干旱河谷植被的历史资料和 10 幅清晰反映干旱河谷植被范围和状况的照片,与 2001—2005 年间相同地区和范围的植被现状以及 10 幅与上述照片取景完全相同的重复照片的比较,发现虽然植被的总体格局变化不大,但仍因气候变暖而引起冰川退缩,灌木种类入侵到高山草甸,林线海拔高度增加,并得到大约每 10 年上移 8.5 m 的结论(Moseley,2006)。

10.2.1.3 气候变化对森林灾害的影响

气候的波动可能会对森林生态系统的能量分配产生重要影响。如干旱将会导致森林结构、生态系统生产力的变化,从而又反馈到区域气候变化。近年来云南遭遇连续干旱,导致动植物生境质量下降,部分珍稀濒危物种生存受到威胁。2010 年全省约 $50 \times 10^4 hm^2$ 自然保护区受到干旱的影响,其中重旱面积约 6700 hm^2,植物开花结实率降低,重点保护植物有 23 种约 10 万株死亡。极端干旱显著降低了热带雨林的自组织能力,使森林生态系统变得脆弱,从而增大树木死亡的可能性(Song 等,2013)。

森林火灾的发生与风速、气温年较差、平均气温有着显著相关性。风速是制约林火蔓延速度、林火强度、过火面积和扑救难易程度的决定性因素;风速大则空气乱流强,很容易发生火旋风和飞火,火向上空窜,地表就易发展成为树冠火,增加扑救难度,所以风速对森林火灾的发生有着重要的作用;最高温度通过影响林火的发生发展来反映其对森林过火面积的影响,在一定程度上,温度越高,过火面积将越大。气候增暖使林火频率增加,进而影响森林的树种组成和结构(程肖侠等,2007)。气候变化引起干旱天气的强度和频率增加,森林生态系统内的可燃物积累多,防火期明显延长,早春火和夏季森林火灾多发,林火发生地理分布区扩大,加剧了森林火灾发生的频度和强度。气候变化对林火的影响已经初步显现出来,特别是干暖化趋势明显,干季持续高温干旱,使干旱发生频率增加。同时,气候变化引起的极端天气气候事件会导致林木大量折断和死亡,火险增加。云南是我国林火的多发区和重灾区,据云南森林防火数据,1951—2000 年,云南年均发生林火 2674 起,年均烧毁森林面积 $11.85 \times 10^4 hm^2$。1957—2007 年,云南森林火险状况从总体状况上看,森林火险状况的周期性变化趋势明显,在周期性变化的同时呈缓慢上升趋势,表现为 1991—2007 年火险状况比 1961—1990 年更加严峻,极端天气气候事件的频发,加大了云南极端高温干旱地区森林火灾频发及发生重特大森林火灾的可能性(赵凤君等,2009)。近年来频繁出现的极端干旱致使云南森林内易燃可燃物的径级和数量增多,也大大提高了火险的隐患(李丽琴等,2010)。

对病虫害影响较大的气象因子主要有气温、湿度、降水和风。森林病虫害的发生、发展和流行要求一定的温度范围,在适宜的温度范围内有利于病虫害的发生流行;雨、湿条件是病害流行的主导因子,湿度升高有利于大多数病菌的繁殖和扩散,同时湿度与害虫的存活率、数量、甚至与体重的变化有着密切的关系;风不仅影响真菌孢子的释放、传播,而且能制造伤口,为病菌侵染创造条件,风还是影响昆虫迁飞扩散的重要因子。气候变暖和极端天气气候事件的增加,使我国森林病虫害分布区系向北扩大,森林病虫害发生期提前,世代数增加,发生周期缩短,发生范围和危害程度加大,并促进了外来入侵病虫害的扩展和危害。近年来,以极端异常气候过程为主要诱因,病虫害发生面积进一步扩大。2007 年全国森林病虫害发生面积达

1253.33×10^{4}hm^2,创历史新高。统计分析 1961—2001 年的历史资料表明,冬季温度偏高的年份,病虫害发生严重,其线性相关关系极为显著(赵铁良等,2003)。

由于云南人工造林树种单一,且在气候变暖背景下形成的新的脆弱的森林生态系统对病虫害没有较强的防御能力,加之高温、强降水和风速减小对林业病虫害在局地的危害加大,所以未来云南的森林病虫害将会呈多发态势。过去很少发生病虫害的云贵高原近年来病虫害频发,云南迪庆地区海拔 3 800~4 000 m 冷杉林内的高山小毛虫近年来已猖獗成灾。目前云南发生严重能够成灾的病虫已由 20 世纪 80 年代的 98 种增加到现今的 265 种左右,其中有些是由外地陆续传入的。过去危害比较重的松毛虫、天牛等至今仍未得到较好的控制。

10.2.2 气候变化对云南草地生态系统的影响

草地生态系统作为陆地生态系统的重要组成部分,在全球物质循环和能量转化过程中发挥着巨大的作用。云南的草地主要分布在较高海拔地区,主要可分草甸和草丛 2 大类,而草甸又分高寒草甸、沼泽化草甸和寒温草甸;草丛则是次生植被,是灌草丛退化的结果。云南现有草地面积 7.43×10^{4}km^2(全国 331.41×10^{4}km^2),地上生物量总量达 5.18TgC(草地生物量单位为碳(gC),1TgC=10^{12}gC),地下生物量总量达 24.75TgC,总生物量为 29.93TgC,占全国的 3%。由于气候变化和过度放牧,云南草地生态系统已经出现了严重的退化,达到退化标准的草场有 1277.15×10^{4}hm^2,其中 15.34% 为严重退化。

草地是受气候变化和人类活动影响最为严重的生态系统之一,其脆弱的生态环境对气候变化与环境变化的影响非常敏感(周萍等,2009)。气候变化将可能导致草地生态系统的物种组成、群落演替和生物多样性等遭受长期的潜在威胁,还可能增加草地生产力时空分布格局和功能演变的不确定性。在全球气候变暖的大背景下,云南草地生态系统出现干旱的概率增加、持续时间变长,土壤肥力下降,生产力降低。草地土壤蒸发量远大于降水补给量,草地净初级生产力受到严重影响,年际波动越发明显,春季干旱加剧,草地产草量和质量下降,劣等牧草、杂草和毒草的比例增大,导致草地的生产力下降。

温度升高可延长草的生长期,增加生长季积温,提高光合作用效率,从而提高草地生产力。根据气候变化模拟研究,气候变暖将导致草地生态系统的地上最大生物量增加。但当气候变化导致的高温、干旱等极端天气出现的时候,这种促进作用将不复存在,转而起着抑制和损伤作用。同时,气温升高导致天然草场土壤水分的蒸散增强,使草地旱情加重并趋于频繁;过高的温度使牧草旺长,生育期缩短,营养成分降低,对草地生态系统食物链也是严重的破坏。另外,冬春季气温升高也会使草地生态系统的病虫害加重,破坏草地生态系统和生物多样性。研究表明,全球气候变化使草原区干旱出现的概率加大,持续时间延长;草地土壤侵蚀危害加重,土地肥力降低;草地在干旱气候、荒漠化、盐碱化的作用下,草地净初级生产力(NPP)下降。已观测到的事实:气候变化产生的干旱导致云南的高原水体水位下降、河川径流量减小,入湖水量亏缺,致使周边的草场退化、沙化。在高原干旱、半干旱牧业区,气候变暖加剧草地水分的散失,牧草的生长发育受阻,产草量下降,同时,优良牧草在草场中的比例下降,杂类草的数量和比例上升,草场呈退化演替态势(张钛仁,2007)。

气候干旱化是造成水资源短缺和草场退化、土地沙漠化及水土流失等生态环境问题的重要原因。近 30 年来的气候变化呈气温升高、降水略有减少、蒸发增大的干旱化趋势,在不合理

的人类社会经济活动和气候干旱化的共同作用下,导致三江并流地区水资源短缺和生态环境的荒漠化趋势。云南三江并流地区主要植被、高寒草原和高寒草甸退化率在不断提高。过去总面积达 13 km² 的依拉草原,现在已被"狼毒"占去 1/4 的面积;牛羊可以吃的牧草在不断减少,周围的山峰从原来的树木丛生变成现在只剩少许灌木丛;土地出现严重荒漠化和沙漠化,表现最为明显的是维西立地坪,从原来繁茂的森林变成现在光秃秃的荒坡,严重破坏了当地的草地生态系统的健康和生物多样性。

10.2.3　气候变化对云南湿地生态系统的影响

湿地是介于水陆之间具有独特水文、土壤、生物特征的过渡性生态系统。湿地作为一种区域生态系统,不仅在维持生态平衡中起着重要作用,而且具有多种生态服务功能。湿地生态系统是众多生态系统中价值最高的一种,据联合国环境署 2002 年的权威研究数据表明,1 hm² 湿地生态系统每年创造的价值高达 1.4 万美元,是热带雨林的 7 倍,是农田生态系统的 160 倍。湿地在蓄洪防旱、调节气候、控制土壤侵蚀、促淤造陆、降解环境污染物、维持生物多样性、为湿地生物提供栖息地以及为人类提供生物资源、生态景观等方面起着极其重要的作用。据统计,云南共有湿地面积 417.80×10⁴ hm²,占国土面积的 10.9%,其中天然湿地面积 105.81×10⁴ hm²,占湿地总面积的 25.32%,占云南土地总面积的 2.27%。高原湖泊是云南境内湿地的主要类型,全省共有大小湖泊 40 多个,湖泊水面面积约 1100 km²,总蓄水量约 290×10⁸ m³,集水面积 9000 多 km²,占云南总面积的 2.28%。

气候变化通过改变全球水文循环的现状而引起水资源在时空上的重新分布,导致大气降水的形式和量级发生变化,对湿地生态系统的水文过程产生重要影响;同时,气候变化对气温、辐射、风速以及干旱洪涝等极端水文事件发生频率和强度造成直接影响,从而改变湿地蒸发、径流量、水位、水文周期等关键水文过程,对湿地生态系统的结构和功能产生深远的影响。

湿地与气候变化之间的关系可简要概括为以下几个方面:气候变化对湿地的物质循环、能量流动及湿地动植物等产生重大影响,改变湿地分布、湿地生态系统的结构和一系列生态系统服务功能;湿地生态系统可构筑一道防御自然灾害的屏障,提高应对气候变化消极影响的能力,如抵御风暴潮、洪灾、旱灾等,特别是海岸带湿地,由红树林等构成的防护林带,可有效地保护海岸和当地居民的安全;保护湿地可有效减少温室气体排放、促进生物碳汇和固定 CO_2,但这一功能深受湿地生态系统健康状况的影响。如果人为影响导致湿地退化,湿地将成为温室气体的净排放者,即通常所称的"源"—"汇"转化。

湿地生态系统对气候的变化较为敏感,气候变化会影响湿地水文、生物地球化学过程、植物群落及湿地生态功能等。气候是控制湿地消长的最根本的动力因素,湿地消长会改变湿地生态系统,进而加快气候变化的速度(张树清等,2001)。气候变化对湿地生态系统的影响主要表现在改变湿地生态系统生产力、降低湿地水位、缩减湿地面积、破坏湿地生物生存环境。由于气候暖干化、气温升高、蒸发加大、大气降水减少,造成湿地水分下降,在气象因子和人类活动的耦合作用下,湿地发生了结构性的变化和功能性的衰退。研究表明,高原湿地退化现象日趋明显,沼泽湿地出现了自然疏干、面积缩减、潜水位下降的趋势;湖泊湿地出现矿化度升高,湖水退缩,地表盐霜化现象。作为野生动物的栖息地、觅食地与繁殖地的湿地片区,生态环境恶化,生态系统结构破坏,不利于赖以生存的湿地动物的保护。在气候变化的影响下,纳帕海高原湿地干旱化加剧,湿地面积萎缩,湿地的生态功能退化严重。纳帕海湿地土壤有机质对水分环境梯度变化的响应研究结果表明,湿地土壤有机质在不同的水分环境梯度下的分布具有差异性(张昆等,2008)。

云南西北部的纳帕海湿地地处金沙江流域,海拔 3 260m,是云南境内海拔最高,纬度最北的高原湖泊湿地,同时也是沼泽化较为严重和退化较为典型的湿地。由于气候变化和生态环境的变化,导致该湿地出现沼泽草甸沙化,土壤养分衰减退化,空间上也呈现出不同程度的生态退化现象。根据 1981 年中国科学院考察队对横断山滇西北地区考察时资料,纳帕海湖水面积达 $6 \times 10^4 hm^2$,沼泽面积为 $2.82 \times 10^4 hm^2$;而 2001 年的科学考察发现,沼泽面积仅剩 $0.24 \times 10^4 hm^2$,即使在雨季时也仅有 $0.31 \times 10^4 hm^2$,面积缩小了近 10 倍(田昆等,2004)。

纳帕海湿地原生沼泽退化变成草甸后,湿地通气性加强,导致湿地土壤泥炭化、潜育化过程减弱或终止,矿化作用加强,加速有机质和氮的分解,使土壤中有机质的含量随沼泽化过程的减弱而降低。经估算表明,湿地退化为草甸后,导致有机碳的损失约为 44.4×10^8 吨,损失率为 89.4%,氮的损失约为 2.43×10^8 吨,损失率为 79.67%,损失的碳、氮以 CO、CH、NO 等温室气体的形式释放到大气中,加重温室气体对全球气候的影响,反映了人为干扰下的湿地不利于碳和氮营养元素的积累(黄易,2009)。

水面面积的缩减导致沼泽破碎化、旱化十分严重,同时增加了土壤通气性,加速了沼泽土有机质的分解,加剧了矿化作用,使其养分含量下降,土壤黏粒丧失,分解度增大,更为严重的是致使草根层裸露而死亡,整个表层破坏殆尽,下覆沙层出露而严重沙化,加速了滇西北高原湖泊湿地的衰亡过程。如今纳帕海湿地的湖生植物种类已所剩无几,中生—旱生植物增多,栖息在此的野生动物也趋于灭绝。

10.2.4 气候变化对云南湖泊、河流生态系统的影响

云南天然水体极为丰富,境内河流众多、径流量丰富,流域面积超过 $100 km^2$ 的河流 306 条,分属长江、珠江、红河、澜沧江、怒江、伊洛瓦底江六大水系;有 $1 km^2$ 以上的湖泊 31 个,总面积 1115.2 km^2(马荣华,2011),在全国各省中排第 12 位,其中,面积在 $100 \sim 500 km^2$ 的有 3 个,面积在 $50 \sim 100 km^2$ 的有 2 个,面积在 $10 \sim 50 km^2$ 的有 6 个,面积在 $1 \sim 10 km^2$ 的有 20 个。云南净储水量近 $300 \times 10^8 m^3$,径流量面积约 9000 km^2。

气候变化对水文水资源的影响具体表现在以下两个方面:一方面,气候变化加速大气环流和水文循环过程,通过降水变化以及更频繁和更高强度的扰动事件(如干旱、暴风雨、洪水)对系统内能量和水分收支平衡产生影响,进而影响水循环过程和水文条件;另一方面,气候变化将会增加经济社会用水和农业用水,可能挤占更多生态用水,使水资源短缺状况更加严重。

10.2.4.1 气候变化对云南湖泊、河流生产力的影响

温度是决定生物分布的一个重要因子,温度的增加必然会引起生境的改变,使种群发生迁移,从而改变生物的分布格局。澜沧江流域的濒危鱼类长期生活在稳定狭窄的水域环境中,对外界环境变化十分敏感,短时间内又难以出现新的适应,当其栖息地的气候条件发生变化时,将导致流域内某些较为敏感的鱼类灭绝(康斌等,2007)。夏天,河流中的鱼常有移向高海拔的趋势,到靠近地下水源的河区,或者到阴凉的地方;在有温跃层的高海拔湖泊中,鱼倾向于游到

更深更冷的地方。CO_2 倍增模拟实验也表明,在这样的湖中,暖、温和冷水性的鱼类的生境都会增加,而由于生境的改变,有些生物在原来的水体中如果无法找到避难所,就会被排除或淘汰;而如果其种群都无法找寻到新的适宜生境,等待它们的就是灭绝的命运,有研究证明,这种情况在类似云南的低纬度地区更容易发生(Martin 等,1998)。

全球气候变化使水体的水温发生变化,最直接的影响就是造成水域的生物产量改变。水温升高将加快水生生物的新陈代谢,使生产率和生物量增加,破坏物质和能量平衡。生物的生长有其最高(最低)限制温度和最适温度范围,一旦超过这个限度,生物的生长和繁殖就会受到损害,甚至死亡。不同生物对温度的耐受性和温度的要求不一样,水温升高势必使一些喜爱高温的物种生物数量增加,而适应低温生活的物种生物数量减少,以致群落优势种发生变化,从而改变整个食物链和食物网结构。气候变化对金沙江流域云南段的流域内自然生态系统、水资源量和自然灾害等产生影响,从而加剧了流域内生态系统的脆弱性,并在一定程度上影响区域的经济发展水平(赵庆由等,2010)。1967—1993 年,抚仙湖多数年份的水温值在多年平均值(17.6 ℃)以下,而在 1994—2007 年,所有年份水温值在多年平均值以上变化;年际平均水温最高与最低相差 2 ℃,数据结果均可通过 Man-Kendall 秩次相关检验,抚仙湖水温呈明显递增趋势(谷桂华,2008),而云南高原湖泊的水体透明度 1980 年以来总体也呈下降趋势,透明度空间格局呈现显著变化(莫美仙等,2007)。

全球气候变暖引起的水体夏季升温如果超过水生生物的耐受程度,就会使其生产量下降,甚至大量死亡(Hari 等,2006)。鱼的产卵和孵化受温度影响非常明显。冷水性鱼类在其正常的性发育过程中需要较低的温度,冬季温度的升高无疑会降低繁殖率。黄鲈是冷水性鱼类,如果温度升高,在整个冬天,其产卵率由 4 ℃时的最高值 93% 降至 6 ℃时的 65% 和 8 ℃时的31%。白鲢在 25 ℃左右时,卵孵化率最高,随着温度升高,孵化率逐渐下降,直至不出苗(李明德,1989)。

10.2.4.2 气候变化对云南湖泊、河流富营养化和水华的影响

水体富营养化和有害藻华(水华)是当今世界面临的最主要水污染问题之一,通常指的是水环境中普遍存在的水质污染现象。湖泊、水库和海湾等封闭性或半封闭性水体,以及某些河流水体内的氮、磷等营养元素的富集,致使水体生产力提高,某些特征性藻类(主要为蓝藻、绿藻)异常增殖,导致水质不断恶化(熊秉红等,2004)。蓝藻通常是有毒性植物,滇池蓝藻属于微囊藻属(*Microcystis*),是滇池的优势种,它的毒性危害较大,造成的水华多引起水体中鱼类中毒,甚至死亡。由于气候变化的影响,雨季降水集中,促使污染物大量流入湖区,随之而来的持续高温又造成湖泊底泥物质分解加快,水体缺氧。干季雨水偏少,对入湖污水的稀释作用降低,枯水期总氮、总磷浓度升高,引发富营养化。同时,温度升高增强了湖水的分层,以及氧溶解度降低等作用都会使富营养化加剧,危害加深。

富营养化破坏了水体的食物链结构,改变水生动植物的栖息环境,严重时则会导致一些物种的灭绝。在全球变化与人类活动干扰下,流域氮、磷营养盐污染负荷日益增加,河流湖库水体趋于富营养化,在合适的气象水文条件下容易产生水华。发生水华时,某些藻类暴发性繁殖,致使水质恶化、缺氧,产生腥臭等异味物质,甚至产生藻毒素并通过食物链对人畜和水生生物造成毒害,进而破坏河流生态系统和生物多样性(陈能汪等,2010)。

水体富营养化促进了厌氧生物的藻类和浅水中有根植物的密集生长。这种变化打断了正

常的食物链,食植动物不能消费密集生长的藻类,藻类死体大量沉入水底,耗尽底层氧气,底层需氧生物被厌氧生物代替,其结果是腐生食物链不断变粗,而摄食食物链却持续变瘦,尽管生物产量升高,但生物多样性却急剧下降。在我国,水体富营养化已成为限制国家和地方社会经济发展的重要因素,因而引起了政府、公众和科学界的极大关注。20 世纪 50 年代,云南的滇池在没有出现富营养化以前,物种丰富,海菜花盛开,水生维管束植物多达 45 种,现在下降至不到 20 种,水生植被面积由 80 年代的 615 hm²,减少到不及当年的 1/30,海菜花死亡,沉水植物只剩下一种,水葫芦疯长。目前,云南的 399 种鱼类中,大概有 1/3 的种类正日趋减少或濒临灭绝,因为底层缺氧,使水中 90% 的水草、鱼类和软体动物死亡,在现有的淡水生态系统中,濒临或已灭绝的物种达 62 种。

10.3 气候变化对云南生物多样性影响的观测事实

10.3.1 气候变化对云南森林生物多样性的影响

森林支持了地球最大的生物多样性,约 3/4 的陆生生物生活在森林中(时明芝,2011)。森林是众多物种赖以生存的基本环境,若气候变化超过了物种的迁徙能力,则很多物种将难以抵挡气候变化所带来的后果。气候变化不仅会威胁到植物的生存,使生态群落的结构发生变化,而且导致一些以森林为栖息地的生物受到威胁或者灭绝。据预测,在诸如云南这样的生物多样性热点地区,气候变化将可能导致 43% 的物种消失,即大概 5.6 万种地方植物和 3 700 种地方脊椎动物将会灭绝。另外,气候变暖正在影响昆虫这一地球上数量最为庞大的动物种群布局,导致昆虫的异常繁殖,使得森林生态系统多样性面临巨大的威胁。

气温的差异决定了云南高原地区植被覆盖的区域差异,而降水量则是决定云南高原地区植被整体覆盖年际变化和波动的主要气候驱动因素,季节性干旱是导致一些物种在横断山区消失的重要原因。古气候研究也表明,晚上新世以来,东亚冬季风的显著增强导致了云南冬季的干旱化,从而阻碍了雪松幼苗种群的建立,致使雪松逐渐在云南消失(Su 等,2013)。

林地面积的减少和林地利用方式的改变是生物多样性丧失的主要原因(Wood 等,2000)。西双版纳属古热带植物区,马来西亚植物亚区,滇、缅、泰地区植物区系主要以印度-马来西亚植物区系的缅、泰成分为多,也有一些中国热带特有和泛热带种。西双版纳动物区系属于东洋界中印亚界华南区,并有东南亚动物区系的特色,区系比较复杂。傣族"龙山"是西双版纳地区傣族的民族植物文化中的一例,其概念是"神居住的地方",在这个地方的动植物都是神的家园里的生灵,是神的伴侣,是不能砍伐、狩猎和破坏的。西双版纳的"龙山"主要分布在坝区和海拔较低的山区,数量众多,面积大小不一,保存程度各异。"龙山"的热带雨林发育在东南亚季风热带北缘山地,它在群落外貌上有明显的季节变化,有一定比例的落叶树种存在,其区系成分又具有热带北部边缘和过渡性质,并表现为一种在水分,热量和海拔分布上均达到了极限条件的热带雨林类型。这些"龙山"林虽然受到了各种不同程度的干扰或破坏,但仍具备本区热带季节雨林的基本组成结构特征(谢春华等,2010)。"龙山"林的生态学意义和生物多样性保护价值近年来正得到广泛的重视。研究表明,西双版纳的傣族"龙山"在过去的 30 年中有 55种物种灭绝(牛书丽等,2009)。

10.3.2　气候变化对云南草地生物多样性的影响

气候变化对草场生物多样性的影响主要表现在3个方面：一是影响牧草的生长期；二是影响草地生产力；三是影响草场的群落结构。根据生物多样性指数评定显示，草地生态系统物种多样性的变化要滞后于区域气候变化，需要经历更长的时间尺度，才会明显地观察到生物多样性的变化（杨持等，1996）。降水和气温变化作为全球气候变化的主要衡量标志，也是影响草地生态系统植物生长以及多样性变化的2个主要环境因子。降水增加，气温升高，有利于草原物种丰富度和多样性的增加。有结果表明，草地不同生活型植物多样性变化与气候变化存在一定关联，暖湿气候有利于多年生植物多样性的增加，并保持一年生植物多样性的稳定，而持续暖干气候可能有利于一年生植物多样性增加，但会对多年生植物多样性产生危害。Lee 等（2010）研究表明，草地生态系统生产力对气温、降水以及 CO_2 浓度变化的响应敏感，尤其是大气 CO_2 增加在一定程度上能通过增强植物光合速率和水分利用效率提高草地生态系统的生产力和产草量，但有可能造成物种丰富度的下降。

云南草地总面积占土地总面积的 39.93%，其中，可利用的草地 1186.67hm²，占土地总面积的 30%。云南省拥有丰富的草地类型，有可食饲用植物约 3200 种，有从国外引进鉴定过的优良牧草 94 个种，523 个品种和 138 个种质（毕玉芬等，2013），而从近年实际观测结果来看，云南的天然草地整体呈恶化趋势，生物多样性逐渐降低（崔阁英等，2011）。

10.3.3　气候变化对云南湿地生物多样性的影响

湿地被誉为"地球之肾"，在调节气候、涵养水源、净化水质、蓄洪防涝、抵御干旱、防治自然灾害等方面发挥着不可替代的特殊功能。湿地生物多样性的变化是湿地生态系统稳定性变化的表征，是退化湿地生态系统恢复的重要内容。湿地的生物多样性功能对于人类的生存和发展至关重要。

气候变化是导致湿地生态系统退化的主要原因，也是引起环境变劣、生物多样性下降的重要因素。对湿地栖息地内的珍稀濒危物种资源的生物多样性特点分析是极为重要的，在湿地生态保护和湿地资源利用方面有极高的价值（谭雅懿等，2011）。与陆地其他生态系统相比，湿地有较为丰富的生物多样性，它为多种水生动物、两栖动物、鸟类和其他野生生物提供栖息和繁衍的场所，还是一些候鸟越冬的生境（取决于湿地的地理位置）。由于近些年来，年平均气温的不断升高，致使水分蒸发量加大，使得许多河流断流、大片沼泽湿地消失，沼泽内的低湿植被向中、旱生植被演变。同时，洪水和干旱等极端事件发生的频率不断攀升，加上人类活动的干扰，使得湿地水体环境恶化，自净能力降低，依靠初级生产力为生的鱼类和浮游动物等大量消失，食物链变得越来越脆弱，严重威胁到系统的生物多样性。

位于横断山核心地带的纳帕海湿地是我国低纬度高海拔地区的独特类型，属季节性高原沼泽湿地，孕育着丰富的生物多样性。近年来，纳帕海原生沼泽、沼泽化草甸面积不断减少，草甸和垦后湿地面积不断增加，湿地呈现出由原生沼泽、沼泽化草甸向草甸、垦后湿地的退化演替格局。湿地的退化是功能的退化，纳帕海湿地演替过程中，虽然湿地植物物种多样性得到增加，但作为维护湿地功能的水生、湿生植被减少，湿地功能衰减，呈现明显的退化趋势（肖德荣等，2007）。

10.3.4　气候变化对云南湖泊、河流生物多样性的影响

一般来说,江河湖泊中的生物多样性与流域面积成正相关。流域面积的缩小使种群数量减少,种群规模的减小则增加了物种灭绝的概率。湖泊水平面变化会极大影响近岸生物群,导致沉水大型藻类植物死亡率增加,挺水植物不得不在坡上生长,在沿岸带繁殖的鱼,由在沙上产卵的种类取代了在石上产卵的种类。水平面下降,易使湖水同周边湿地分离,导致一些使用湿地作为产卵和孵化区的生物数量下降。三江并流地区湖泊分布较多,碧塔海自然保护区位于云南西北部的香格里拉县东部,是云南分布最高的高原湖泊,湖面海拔 3538 m。藏语称碧塔海为"碧塔德错","碧塔"意为牛毛毯,素有高原明珠之称。"碧塔海"过去湖长 3000 m、宽 700 m、海拔 3568 m,是著名的高原湖泊,湖区多年平均降水量 950 mm,径流量深 540 mm,平均年产水量 $1080 \times 10^4 \, m^3$,30 年来,"碧塔海"湖泊水位下降了近 3 m,水域面积减少,蓄水量减少(郭菊馨等,2006)。

干旱会引起相连水域的联系被切断,造成生境的分离和丧失,影响种群结构,种的迁移和扩散,使种群的生存能力大大下降,进而引起生物多样性急剧下降。水域面积的缩小,使众多生物被控制在一个小小的区域内,导致捕食和竞争的加强,同时造成水质恶化,长期持续的结果必然是一些物种和多样性丧失。异龙湖位于云南红河州石屏县,是云南八大高原淡水湖泊之一。历史上盛产鲤鱼和白鱼,该湖中的"异龙中鲤"为湖中的特有。20 世纪 60 年代中期,由于水位下降,破坏了鱼类产卵场所,致使有名的土著鱼种拟嫩、异龙白鱼、花鱼相继灭绝,1981年出现了较大强度的持续干旱状况,全湖干涸、鱼类几乎绝迹,虽然经过后期恢复蓄水,但"异龙中鲤"却从此绝迹。盲目引进的四大家鱼、银鱼等 10 多种鱼使得云南 1/3 的鱼种日趋减少或濒临灭绝,湖泊鱼类濒危种更高达 2/3。滇池原产鱼类 25 种,如今只剩 2 种,基本上被长江中下游湖泊鱼类区系所代替(程建刚等,2010)。

10.3.5　气候变化对云南珍稀濒危动植物的影响

全球气候变化改变了区域的温度和降水格局,使野生动物的栖息生境发生改变,某些鸟类和两栖类,甚至丧失了栖息生境。因为物种总是倾向于分布在气候条件最适宜的区域,当温度和降水格局发生变化时,物种的分布也会随之发生变化。气候变化影响植被,尤其对植被的初级生产力产生较大影响。植被是野生动物赖以生存的栖息环境,也是野生动物的食物来源,植被发生变化时,动物分布区相应地随之发生改变(马瑞俊等,2005)。研究表明,气候变化特别是降水变化对动物有较大的影响,如对物种丰富度、存活率、产卵日期、繁殖成功率、生长速度和动物行为等都有影响。

云南具有 180 个中国特有属,境内中国特有植物 8772 种、云南特有植物 4018 种。全国种子植物属的 15 个分布区类型云南均有;云南的种子植物共有 25 个古老科,100 余个古老属和若干古老种。云南脊椎动物各类群的特有性都较高,境内中国特有动物 453 种、云南特有动物262 种,境内中国仅分布于云南的动物物种目前记录的数量为 616 种。由于云南境内地貌复杂、气候差异悬殊,南部和西部有印、缅、泰等地区的热带植物区系成分的向北延伸和深入,西北部的横断山区又有着形成丰富而独特的植物区系的自然条件。同时,东部又同华中、华南的区系成分交错过渡、相互替代,再加上未受到第四纪大冰期时大陆冰川的直接侵袭,成为古老

植物的避难所,因而拥有极为丰富的珍稀濒危植物及国家保护植物资源。云南的珍稀濒危植物及国家保护植物主要分布在中低海拔高度,而且其垂直分布出现频率最大的海拔高度为1000～3500 m。根据《中国植物红皮书》(第一册),云南有珍稀濒危植物 70 科 124 属 154 种,其中包括蕨类 8 科 8 属 8 种,裸子植物 7 科 14 属 21 种,被子植物 55 科 102 属 125 种,其受威胁现状及保护级别详见表 10.2。

表 10.2　云南省珍稀濒危植物的现状与保护级别

地区	现状				保护级别			
	濒危	稀有	渐危	合计	1 级	2 级	3 级	合计
云南(种数)	37	47	70	154	5	57	92	154
全国(种数)	121	110	157	388	8	159	221	388
云南占全国的比例(%)	30.6	42.7	44.6	39.7	62.5	35.8	41.6	39.7

珙桐(*Davidia involucrata Baill*)是我国特有的单种属植物,起源古老,是第三纪古热带植物区系中的孑遗树种,也是世界著名的观赏树种。珙桐的主分布带间隔较远,呈星散状分布,在云南省境内分布的北界位于云南省中部,为北纬 24°43′,东经 102°42′,西界为点苍山,云龙山,东经 99°06′,北纬 25°19′。经生态信息系统 GREEN 测算,到 2030 年,云南境内的珙桐分布变化较大,北界约南移 0°06′～1°24′,变化最大的为云南西部,到 2030 年因受气候变化的影响,将呈星散分布状态(张清华等,2000)。原产于云南丽江和台湾阿里山松林中的中国特有附生种中华疱脐衣(*Lasallia mayebarae*)具有很重要的生态学价值,然而,现在的丽江,由于气候变化等原因的影响,这种世界珍稀物种已经濒临灭绝。仅局部分布于云南盈江的鹿角蕨(*Platycerium wallichii*),由于个体数目偏少,分布区狭窄,极易受气候变化影响而灭绝。

温度是影响物种分布的关键因子之一。特定的物种分布在特定的温度带内,全球气候变暖后,由于不同地区温度升高的不均衡,加上这些地区本身环境的差异,温度升高对这些地区的野生动物生境产生了影响。气候变化对野生动物分布的影响,除了温度升高而使其受到直接胁迫外,还引起其他环境因子改变,而使其重新分布。对不同扩散能力的动物,全球气候变化对其分布的影响结果不同,扩散能力较强的动物,随气温的升高,其分布区北移或出现在更高海拔地区;相反,对于扩散能力较弱的动物,分布区缩减,甚至局部灭绝。

动物的繁殖期是动物生活史中对气候最敏感的时期,微小的气候变化都有可能影响到动物的繁殖成功率。这种影响可能是正向的,也可能是负向的,关键看动物繁殖的限制因子的变化方向。当限制因子变得对动物有利时,其繁殖的机会增加,繁殖后代的成功率也会增加,种群逐渐壮大;反之,动物的繁殖会进一步受到限制,繁殖后代的成功率减小。气候变化也会导致野生动物的繁殖生境改变并影响到野生动物的繁殖欲望,进而影响到种群的繁殖速率。通过影响动物的生境及其繁殖率,最后导致动物种群数量波动。动物生境的改变,栖息地的退化是导致生物多样性减少和物种灭绝的主要原因。物种灭绝的另一个重要原因是极端天气灾害导致大量物种的死亡,相对于本地种而言,气候变化可能会增强外来种的生存、繁殖和竞争能力,而对本地种构成威胁(Thuiller 等,2007),进而影响区域内的生物多样性。其中,当地特有种最容易受到气候变化的影响(Kazakis 等,2007)。

鸟类作为生态系统中最为活跃的组成部分之一,其对气候变化产生的影响相当敏感。气候变化是部分鸟类在种群动态,物候方面(迁徙时间、产卵期等)和地理分布范围发生变化的主要因素。受气候变暖的影响,云南分布的多种珍稀鸟类的种群数量和分布范围都有所变化(杜寅等,2009)。绿孔雀是中国国家一级保护动物,原分布于东南亚的广大地区,主要栖息地为海拔 2 000 m 以下的热带、亚热带常绿阔叶林和混交林中,历史上分布于我国西南地区的大部分省份,由于气候变化的影响,现在仅分布在云南的西部、中部和南部(文焕然等,2006)。通过 1991—1993 年的调查,绿孔雀现存数量较多的地区有云南省瑞丽市、陇川县、昌宁县、永德县、新平县、普洱市、墨江县、景东县、楚雄市、双柏县、南华县。过去有分布记录现已绝迹或濒临绝迹的地区有盈江县、泸水县、腾冲县、蒙自县、河口县。由于其赖以生存的次生落叶季雨林和常绿季雨林生态环境遭到破坏,现今绿孔雀的分布区正在逐步减少和退缩。我国仅有云南亚种,分布于云南和西藏东南部一带,其中在云南的分布区已缩小到只有 30 多个县,种群数量有 1000 多只,而在西藏东南部的数量尚不足 100 只。

气候变化导致的森林资源的破坏,使热带雨林资源急剧缩小,大量有重要学术价值的无脊椎动物趋于灭绝,云南的盾鞭蝎(*Typopeltis*)就是其中的一种。原产于滇池的中国特产两种螺蛳(*Margarya melanioides*)和光肋螺蛳(*M. mansuyi*)由于受到气候变化等因素的影响,现已濒于灭绝。米虾属的中葛氏米虾(*C. yui*)和滇池米虾(*C. dianchiensis*)过去在滇池中产量很大,是当地居民食用的主要经济虾类,但近年来已绝迹,葛氏米虾过去在洱海的产量也很高,而自 20 世纪 80 年代起也已采不到样本。

气候变化致使一些外来物种的生存和传播条件大为改善,加剧了其蔓延程度。云南物种丰富,但各物种的地域性强、分布面狭窄、单一种群数量少,使得外来物种极易找到适宜的生存环境。生态环境的恶化,生物入侵易导致一系列的物种成为濒危物种或灭绝。美洲斑潜蝇对农业生态系统形成了极大威胁,据记载,云南原有野生稻分布点 105 个,2003 年调查时有 75 个点的野生稻已经绝迹,加上近年新发现的 10 个疣粒野生稻新分布点,现存的野生稻分布点仅 40 个,其中普通野生稻 1 个、药用野生稻 2 个、疣粒野生稻 37 个。紫茎泽兰(*Crofton Weed*)、水葫芦(*Eichhornia crassipes*)等外来物种已对云南本地生态系统造成了极大的破坏,气温升高,导致水体污染加重,破坏了生物物种栖息环境,特别是水生脊椎动物和湿地鸟类赖以生存的栖息环境,20 世纪 60 年代期间,白琵鹭曾有 10 多只或数十只结群在滇池边的沼泽地中越冬,近 10 多年的多次观察已经不能发现。

10.4 未来气候变化对云南生态系统和生物多样性的可能影响

根据本报告第 4 章的预估结果,到 2055 年云南增暖将达 1.3～2.1 ℃,降水可能减少 0.4%～4.6%,但区域波动较大,时间空间分布不均衡,冰川消融量增加。温度的升高意味着外界向系统输入更多的能量,能量的获得为物种的生物多样性提供了更广泛的资源基础,允许更多的物种共存。但物种的多样性由物理、化学和生物等诸多因素共同决定,影响效果也要看多方面因素的共同作用,有利有弊;另一方面,温度的升高也会对物种的多样性造成负面的影响,除了使一些适温能力和迁移能力差的物种面临灭绝的危险外,气候变暖使物种的侵入向高纬度和高海拔地区倾斜,在这些区域,异种的侵入会同地方种发生新的竞争作用,则有可能造成后者生存能力的下降。

未来气候变化对云南生态系统和生物多样性都可能产生更深刻的影响,包括对物种分布范围、多样性和丰富度、栖息地、生态系统及景观多样性、有害生物及遗传多样性等都将有一定的影响。未来气候变化将使物种分布范围改变和多样性降低,分布区破碎化;使物种优势度改变;影响害虫、疾病和杂草等入侵种分布;使物种栖息地质量退化;使植被分布格局改变,降低一些区域的景观多样性。气候变化也会引起生物遗传特性的改变,以适应环境的变化。然而,气候变化的速度一般都会超过当地种群的遗传适应的速度,也会超过可能取代它们的耐温种类的扩散速度,一些有较高遗传多样性、生活在多变环境中的种类才会处于相对有利的位置;而遗传性较低,生境相对单一的种类则会受到较大的不利影响。

云南现今有紫茎泽兰(*Crofton Weed*)、飞机草(*Eupatorium odoratum L.*)、薇甘菊(*Mikania micrantha Kunth*)、凤眼莲(*Eichhornia crassipes*)、西花蓟马、桔小实蝇等外来入侵物种209 种,其中植物 158 种、无脊椎动物 22 种、病原微生物 13 种和脊椎动物 16 种。未来气候变化将更适合外来入侵物种的生存和发展,而过多的入侵物种将严重的侵占本地种的空间和资源,导致本地种的灭亡,改变原有的生物多样性格局。

关于未来气候变化对云南生物多样性的影响,已经有众多专家做过研究。气候变化后的条件可能更适合于外来物种的入侵,从而导致森林生态系统的结构发生变化(周广胜等,2004)。云南的喀斯特地区景观多样性将发生改变,生物物候,物种分布及迁移,物种丰富度和多样性改变,使一些物种在原栖息地消失(蒙吉军等,2007)。由于未来冬春季降水增多、气温偏高,将导致云南林区春季物候提前,热带林木向北、向高海拔扩展,但秋季降水减少,高温干旱事件会导致其生长脆弱,不易形成新的生态平衡。在无人为干预的情况下,温带林区面积将有可能减少。利用物种分布模型评估 2080 年九种气候变化情景下物种的分布格局(三种大气环流模型:CGCM,CSIRO 和 HADCM3,每种模型有三种温室气体排放情景:A1b,A2a 和B2a),每种情景分为无迁移和无限制迁移两种假设进行研究,结果表明,在气候变化条件下,物种沿纬度的迁移有着极其微弱的作用,沿海拔梯度的迁移发挥着重要的作用(Zhang 等,2013)。这就意味着在云南长距离的生态廊道发挥的作用是比较微弱的,而物种沿海拔梯度的迁移应该受到更多的关注。当前的物种丰富度是由降水和温度的稳定性决定的,通过计算空间单元之间的移入种,移出种,恒有种的数量和比例,将来引起物种本地灭绝的主要原因是干季降水的减少和气温波动幅度的增大。

据云南大部地区森林植被特征和未来气候变化特征分析,预测未来气候变化对植被物候期的影响主要表现在:春季物候期将普遍提前,生长期缩短;秋季的树木开花和黄叶、落叶期等也相应地推迟;随着年均气温升高 1 ℃,春季物候期约提前 3～4 d,而秋季则推迟 3～4 d,绿叶期将延长 6～8 d(徐雨晴等,2004)。云南松林是我国西部偏干性亚热带的典型代表群系。随着全球气候变暖,今后几十年内气温升高、降水减少,区域降水远不能补偿由于气温升高而引起的蒸发强度增加所需要的水分。受其气候变化影响,云南松的分布面积将可能减少221.77×10⁴hm²,分布的海拔上限将可能由现在的 2 800 m 升高到 3 077 m(贺庆棠等,1996)。

气候变暖一方面使得作物种植高度上升、作物熟期缩短,低坝河谷地区"冬暖"将更加突出,对生产龙眼、荔枝等南亚热带水果有利,高海拔地区热量条件将有所改善,总体复种指数将有所提高;另一方面作物病虫害的发生的趋势将加重,一些农业气象灾害将会更加突出(高阳华等,2008)。高寒草原植被地上生物量对气候增暖的响应幅度显著小于高寒草甸,而对降水增加的响应程度大于高寒草甸(王根绪等,2007)。根据对云南临沧市耿马县气候的变化趋势及气象因子与甘蔗生长发育之间的关系可以推测,若未来气温持续升高,将可能缩短甘蔗的生育期,尤其是茎伸长期—茎成熟期,若干旱(冬春旱)加剧,则会影响甘蔗的生长和物质的积累,可能造成甘蔗减产,并对来年甘蔗的生长产生不利影响(钟楚等,2011)。

　　滇金丝猴,别名黑金丝猴、黑仰鼻猴或雪猴,属于灵长目猴科金丝猴属,为国家一级保护动物,主要分布在云南省西北部和西藏的西南部。根据气候变化情景分析,气候变化将对滇金丝猴分布范围产生极大影响:①气候变化后,滇金丝猴目前分布范围将缩小,新适宜及总适宜范围将扩大,其中 A1 情景下减小幅度最大,并且 1991—2020 年时段较大,随气候变化时间段延长而缩小。②气候变化后,滇金丝猴空间分布格局将发生较大改变,滇金丝猴目前分布区东北和南部适宜范围将缩小,西部和西北及东南部适宜范围将扩大。③滇金丝猴目前适宜、新适宜和总适宜分布范围变化与云南年平均气温和年降水量变化呈负相关性,目前适宜、新适宜和总适宜分布区范围随云南年平均气温和年降水量变化增加而减少,其中气温变化影响比降水量变化影响大(吴建国等,2009)。

10.5　云南生态系统对气候变化的适应对策建议

　　云南地处我国西南边疆,是中国—东盟自由贸易区建设和大湄公河次区域合作的前沿,是国家物种资源宝库和生态屏障,在构筑面向东南亚和谐的国际合作环境和保障国家生态安全中具有重要的战略地位。近年来,云南省委、省政府确立了"生态立省、环境优先"的思路,全面实施七彩云南保护行动,大力发展生态经济,深入推进生态系统保护,节能减排进展顺利,九大高原湖泊水污染防治取得新进展,节约资源保护生态的意识逐步增强,全面推进了生态文明建设。在国内外资源环境形势日益严峻的时期,云南可持续发展既面临严峻挑战,也孕育着重大机遇。加快转变发展方式,积极探索资源节约型、环境友好型的现代文明发展道路,不仅是云南可持续发展的迫切需要,也是保障国家生态安全大局的需要,是云南贯彻落实科学发展观的必然选择,对全国的生态文明建设也将发挥先行示范作用。

　　云南拥有良好的生态环境和自然禀赋,作为西南生态安全屏障和生物多样性宝库,承担着维护区域、国家乃至国际生态安全的战略任务。同时,云南又是生态环境比较脆弱敏感的地区,保护生态环境和自然资源的责任重大。加强云南生态系统保护与建设,就要努力构建生态安全屏障,保护重要生态功能区,提升重点环境功能区质量,保障城市人居生态安全,建设生态廊道,建立与经济发展总体布局相适应的生态安全格局。重点加强滇西北(横断山)、西双版纳、金沙江干热河谷(川滇干热河谷)、滇东南喀斯特(西南喀斯特地区)等国家重要生态功能区、重要江河源头及分水岭地带的保护与管理。切实维护和改善以九大高原湖泊等为重点的环境功能区质量。注重城市群、产业集聚区等重点开发区域的生态建设与保护,筑牢由饮用水水源保护地、城镇面山、城市河道、城市绿地等为主构成的城市生态安全屏障,合理布局建设产业、城市、农村等不同发展组团间的生态用地空间,加强天然湿地生态系统保护和恢复。构建与六大水系、对外对内开放经济走廊、沿边对外开放经济带相适应的生态廊道体系。各地区根据本区域的生态安全保障需要,建立分级主体功能区、生态功能区、环境功能区保护体系。

　　云南生态类型丰富,应广泛地提高对生态系统的观测研究能力。为此,云南在国家生态系统定位观测网络规划的大框架下,加快了建立云南生态系统定位研究网络的步伐,在不同类型的重点生态区和生态脆弱区,建设了元谋荒漠生态系统定位研究站、哀牢山亚热带森林生态系统研究站、西双版纳热带雨林生态系统定位研究站,高黎贡山森林生态系统定位研究站、玉溪森林生态系统定位研究站、元江干热河谷生态系统定位研究站等。目前已通过论证,正待建设的还有滇中高原森林生态系统定位研究站、普洱森林生态系统定位研究站、滇池湿地生态系统定位研究站、建水石漠化生态系统定位研究站 4 个定位研究站。

10.5.1　气候变化背景下森林生态系统的适应对策建议

森林生态系统适应气候变化的技术措施主要包括:植树造林、提高森林覆盖率,扩大封山育林面积,科学经营管理人工林,提高森林火灾、病虫害的预防和控制能力。

(1)采取针对性适应措施,推进宜林荒山荒地造林,实施天然林保护、退耕还林、构建防护林体系建设工程和建设生物能源林基地,加快扩大森林面积、提高森林覆盖率和生产力。

(2)广泛建立森林生态系统保护区,抵御和保护气候变化对森林生态系统的不利影响,加强自然保护区建设和监管力度,扩大自然保护区的面积,晋升保护区级别,开展专项保护活动,采取多种就地保护的形式,在小种群分布地建立保护小区。采用建立生物走廊带的方法,将彼此隔离的保护区联通起来。

(3)针对森林火灾建立预警系统,加强森林火灾预防和控制的能力,并针对气候变化特点进行生态恢复,考虑火灾适存植被的恢复,加强对已受到破坏的低效林和新迹地的森林生态系统恢复与重建。

(4)加强现有林地经营管理,确保稳定高效地发挥森林生态效益。加大林火、病虫害防控力度,严防外来有害生物入侵。制定和实施全省森林防火、病虫害防治的中长期规划;加强相关基础设施建设和专业队伍建设,加强相关监测、预警、分级影响体系工作。

10.5.2　气候变化背景下草地生态系统的适应对策建议

草地生态系统适应气候变化的技术措施主要包括:草场封育,调整草场放牧方式和时间,在有条件的地方增加草原灌溉和人工草场,合理利用草场资源。

(1)根据气候变化对不同牧区牧草返青期、黄枯期、生长期的影响,合理调整放牧方式和时间,促进牧草正常生长。

(2)在牧草产量明显下降,草场出现退化的地区,适当减少放牧程度,或通过灌溉和补种增加产草量,有效控制草原的载畜量,以草定畜,保持畜草平衡,逐步实现草地分类经营分期放牧及草地休闲利用。

(3)加大退牧还草、退耕还林和沙化土地防治等生态保护工程的实施力度,对部分生态退化比较严重、靠自然难以恢复原生态的地区,实施严格封禁措施。

(4)有序推进游牧民定居和生态移民工作;加大牧业生产设施建设力度,逐步改变牧业粗放经营和超载过牧,走生态经济型发展道路。

10.5.3　气候变化背景下湿地生态系统的适应对策建议

(1)扩大湿地恢复和保护,打击占用湿地的行为。优化水坝、水闸等水利工程调度机制,科学管理湿地生态系统,加强湿地生态治理和污染控制,提高抵御气候变化风险的能力。

(2)解决湿地生态补偿和退化湿地的生态补水问题,开展湿地污染物控制,实施退耕还(养)泽(滩)项目,提高湿地生态系统质量。通过试点研究,逐步解决并实施湿地生态效益补偿制度,建立湿地保护长效机制。

(3)加强现有湿地保护区建设,根据湿地类型、退化原因和程度等,开展湿地植被恢复工作,完善湿地保护基础设施建设,形成湿地生态系统保护网络和较为完整的湿地保护与管理体系。

10.5.4　气候变化背景下高原湖泊、河流生态系统的适应对策建议

应对气候变化对云南高原湖泊、河流水生生态系统影响,要以"四退三还"、生态修复为基础,以控源截污为前提,以河道治理为重点,以中水利用为关键,以产业调整为根本,坚持工程措施与非工程措施并举,综合治理、标本兼治。

(1)将气候变化影响纳入到高原水体水资源评价和规划范畴,充分认识气候对高原水体演变和影响,定量评估气候变化对水生生态系统影响,搞好流域和区域水资源优化配置,提高气候变化对水生生态系统评价的科学性,在进行流域水资源规划和运行管理时适度考虑气候影响评估。

(2)开展高原湖泊、河流的生态系统过程动态研究,构建湖泊、河流生态系统主要参数与流域变化之间的动态模型。研究湖区生态系统内在变化规律和发展趋势,深入了解云南高原湖泊、河流生态系统中的重要生态过程及功能以及对气候变化的响应。

(3)针对城镇工业生产造成的局部水体污染进行污染防治和控制,将一些污染企业迅速迁出湖区,不能迁离的应督促企业提高排污处理能力。

(4)加强渔业管理,控制渔汛期进入湖区的渔船数量和人数,逐渐恢复高原湖区生态系统的健康、生态完整性、生态承载力和生态系统服务功能。

10.6　云南生物多样性对气候变化的适应对策建议

加快建设生物多样性宝库和巩固西南生态安全屏障,既是国家对云南提出的要求,也是国家对云南支持的重点,不仅关系着全省各族人民的生存和发展,而且关系到全国的生态安全和中华民族的长远发展。《国务院关于支持云南省加快建设面向西南开放重要桥头堡的意见》(国发〔2011〕11 号)中提出要把云南建设成为"我国重要的生物多样性宝库和西南生态安全屏障"。省第九次党代会强调,进一步加强以滇西北、滇西南为重点的生物多样性保护,建设我国重要的生物多样性宝库和西南生态安全屏障。云南生物多样性保护对维护跨境国际河流生态安全起着举足轻重的作用,备受国际社会关注,为此,云南省先后制定并颁布了与生物多样性保护相关的系列法规和规章,如《云南省环境保护条例》、《云南省陆生野生动物保护条例》、《云南省农业环境保护条例》、《云南省自然保护区管理条例》、《云南省珍贵树种保护条例》、《云南省林地管理条例》、《云南省风景名胜区条例》和《云南省重点保护陆生野生动物造成人身财产损害补偿办法》等,这些法规、规定的制定和实施,在云南生物多样性保护中起到了重要的作用。云南省还编制了生物多样性保护相关的规划和计划,如《云南省生物多样性保护工程规

划》、《云南省生物物种资源保护与利用规划》、《云南省极小种群物种拯救保护紧急行动计划（2010—2015 年）》、《云南省国家公园发展规划纲要（2009—2020 年）》、《云南省极小种群物种拯救保护规划纲要（2010—2020 年）》、《云南省生物多样性保护战略与行动计划（2012—2030 年）》等，为今后的生物多样性保护工作指明了方向。

加强生物多样性保护工作，就要认真落实生物多样性保护的各项工作，切实保护好云南各种典型生态系统；尤其是珍稀濒危特有物种，努力建成以自然保护区、森林公园、国家公园等各类就地保护为主的保护地；针对特殊物种，则需要建立相应的动物园、植物园为主的近地、迁地保护基地，实现多实体的生物多样性保护系统。云南自 1958 年建立首个自然保护区以来，至 2012 年底已建立自然保护区 159 个，总面积约 $283×10^4 hm^2$，占全省面积的 7.2%，其中国家级 20 个、省级 38 个，形成不同级别、多种类型的自然保护区网络体系，使全省典型生态系统和 85% 的珍稀濒危野生动植物得到有效保护。全省共有已建和正在建的国家公园 12 个（普达措国家公园、滇金丝猴国家公园、香格里拉大峡谷国家公园、梅里雪山国家公园、西双版纳热带雨林国家公园、元谋人遗址国家公园、临沧南滚河国家公园、普洱国家公园、丽江老君山国家公园、怒江大峡谷国家公园、高黎贡山国家公园和腾冲火山国家公园），已建立的国家森林公园 27 个，国家湿地公园 4 个（元阳梯田、洱源西湖、普洱五湖和丘北普者黑）。

根据云南省政府办公厅印发的《云南省"十二五"应对气候变化专项规划》的内容，已将适应气候变化，加强生物多样性保护的方面列为"十二五"期间的重点领域和主要任务。

（1）加强自然保护区建设。到 2015 年，云南将基本完成对国家级自然保护区的规范管理，启动自然保护区网络体系建设，新增保护面积 5 万 hm^2，整合相邻的地方级自然保护区，新建一批生物走廊带，解决自然保护区孤岛问题；完成 20 个国家级和省级自然保护区资源本底调查和总体规划编制工作。完成 3 个国家级自然保护区的一期基础设施建设项目，9 个保护区的二期工程建设项目和 6 个保护区的三期工程建设项目，启动 3～5 个省级保护区基础设施建设等。总投资 2.1 亿元。加强自然保护区保护基础设施建设，完成一批基础设施建设工程。完善国家级和省级自然保护区科研、科普设施，发挥自然保护区科研、科普、种质资源利用和保护成效展示功能。启动示范自然保护区建设，依据示范自然保护区建设实施方案，全面启动高黎贡山、白马雪山、西双版纳国家级示范自然保护区建设。

（2）开展高原湿地保护与恢复。建立和完善湿地保护的协调、监督机制和规范管理制度，提升各级湿地管理机构能力；从湿地生态系统结构和完善性出发，维护和逐步恢复退化湿地的功能。到 2015 年，完成湿地恢复 $0.5×10^4 hm^2$，恢复汇水区植被 $10×10^4 hm^2$，总投资 1 亿元；加强国际重要湿地、湿地自然保护区、湿地公园的建设与管理，保护高原湿地生物多样性与特有性，使 60% 的天然湿地得到有效保护。

（3）加强森林公园建设。依托云南现有森林公园丰富的、复杂的地貌、优质的景观和多样的少数民族文化，开展集森林观赏、森林保健、森林探险、科学考察和科普教育等为一体的森林生态旅游，建设森林文化体系。到 2015 年，完成 40 个国家和省级森林公园的资源调查，规范森林公园管理与资源的合理利用。开展 5 个国家和省级森林公园的资源调查和总体规划编制工作，完成 5 个国家森林公园林相改造，总投资 1000 万元。

（4）探索生物多样性保护新模式。借鉴国际上国家公园建设管理的先进理念，结合云南实际，在保护好云南具有国际和国家意义的自然、文化和景观资源的基础上，满足科学研究及国民教育和游憩需求,充分发挥云南独特的自然景观资源和丰富的民族文化资源优势,依托有条件的自然保护区,整合现有资源,积极探索具有中国特色的,实现资源保护与经济发展良性互动的国家公园保护管理模式。有序地开展 10~12 个国家公园建设,形成布局合理、功能完善、建设规范、管理高效的国家公园体系。

(5)加强野生动植物的保护。开展野生动植物资源调查和保护管理体系建设。主要开展国家和省级重点野生动植物资源调查和补充调查,适当开展部分地方特有物种的资源调查,建立资料档案盒数据库,加强保护管理体系建设工作。到 2015 年,完成云南 325 种(类)国家重点保护野生动植物的数量、分布、栖息地状况和受威胁情况的调查工作。强化极小种群野生动植物保护,实施野生动植物极小种群保护项目,在全省范围内开展滇金丝猴、华盖木等 40 种极小种群物种的拯救和保护,建立 50 个极小种群监测站(点)、建设 20 个极小种群物种保护小区或保护点、建立 5 个极小种群野生植物近地保护植物园和 30 个物种的 100 个迁地保护种群,建设极小种群良种繁育基地、宣传培训基地和种质基因保存中心各 1 个,建设野生植物人工培植基地、动植物科研基地各 5 处。开展云南兰科植物保护项目,建立 1 个兰科植物种质资源保存和繁育中心;在兰科植物的重点分布地建立保护小区或保护点等。建设科学有效的野生动植物极小种群保护管理体系,通过采取就地保护、生境恢复与改善、近地保护、迁地保护、种质资源保存、人工培植、能力建设与国际交流合作等措施,有效缓解威胁物种生存的因素,使分布于云南范围内的极小种群野生动植物资源得到有效拯救和保护。

加强生物多样性保护,增强生态环境监管力度,促进云南生物多样性发展,有利于维护生态系统的完整性,实现人与自然的和谐发展,这也是贯彻落实科学发展观,牢固树立生态文明观念,促进经济社会又好又快发展的必然要求。云南未来的气候因素有其不确定性,但总体上将呈气温升高,降水减少的趋势。根据《气候变化对中国生物多样性保护优先区的影响与适应研究报告》对多种气候模式的运行结果表明,云南生物多样性的脆弱性在未来 50 年和未来 100 年内,均为增加趋势。因此,面对全球气候变化,生态环境安全和人类社会可持续发展的挑战,必须在贯彻执行中国现有法律、法规的同时,尽快制定地方性生物多样性保护的法规和规章,开展相关的保护工作,有效遏制云南生物多样性锐减的趋势。

10.6.1　气候变化背景下森林生物多样性的适应对策建议

(1)加强气候变化与森林生物多样性各物种间相互作用关系的研究。深入开展森林生物多样性对气候变化响应的基础科学研究,系统、全面地研究森林生物多样性与气候变化相互作用的机理、机制。结合云南省森林类型的地理分布和生态环境特点,加强定位站的规划和建设,强化森林生物多样性对气候变化响应的定位观测;通过开展生物多样性、林火灾害和森林病虫害等全方位定位观测技术研究,逐步完善区域森林生物多样性观测网络和监测系统。同时加强森林适应气候变化的政策制度、技术路线、成本收益与效能评估等方面研究,提高森林生物多样性适应气候变化的能力。

(2)研究极端天气气候事件对云南森林生物多样性的影响。鉴于未来气候变化趋势的不确定性以及未来气候变化可能使极端天气气候事件的频度和强度增大的推断,深入开展针对云南省森林生物多样性对极端天气气候事件的敏感性和脆弱性研究。加强极端天气气候事件发生规律的研究是本项措施的重点方向,而极端天气气候事件的影响机理和救助防护方法也

是研究的要点。

（3）科学植树造林,丰富造林的树种类型,增加生态系统的异质性和多样性,提高人工植被应对气候变化的适应能力,尤其是抵御极端天气气候事件的能力和恢复力。

10.6.2 气候变化背景下草地生物多样性的适应对策建议

（1）开展关键气象因子在对草地生物多样性影响过程中的不同作用和地位评价,明确多种气象因子的影响强度,分析影响机理,找出重点因子的影响关键期、并试图在明确各因素对草地生态系统结构和功能的影响同时(如温度升高、水分亏缺以及极端天气气候事件对各优势种的不同影响机理),找出影响"瓶颈"或促使其发生变化的开关,研究在群落、景观、生态系统及区域尺度的气候因子影响阈值(许振柱等,2005)。

（2）注重利用多种研究手段(如遥感(RS)、地理信息系统(GIS)、卫星定位系统(GPS))进行不同时间和空间尺度的研究,分析气候变化对云南草地地理分布格局、组成结构和生物多样性的影响,获得不同时空尺度的草地生态系统对气候变化的响应与适应机制。同时建立动态变化模型,进一步阐明不同气候变化情景下的草地生物多样性变化趋势,为建立草地生物多样性可持续发展的配套理论和技术体系提供理论依据。

（3）加强对适合云南气候类型、土壤和生态环境的优质草种的引进和培育,改良正在发生逐步退化的草场,建设人工恢复基地,建立合理的放牧机制,以降低人类活动的影响。通过品种调查,野外环境模拟培养,室内模拟和数学模型模拟,以及对资料的比较、归类和综合分析,找出解决云南草场退化的根本方案,维护区域草地状况,保证畜牧产量和产品安全。

10.6.3 气候变化背景下湿地生物多样性的适应对策建议

（1）研究湿地生物多样性特点,特别是有关湿地植物、浮游生物、无脊椎动物和湿地微生物之间的关系。尤其是对湿地栖息地内的珍稀濒危物种资源的生物多样性的保护和湿地资源利用方面有极高的价值。

（2）探明主要气候因子与湿地干涸退化演替之间的规律,阐明云南湿地对气候变化在不同时空尺度的响应特征,耦合气象—土壤和水文模型预测湿地退化趋势。水分的平衡是湿地稳定存在的前提条件,湿地水分收支的主要影响因素也与天气气候变化有密不可分的关系,因此,对于水分因子的研究十分关键。

（3）开展湿地恢复和重建工作。湿地的恢复重建是保护湿地生物多样性的关键,利用生物的、物理的和化学的方法促进湿地恢复,利用现代技术创建湿地。湿地恢复涉及气候学、生态学、水文学、土壤学及生态系统功能和结构的评估分析,因此,在恢复湿地的永久性和可持续的过程中,需要科技力量的巨大推动。

10.6.4 气候变化背景下湖泊、河流生物多样性的适应对策建议

（1）开展云南湖泊、河流生物多样性的特征分析,对区域内水生生物的生活史、生命特征、能量传递方式和物种动态平衡进行研究,探索自然气候条件下物种间的生态平衡规律,为气候变化条件下的可能影响提供理论依据。同时对水生物种间关系和生态位进行研究,为水生生物演替研究提供前提和基础。

（2）分析未来天气气候变化背景下云南水环境变化的趋势，尤其是高原水体水域环境的时空变异。由于水生生物严重依赖水体作为其生存栖息地，天气气候变化可能导致其生境的丧失，进而使其遭受灾难性的破坏甚至灭绝，因此，对水体组成和结构的变化监测和研究必不可少。

（3）加强流域水资源综合调度，促进水资源优化配置，兴建必要的调配设施，提高水资源的调控能力，实现由供水管理向需水管理的转变。建立有调配功能的淡水资源信息系统，实现对淡水生态系统的动态监测，为天气气候变化条件下的湖泊、河流生物多样性平衡和可持续发展提供有力的保证。

10.6.5　天气气候变化背景下濒危动植物保护的适应对策建议

（1）研究云南珍稀濒危动植物的分布区域和生活特征，分析濒危物种的种群结构和生态系统功能，建立云南珍稀濒危动植物物种数据库，并构建多功能的动态监测网络，获取物种生物多样性特征的基础资料，为后期加以保护提供基础理论数据。

（2）建立适合濒危动植物生存繁衍的保护区，使天气气候变化对濒危物种的影响降到最低。

（3）完善保护珍稀濒危物种的法律法规，制定科学合理的宏观保护规划，为合理利用自然资源和加强特定物种保护工作提供法律依据。

第 11 章　气候变化对云南能源的影响与适应

摘要:云南水能资源十分充足,煤资源相对丰富,石油、天然气资源较为贫乏,风能、太阳能、生物质能等可再生能源开发潜力巨大。云南能源需求极速增长,但过度依赖化石燃料,万元 GDP 能耗高、能源利用效率低、浪费严重。

1961—2012 年,云南采暖度日呈明显的减少趋势,52 年减少了 14.8%,减少速率为 32.5 ℃·d/10a(2.8%/10a),其中 20 世纪 90 年代初开始,减少趋势开始加剧;云南制冷度日呈明显的增加趋势,52 年增加了 23.7%,增加速率为 27.8 ℃·d/10a(4.6%/10a),其中 90 年代初开始,增加趋势开始加剧。由于降水减少、干旱加重、主要江河径流量减小,对水力发电带来不利影响。风速减小,温度升高对风能资源的开发有不利影响。气候变暖,日照强度的加强,气候变化对太阳能利用的影响主要表现为有利影响。气温的升高对生物质能利用存在正面及负面双重影响。预计未来气候变化对云南冬季采暖和夏季制冷耗能、能源生产和电力设施等均有较大影响。云南能源适应气候变化的对策包括:大力发展风能、太阳能、生物质能等可再生清洁能源;提高能源使用效率;建立应对极端天气气候事件下能源安全气象保障服务体系;把气候变化影响纳入能源发展规划等。

11.1　云南能源安全形势

11.1.1　云南能源状况

云南一次能源的资源状况可以概括为"水能资源十分充足,煤资源相对丰富,石油、天然气资源较为贫乏,风能、太阳能、生物质能等可再生能源开发潜力巨大"。

云南是我国水能资源最丰富的地区之一,全省六大水系,600 多条河流的正常年水资源总量约为 2222×10⁸ m³;水能资源理论蕴藏量为 1.04×10⁸ kW,占全国总蕴藏量的 15.3%,仅次于西藏、四川,居全国第 3 位;可开发装机容量为 9700 多万千瓦,仅次于四川,居全国第二位。但由于受区域经济发展相对滞后的影响,总体水资源开发程度不高。云南煤炭资源丰富,已探明储量为 240×10⁸ 吨,居全国第九位。在可再生能源方面,云南的风能、太阳能、生物质能以及地热资源属于相对富庶的区域,有巨大的开发潜力。云南太阳总辐射量为 3620～6682 MJ/m²,每年接受太阳辐射相当于 730 多亿吨标准煤。云南风能资源总储量为 1.23×10⁸ kW,可利用面积为 4.52×10⁴ km²,占全省土地面积的 11.48%。

11.1.2　云南能源形势特点

改革开放以来,云南能源生产能力不断提高,生产和消费都出现了快速增长,但同时能源

需求缺口也逐渐扩大,尤其是石油安全问题已成为无法回避的问题,总体来说,云南能源形势主要有以下特点:

(1)资源的有限性和能源的稀缺性

云南主要消费的一次性能源煤炭、石油、天然气,都是不可再生的一次性资源。三种资源中,石油、天然气为短缺资源,煤炭相对丰富。但由于云南很多地方地质条件复杂,煤炭开采困难,储量中的很大比例属无法开采,使得真正可采的煤炭减少。尤其近年来,一些小煤窑滥采乱掘,使得大量矿藏将无法再度开采,严重破坏了资源,因此,云南煤炭资源现状并不乐观。

(2)能源需求的急速增长和过度依赖化石燃料

改革开放30年来,云南经济得到高速度增长,人们生活水平大幅度提高,随之而来的是能源消费的急速增加(图11.1)。由于云南正处在工业革命的早、中期,经济增长方式粗放,单位产出的耗能高。尤其是我国加入WTO后,固定资产投资规模大增、高能耗产业急速扩张、重工业比重加大,对能源的渴求愈发强烈,2011年云南能源消费总量较1990年增加了近4倍。

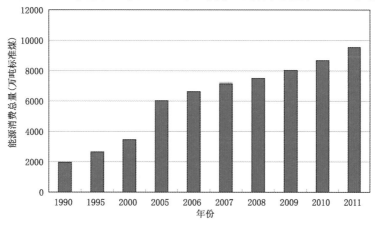

图11.1　云南主要年份能源消费总量(单位:万吨标准煤)

从能源消费结构看,云南消费结构不合理,能源结构仍以煤炭为主(图11.2),其消耗占能源总消耗的70%以上。虽然云南能源消费结构正逐步优化,但与世界能源消费结构相比,云南的煤炭消费比重仍然偏大,能源消费过度依赖煤炭的现状未得到根本改变。这种结构转换的滞后加上利用效率低下的问题,使云南能源消费结构对经济及环境的负面影响越来越明显。

(3)万元GDP能耗高、能源利用效率低、浪费严重

随着国家对于能源利用效率的重视以及科技的进步,云南的能源利用效率已有较大提高。但国家统计局、国家发展和改革委员会、国家能源局统计显示,2011年云南全省单位国内生产总值(GDP)能耗为1.162吨标准煤/万元,高于全国平均值0.793吨标准煤/万元,更是远远高于欧美发达国家和日本,提高能源利用效率任重道远。

云南水电装机比重大,有调节能力的水电站所占比重低,火电装机比例低,导致"十一五"期间全省枯水季缺电都在20%以上,汛期弃水严重。

(4)能源替代战略研究与应用滞后

云南除了煤之外的替代能源应用落后。目前云南一次能源中煤炭和水电比重在99%以上,风电和太阳能发电还处于起步阶段。美国、日本、法国等许多发达国家,早已在能源替代方

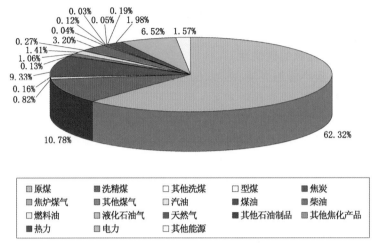

图 11.2　云南能源消费结构比例图

面取得了很好的研究成果并进行了良好的应用。例如美国使用风力发电,增加供电 2400 MW,发电量每年递增达到 35%。德国住宅在太阳能利用方面取得了巨大的进步,大大降低了该国住宅的能耗。虽然云南已开始了寻求替代化石燃料的努力,但能源供应能力提高有限,化石能源仍然占据了能源消费的绝大部分。

11.2　气候变化对云南能源影响的观测事实

11.2.1　气候变化对采暖、制冷耗能的影响

由于建筑物的能耗与采暖、制冷度日数之间呈近似的线性关系(陈海燕等,2005),所以度日法多用于估计采暖和制冷能源需求(Durmayaz 等,2003;Sarak 等,2003;Andreas 等,2004)。生理卫生学家认为,23.0～24.0 ℃为人生活最舒适的环境温度。据测定,一般建筑物室内设计温度和建筑物"热平衡"温度之差通常为 3～7 ℃(龙斯玉等,1985),美国通常将基础温度定为 18.3 ℃,国内很多学者的研究都将 18.0 ℃作为基础温度(张天宇等,2009;谢庄,2007)。本报告以 18.0 ℃为基础温度,统计分析云南逐年制冷度日和采暖度日的变化特征。

11.2.1.1　云南采暖度日和制冷度日的年际变化

1961—2012 年期间,云南采暖度日呈明显减少趋势(图 11.3),52 年减少了 14.8%,减少速率为 32.5 ℃·d/10a(2.8%/10a)。其中 20 世纪 90 年代初开始,减少趋势开始加剧,1992—2012 年减少速率为 93.4 ℃·d/10a(8.2%/10a),明显高于 1961—2012 年的减少速率。在 20 世纪 70 年代(1971—1980 年),云南平均采暖度日最高(1204.5 ℃·d),而在 21 世纪以来的 12 年(2001—2012 年)是云南平均采暖度日最低的时段(1044.7 ℃·d),较最高的70 年代降低了 13%。

1961—2012 年期间,云南制冷度日呈明显增加趋势(图 11.4),52 年增加了 23.7%,增加速率为 27.8 ℃·d/10a(4.6%/10a)。其中 20 世纪 90 年代初开始,增加趋势开始加剧,

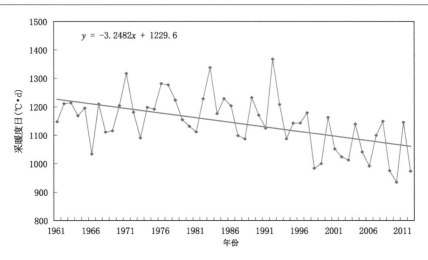

图 11.3　1961—2012 年云南采暖度日的年际变化(单位:℃·d)

1992—2012 年增加速率为 55.6 ℃·d/10a(9.1%/10a),明显高于 1961—2012 年的增加速率。在 20 世纪 60 年代(1961—1970 年),云南平均制冷度日最低(565.1 ℃·d),而在 21 世纪以来的 12 年(2001—2012 年)是云南平均制冷度日最高的时段(678.1 ℃·d),较最低的 60 年代增加了 18.5%。

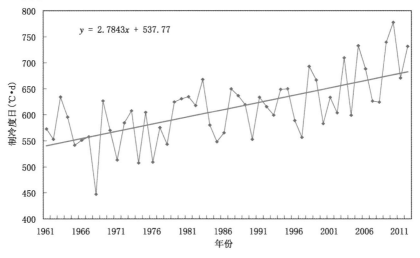

图 11.4　1961—2012 年云南制冷度日的年际变化(单位:℃·d)

11.2.1.2　云南采暖度日和制冷度日的空间变化

1961—2012 年云南采暖度日气候平均值的空间分布(图 11.5a)特征为:云南西北部及东北部属于高采暖度日区域,采暖度日在 1500 ℃·d 以上;云南中部以南地区属于低采暖度日区域,采暖度日在 1000 ℃·d 以下。1961—2012 年期间,云南采暖度日除在金沙江河谷的少数地区增加外,在云南大部分地区呈减少趋势(图 11.5b)。滇西北是云南采暖度日减少最为明显的地区,以高于 100 d·℃/10a 的速率在减少。

1961—2012 年云南制冷度日气候平均值的空间分布(图 11.6a)特征为:云南西北部属于

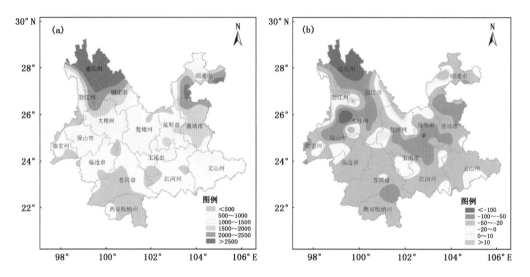

图 11.5 1961—2012 年云南采暖度日气候平均值(a)(单位:℃·d)及
变化率(b)(单位:℃·d/10a)空间分布

低制冷度日区域,制冷度日在 100 ℃·d 以下,其中部分县(市)的制冷度日为 0 ℃·d;云南南
部属于高制冷度日区域,制冷度日在 1200 ℃·d 以上,其中云南元江、河口的制冷度日达 2000
℃·d 以上。1961—2012 年期间,制冷度日在云南多数地区都呈增加趋势,以云南南部增加
最为明显,其中部分地区制冷度日在过去 52 年间以高于 50 ℃·d/10a 的速率增加,但在金沙
江流域河谷地区制冷度日数呈减少趋势(图 11.6b)。

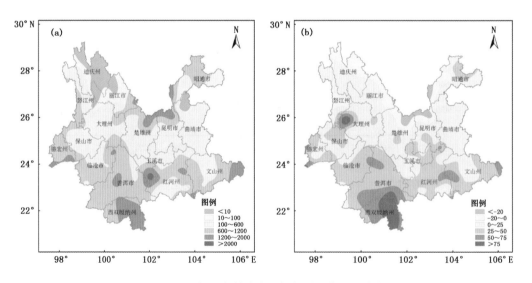

图 11.6 1961—2012 年云南制冷度日气候平均值(a)(单位:℃·d)及
变化率(b)(单位:℃·d/10a)空间分布

11.2.2　气候变化对水电、风能、太阳能的影响

11.2.2.1　对水电的影响

煤炭、天然气、石油属于化石能源,历经几亿年的长期过程才能形成,其资源量对一定时期内的气候变化并不敏感。相比之下,水电产业的基础是水资源,丰水年的水电产量明显高于枯水年,气候变化对于水资源量是十分敏感的。按照云南能源中长期发展规划,云南的能源增长将以水电为主,气候变化对其产生的影响就较为重要。未来云南大部降水呈减少趋势,其中滇中及以东等地减少趋势明显,在这些地区有可能造成径流量减少,对水力发电产生负面影响。水力发电对气候变化比较敏感,极端天气气候事件,尤其是干旱对水电的影响非常大。

11.2.2.2　对风能发电的影响

目前的风资源利用主要是风力发电。云南风能资源丰富,其资源主要集中在滇西东部、滇中、滇东南的北部及滇东北地区的高海拔的山脊,技术可开发量达 $2907×10^4$ kW,居长江以南内陆省区第一位。

风的能量与风速的三次方成正比,有研究表明,10%的风速峰值变化能使可获得的风能产生 30%的变化。气象站的观测结果表明,自 1971 年以来,云南风速呈减小趋势,全省 2001—2010 年平均风速比 1971—1980 年下降 0.16 m/s。虽然气象站位于坝区,观测的结果并不能完全代表山区的情况,但在全国大部风速呈减小趋势的情况下,云南风速减小的结论仍然具有可信度。可以肯定的是,由于山地高海拔地区基本不受人类活动影响,其风速的变化幅度要显著小于坝区。

风机的运行与气温关系密切。一方面,风的能量与空气密度呈正相关,有研究表明,气温每升高 1 ℃将可导致空气密度下降 0.4%,从而导致风机出力下降,但下降幅度十分有限。另一方面,由于云南的风电场一般都位于高海拔地区,冬季的低温高湿对风机的运行存在较大的影响。气温上升将减少冬季因凝冻引起的停机,从而可获得更多的发电量,并有利于风机的安全运行和维护。但极端的低温雨雪冰冻事件发生频率加大,对风机运行和输电线路的安全会带来负面影响。

在云南,高海拔地区是雷电高发区,而雷暴是威胁风机安全的重要因素。观测表明,云南的雷暴呈减少趋势,对风机的安全运行有利。

11.2.2.3　对太阳能利用的影响

云南属于全国太阳能资源丰富区之一,全省太阳能资源总储量约相当于每年可获得约 $412×10^8$ 吨标准煤,规模以上的技术可开发量相当于每年可获得约 $2\,800×10^4$ 吨标准煤。在云南太阳能资源的利用主要是光热利用(如太阳能热水器)和光伏发电。

观测结果表明,1961—2012 年云南 5 个辐射观测站平均太阳总辐射线性变化趋势并不明显。但分时间段来看却存在明显的趋势性变化:20 世纪 80 年代末期以前,总体呈下降趋势,其后则处于明显的上升时期,这与全球太阳辐射在 1990 年前后存在从暗到明转变的结论(Wild 等,2005)相吻合(图 11.7),同时也与气温发生突变的时间相对应。有分析表明,太阳总辐射的变化与大气中水汽含量关系最为密切,近 5 年来区域内的持续少雨,空气湿度降低,加剧了太阳总辐射增加。另外,对比昆明站总辐射和直接辐射,可发现自 80 年代末期以后,直接

辐射的上升幅度明显高于总辐射。

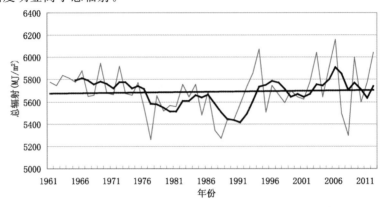

图 11.7 1961—2012 年云南 5 个辐射代表站平均太阳总辐射年际变化

对于光伏利用而言,由于能量主要来自于直接辐射,其资源量的增加更有利于光伏发电产业效益的提高。但气温升高会加速太阳能电池板温的升高,从而抑制光伏效应,在一定程度上会给光伏发电带来负面影响。

对于光热利用而言,太阳辐射资源量的增加对于太阳能的利用具有明显的促进作用。

11.2.3 气候变化对云南生物质能利用的影响

气候变化对生物质能利用的影响,主要是通过影响其原料供给从而进一步影响生物质能的利用。其影响作用主要体现在以下几个方面:

11.2.3.1 气候变暖对提高沼气利用效率有正面作用

温度是沼气发酵的重要外因条件。研究发现,在 10～60 ℃ 的范围内,沼气均能正常发酵产气。在这一温度范围内,一般温度愈高,微生物活动愈旺盛,产气量愈高。微生物对温度变化十分敏感,温度突升或突降,都会影响微生物的生命活动,使产气状况恶化。随着气候变暖趋势的加剧,全球气温的上升,云南气温也出现了一定程度的升高,这种温度的增加,有利于沼气的发酵,提高其利用效率。

11.2.3.2 气温升高对生物质能利用的双重影响

云南热量资源充裕,全省除少数高寒山区及滇东北部分地区外,各地全年日均温都在 0 ℃以上,作物全年都可生长;滇中以南多数地区以及金沙江干热河谷部分地区全年大部分时间日均温都在 10 ℃ 以上,喜温作物全年都可生长。气候变暖将使热量资源增加,原料作物生长季延长,农业地带向高纬移动,原料作物种植区域扩大,生产力和产量将得到提高。云南气温升高,使滇东北部分地区可种植面积增大,南部的热带经济作物北移,生物质能原料作物适宜生长区也增加。据预测,气候变化将会导致云南干热河谷地区面积扩大、干热河谷也将变得更加干热,从而更加适宜生物柴油原料作物膏桐等的生长和种植,对提高其产量大有益处。

但气温升高,也可能使作物产量降低。气温增加,作物呼吸消耗加快,干物质积累减少,同时作物发育进程加快,不利于籽粒充实,影响作物质量,从而进一步影响转化质量;降水减少或虽增加但不足以补偿蒸散率的增加,使土壤水分下降,影响作物生长。由于温度带的移动,有些不适应变化的物种会灭绝,生物质能原料作物物种也会减少。

11.2.3.3 气候变暖有利于提高生物质能原料作物的复种指数

云南农业气象资料表明,云南大多数地区作物可以一年二熟,也有相当面积可以一年三熟。气候变暖有利于增加云南的热量资源,扩大三熟制面积,提高复种指数;同时,气温升高使作物品种由早熟向中晚熟发展,有利于增加单位面积产量,高海拔地区全年生长期延长,亚热带经济作物将北移,种植高度提高,有利于多熟种植和扩大种植。

按热量情况,云南可分为七个带。其中的北热带,热量条件充足,可一年三熟,是云南发展热带作物的宝地。未来气候变暖,热量更加充分,若降雨量增加,高温多雨,则热带生物质能原料作物将大幅度增产。但是,由于未来气候的冷暖、干湿变率可能增大,特别是降水变化的不确定性,使有些地区的种植制度受到制约。而且,只有水、热、肥等各方面条件都能满足的情况下,种植制度的改变才有利于生物质能原料作物产量的提高。

11.2.3.4 气候变化影响区域雨量和蒸发格局,增加生物质能原料作物生长环境

随着气候变化,气温、风、降水也将发生变化。它们改变了区域的雨量、蒸发格局,对一地的水循环造成影响。一些地区的降水可能会加大,另一些地方则会减少,但即使在降水增加的地区也会因蒸发的增加导致径流量减少。近52年来云南气温升高、降水量减少,其结果是干旱、洪涝等灾害性事件增加,加大了云南水资源的不可靠性。特别是云南广大的干旱、半干旱地区,如果降水减少10%、气温升高1~2℃,将使径流量减少40%~70%;干旱加剧后又会过量开发水资源,加大土壤盐化。

无视土地资源的承载力而不加控制地使用土地,已使大量土地资源退化和耗竭。而气候变化有可能使土地资源问题变得更尖锐。随着气候变暖,降水量减少的地区,高温、干旱使土壤蒸发加大,表层干燥,风蚀沙化过程加速。干旱加剧,土地荒漠化速度也加快。而降水强度变化则可能加快土壤侵蚀速率,水土流失,肥力下降,从而使生物质能原料作物的现有生长环境不确定性增加。

11.2.3.5 气候变化将增大生物质能原料作物的生产成本,降低云南发展生物质能产业的优势

无论温度升高的幅度如何,气候的变干或变湿的程度如何,都将引起农业生产条件的改变。为了克服气候变化对生物质能原料作物生产潜力的影响,为了减轻气候变化对土地资源、水资源数量、质量的不利影响,生物质能原料作物的生产必须予以更多投入,用于灌溉、施肥、改良土壤、水土保持、病虫害防治等方面的费用将大大增加。随着气候变暖,云南出现干旱、洪涝、病虫害等气象灾害的强度和频率也将会增大,就会增加更多因气候变化的农业费用投入。

11.3 未来气候变化对云南能源的可能影响

11.3.1 冬季采暖、夏季降温耗能预计影响

对采暖和降温耗能来说,气候变暖无疑会对前者起到节能、而对后者起到增加耗能的作用。在全球变暖的背景下,未来云南的气候变暖趋势将可能进一步加剧,未来云南可能出现高

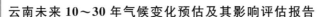

温日数增多、高温热浪频率和强度增大,区域气候变化将进一步加剧。夏季大、中城市空调制冷电力消费的增长趋势使得降温耗能将继续增大。尽管未来云南的气候变暖趋势将使云南采暖耗能进一步减少,但由于极端天气气候事件增加,不排除阶段性极端低温的频繁影响,因此,在阶段性极端低温出现的时段,对采暖耗能的需求会有增加。

11.3.2 能源供应预计影响

在能源的供应上,气候变化导致极端天气气候事件增加,对云南的能源设施也将造成负面影响。极端天气气候事件有可能导致对电力设施的危害,这种危害所产生的后果经常是出乎人们意料的。由于电力设施通常是根据气候平均状态适当增加保险系数,或者是以极端事件重现期为标准设计,当超过设计的极端天气气候事件发生时,对电力设施会产生极大的破坏,造成发电设施和供电线路中断。如对于水电设施,极端暴雨洪灾可能会引起水库溃坝和水力发电设施的损坏;在云南东北部和西北部、四川、贵州、重庆、西藏大部的极端低温雨雪冰冻事件可能引起供电线路的毁损等。极端天气气候事件会加大能源消耗。例如极端高温或者极端低温都会引起能源消耗的大幅增加,而极端事件所造成的灾害也将进一步增大能源消耗量,造成一定时期内的能源供应紧张。

11.3.3 对水电预计影响

水电主要受水库上游流域来水量的影响。气候变化导致的降水变化速率和量级对云南水电的影响不尽相同。预计未来 10～30 年,云南降水量总体呈减少趋势。在降雨减少、蒸发增加引起干旱造成水位快速下降的情况下,水力发电水库可能难以蓄积更多的水量供发电;极端强降水事件的发生频率和强度增加,将使得水库安全运行风险加大。

11.3.4 对能源政策预计影响

当前,气候变化影响国际产业布局和国际贸易,许多国家都高度重视低碳经济与能源可持续发展,以争取在新一轮经济增长中占据主动权。云南未来经济的持续高速发展面临能源需求与减排的双重挑战,气候变化与未来的能源政策关联密切。为了在二氧化碳排放权国际谈判中争取主动,我国面临着减排的国际压力,未来云南必然把提高能效作为确保能源安全战略的重要措施,并将积极发展可再生能源,努力减少温室气体排放。未来积极发展可再生能源的政策导向预计为:(1)积极地利用"清洁发展机制"促进可再生能源发展。《京都议定书》在为发达国家规定了具体减排目标的同时,也引入了联合履约(JI)、排放贸易(ET)和清洁发展机制(CDM)三个灵活机制,允许发达国家以成本有效方式在全球范围内减排温室气体。由于发展中国家边际减排成本低,发达国家非常青睐"CDM"。当前,云南应积极参与"CDM",利用发达国家的"免费"资金促进我国可再生能源发展。(2)制定优惠政策,提高云南可再生能源产业的国际竞争力。在当前的技术水平条件下,云南总体上可再生能源产品开发技术还不成熟,可再生能源产品供应还形不成规模,难以与常规能源产品进行竞争。因此,可借鉴国外经验,加大可再生能源发展的政策支持力度,提供减免税收、价格补贴、低息贷款等优惠政策,加强引导和规划,促进可再生能源的开发。(3)避免可再生能源发展大起大落。将可再生能源置于优先发展地位,持续一贯地支持可再生能源发展,避免出现在能源供应紧张时期"一哄而上",而在能源供应过剩时期,又极力限制可再生能源发展的状况,对可再生能源发展非常重要。

11.4　云南能源对气候变化的适应对策建议

11.4.1　加强气候变化对能源影响的科学研究并纳入能源发展规划

进一步加强气候变化研究,减少气候变化及其对能源影响评估结果的不确定性,用科学事实和数据为区域能源安全提供依据;开展气象和气候对能源短期、中期、长期影响的研究,开发精细化能源气象预测预报技术;研究极端天气气候事件对能源影响的机理和评估方法;开展能源基础工程建设气候可行性论证的指标体系和技术规程研究。

气候变化对常规能源和新能源、可再生能源的影响是不同的。各个行业对于气候变化的反应是不同的,气候变化对各行业能源需求的影响也是不同的。因此,在未来能源发展规划中,必须权衡工业、农业到住宅和公共工程等不同行业的能源需求,气候变化对常规能源和新能源、可再生能源的不同影响,为了规划未来可持续的能源供应,能源供应系统的设计、开发和管理也必须要考虑气候变化的影响。

11.4.2　提高能源使用效率

节约能源不仅是应对气候变化的需要,也是实现可持续发展的需要。在保证经济又好又快发展的前提下,大力发展低能耗产业,开发节能产品,减少能源浪费,节约能源消耗具有重要性和紧迫性。云南 GDP 能耗比全国平均水平高,通过强化措施加强能源管理,提高能源使用效率,降低能耗和节约能源是有很大潜力的。通过积极的引导和宣传,强化居民的节能意识。随着人民生活水平的不断提高,生活耗能呈迅速增长趋势,普及节能知识,对于节约能源也能起到重要作用。

11.4.3　合理规划能源发展

大力开发可再生清洁能源,提高可再生清洁能源的比例,不但能降低能源供给的压力和风险,也是减少温室气体排放和应对气候变化的措施。云南有丰富的可再生清洁能源资源,开发潜力巨大。

云南水能资源非常丰富,虽然大江河已经基本完成开发规划,但其支流的小水电的水能潜力也是巨大的。小水电是清洁的可再生能源,通过充分挖掘潜力,大力开发小水能资源对于缓解能源供应紧张状况是十分有效的。

云南部分地区是风能资源相对富庶的区域,但由于云南的地理地貌特征,风能资源丰富区域基本上位于山区,已经规划的风电场并不能表征云南风电的全部,其隐藏的潜力依然巨大。

云南拥有丰富的太阳能资源,可开发的前景非常广阔。应当制定相关政策,大力开发太阳能光热利用(如太阳能热水器)。同时,随着太阳能利用技术的发展,光伏发电已经成为朝阳产业,应当积极推进太阳能光伏发电产业的开发。

生物质能也具有很高的开发价值,云南各种生物不但种类繁多,产量也很高,重要的是提高生物质能的利用效率。

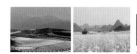

11.4.4 降低气象灾害对能源供应的风险

充分认识气候变化背景下气象灾害的发生规律,充分发挥气象在防灾减灾中的关键作用,可有效降低气象灾害给能源供应带来的风险。

应对气候变暖背景下极端天气气候事件的影响,必须提高能源和电力设施的抗风险能力。根据气候变化的规律,加强设施建设的气候可行性论证,避免和减轻极端天气气候事件所带来的危害。

第 12 章　气候变化对云南其他领域的影响与适应

摘要:云南旅游以"生态多样性、气候多样性、民族文化多样性"吸引着众多的国内外游客,旅游业是云南的经济支柱行业之一。气候变化已对云南旅游景观造成了直接影响,并可能使影响程度进一步加深:气候变暖改变植被和野生特种植物的组成、结构和生物量,使森林分布格局发生变化,进而影响到自然景观和旅游资源,例如滇南地区雾日的减少对热带雨林的影响总体上看以负面为主,云海景观也发生着变化;已经发生并且将进一步加剧的雪线退缩会对滇西北冰川景观产生致命的打击;水资源的变化对于以小桥、流水、人家景观著称的古镇风景带来不利影响。在全球变暖的背景下,云南夏季气温的增幅小于冬季气温,相对于国内其他省份,无论冬季的避寒还是夏季消暑,其舒适度比以往更具有优势。从这个意义上讲,气温的舒适度有一定程度提高,这意味着云南适宜旅游时间的延长,初春和秋末可能成为继避暑旅游之后的新旅游经济的增长点。云南旅游适应气候变化的对策与建议包括统筹规划旅游业的发展、加强旅游资源保护、合理利用旅游资源、拓展旅游业的内涵。

人类疾病和健康状况与生态系统和环境变化密切相关,许多疾病与特定的环境和生态系统相联系。气候变化对人类健康的影响分为直接影响和间接影响两个方面。直接影响主要包括气候变暖直接导致的高温热浪对人体健康的侵害,以及由于气候变暖产生的极端天气气候事件的增加对人类健康的威胁。间接影响包括传染性疾病的增加、病原体变异、水污染和大气污染、食物供给能力与质量下降等造成的影响。人体健康适应气候变化的对策与建议包括:加强环境变化对人类健康影响的复杂途径和机制的研究,提高社会对全球气候变暖与健康关系问题的关注度,建立和完善健康保障体系,增强抗御气候变暖、造福人类健康的能力。

12.1　气候变化对云南旅游的影响

12.1.1　云南的旅游资源概况

云南旅游以"生态多样性、气候多样性、民族文化多样性"吸引着众多的国内外游客,旅游业是云南的经济支柱行业之一。

从景观上讲,云南的旅游资源具有丰富、独特、生态的特征。云南山川秀美,其旅游资源的构成复杂多样、丰富多彩。如石林、"三江并流"、虎跳峡、怒江大峡谷、腾冲火山群、建水燕子洞等独特景观都是在国内甚至国外都具有很高的知名度。另外,云南具有丰富的生物资源,号称"植物王国"。云南地跨从北亚热带到高寒山区七个气候带,几乎囊括了从海南岛到黑龙江的中国大地上所有气候类型和生态景观:既有热带雨林景致,又有雪域和草原风光,还有北半球

纬度最低的雪山冰川。云南地处低纬高原,具有气温年较差小、日较差大的气候特征,终年常绿,四季如春,无论是夏季的消暑旅游、冬季的避寒旅游都极具吸引力。

云南的民族文化旅游资源特色鲜明,丰富多样。云南有 25 个世居少数民族,其中白族、哈尼族、傣族、佤族、拉祜族、纳西族、景颇族、布朗族、阿昌族、普米族、怒族、德昂族、独龙族、基诺族 14 个民族为云南特有。各民族在长期的生产、生活中,形成了风格各异、类型多样的民间文化、风俗习惯、节日、服饰、村舍建筑,构成了云南旅游资源的一大特点和优势。同时,特殊的区位,使云南成为中国大陆连接东南亚、南亚的桥梁,成为中原文化、藏文化、东南亚文化、西方文化的交汇点。

云南主要旅游景区主要有昆明景区、西双版纳景区、大理景区、丽江景区、香格里拉景区、腾冲景区、怒江大峡谷景区等。昆明景区的特色可概括为:美丽的自然风光、灿烂的历史古迹、绚丽的民族风情;西双版纳景区的特色可概括为:版纳佛风、傣乡风情、神秘雨林;大理景区的特色可概括为:白族风情、茶花之乡、风花雪月;丽江景区的特色可概括为:茶马古道、东巴文化、高原水乡;香格里拉景区的特色可概括为:高原绿野、康巴藏民、雪山圣域、自由王国;腾冲景区的特色可概括为:侨乡文化、火山热海、翡翠集散;怒江大峡谷景区的特色可概括为:三江并流、美丽险奇、原始古朴。

12.1.2　气候变化对云南旅游的观测事实

12.1.2.1　对旅游景观的影响

(1)对雪山冰川的影响——以玉龙雪山为例

玉龙雪山地处青藏高原东南边缘,属横断山脉,有 13 座雪峰蜿蜒百里,山腰云蒸雾腾,远远望去,宛如一条横卧在云霄间的万丈巨龙,因而得名"玉龙雪山"。在玉龙雪山上,不仅可以感受到四季的更替,还可以看到受立体气候影响所形成的完整植物垂直分带谱。海拔 1800 m 的金沙江河谷到海拔 4500 m 的永久积雪地带之间,有着从亚热带到寒带的多种气候。种类繁多的植物按不同气候带生长在山体的不同高度上,组成了非常明显而完整的山地植物分带谱,成为滇西北横断山脉植物区的缩影。另外,在奇峰深谷中还生活着 59 种珍禽异兽,如滇金丝猴、云豹等都是国家级保护动物。因此,玉龙雪山被称为"天然的植物王国"、"高山花园"和"药材之乡"。

20 世纪 80 年代至今,玉龙雪山冰川一直处于后退状态。1982—1997 年共后退 150 m;最近几年后退速度加快,1998—2000 年的 3 年间后退 35 m,2001—2006 年虽然后退幅度有所不同,但一直处于持续的退缩状态中。近年来玉龙雪山冰川末端海拔平均每年上升约 20 m,冰川冰舌平均每年后退 30 m,比 20 个世纪 90 年代每年后退 10～20 m 明显加快。玉龙雪山现代冰川仁河沟的 3 条冰川及漾弓江 1 号冰川已完全消失,玉龙雪山冰川仅剩 15 条,冰川总面积由 11.61 km² 减少至 8.5 km²,平均末端海拔已上升至 4649 m,而索道可载观光游客仅能到达 4506 m 的高度。

玉龙雪山冰川退缩现象主要是全球气候变暖在本区域的具体表现。我国季风温冰川区平均的温度增值比其他冰川区要小,但冰川退缩的比例(30%)则比其他区域要大(10%～23%)。这是因为季风温冰川是对气候变暖反应最为敏感的冰川,玉龙雪山冰川纬度最低,面积很小,所以它对气候变化反应更为敏感,大气温度稍有上升,冰川就会随之退缩。这就是目前玉龙雪山冰川后退的主要原因。为发展冰川旅游建设的旅游设施造成地表覆被变化，如索道、宾馆、道路、通信线路、度假区、高尔夫球场等，以及人口（包括旅游者和相关工作人员）和机动车辆的大量增加，使以冰川退缩的森林和草地为主的原始自然生态环境受到一定程度的破坏，产生"热岛效应"也是玉龙雪山冰川退缩的重要原因。气候变化是无法改变的，人类目前能够做到就是尽最大努力保护环境，保持生态平衡，使人类活动对区域性变暖的影响减少到最低限度（何元庆等，2004；院玲玲等，2008；张宁宁等，2007）。玉龙雪山景区的特色景观包括现代冰川、原始森林和高山草甸，其中最为突出和独特的就是现代冰川景观。对玉龙雪山景区来讲，如果其冰雪资源持续减少，可能对其旅游业的发展造成巨大而深远的影响。玉龙雪山冰川公园直接依存于玉龙雪山的冰雪资源而存在，冰雪的缺失可能导致游客数量和旅游收入的大幅度降低。根据科学家的预测，2050 年丽江气温比目前增加 1.6 ℃，玉龙雪山平衡线高度将上升 166 m，接近海拔 5000 m；冰川积累区面积将从 0.713 km² 减少到 0.155 km²。冰雪资源的匮乏，可能对冰川公园旅游开发价值造成较大影响。玉龙雪山冰川在游客心目中占有很高的地位，在丽江所有的旅游景点中，认为玉龙雪山最具吸引力的游客比例为 23.96%，仅次于丽江古城（61.19%）；78.83% 的游客参观过玉龙雪山冰川，也仅次于丽江古城（99.38%）。如果冰川公园的吸引力降低，游客数量减少，会对丽江旅游业造成相当大的损失。

同时，经过问卷调查，发现居民认同的冰雪资源消失所造成的损失比例，大大高于游客认同的损失比例。这一方面说明玉龙雪山在丽江居民心目中是最重要的旅游资源，同时也说明它对居民心理具有重要影响，这可能和民族文化、宗教信仰密切相关。

（2）对大理苍山洱海和美景"风花雪月"的影响

人们常用"风花雪月地，山光水色城"来形容大理的风景。风花雪月，指的是常年吹拂的下关风，美名远扬的上关月，经夏不消的苍山雪，冰清玉洁的洱海月。"风花雪月"四景相互辉映，点染出独具特色的大理海景，有"上关花，下关风，下关风吹上关花"；"苍山雪，洱海月，洱海月照苍山雪"的民谣为证。在大理，一年四季繁花似锦，各种各样的鲜花竞相开放。苍山顶峰白雪皑皑，经夏不消，隆冬时节山茶、杜鹃、腊梅争相怒放，举目所见，尽是一幅幅绿叶红花和古雪神云相映成趣的画面。洱海的月亮，皓月当空，水光如镜，仿佛水底也浮起一轮明月。而一旦和风习习，百里洱海便陡然万顷银辉，好像整个世界都溶解在月光之中，这是风、花、雪、月四大景观交相辉映而产生的"综合效应"。

从 1991 年开始，大理年平均气温开始持续攀升，增温幅度达 0.55 ℃/10a。季节平均气温增幅冬季最高，为 1.09 ℃/10a；其次是秋季，为 0.45 ℃/10a。就各月而言，平均气温整体呈上升趋势。最低、最高气温的增温趋势与平均气温增温趋势一致。最低气温增幅为 0.17 ℃/10a，最高气温增幅为 0.12 ℃/10a。20 世纪 90 年代后，升温率开始明显增大；而初终霜间隔日数呈明显减少趋势，即年内无霜日数增多。照此增温趋势，到 2026 年，年平均气温将达到 16.3 ℃（杨智等，2008）。气候变暖，生物多样性面临着严重挑战，并将进一步影响生态平衡。洱海原有的水生生态系统遭到破坏，深水植物分布面积逐年减少，大型底栖动物锐减，导致生物链中断。所以现在蓝藻、水葫芦全湖暴发的概率仍然较高，一旦水温升高，蓝藻、水葫芦等水生植物繁殖速度就会加快。到那时，在形如一弯新月的洱海泛舟，感受一阵阵温情荡漾的场景将不复存在。

苍山具有从低热带至高山冰漠冻原带的全部垂直植物带谱，层次丰富。除了有较茂密的森林植被外,还可以看见被誉为"云南八大名花"的山茶花、杜鹃花、玉兰花、报春花、百合花、龙胆花、兰花和绿绒花。特别是杜鹃花,在苍山可以观赏的品种达 41 种之多,因而苍山也被称为"天然杜鹃园"。但气候变暖必定会对这些花卉植物的生长发育有所影响,加速一些珍稀物种的灭绝。对于花卉植物而言,变暖导致所有植物改变了开花的步调。如杜鹃花,10 ℃以下生长缓慢;15~25 ℃是生长适宜温度,生长最快;30 ℃以上时则又生长缓慢并进入休眠期,且对生长发育有不利的影响。在大理最热月的气温已经达到了 28 ℃,气温的继续上升,对杜鹃花的生长极其不利,同时也会使大理"风花雪月"的自然景观大打折扣。

(3)对景区水体的影响

降水的减少,尤其是云南近年来的持续干旱对部分旅游景区植被、景区水体影响较大,最具代表性为 2010 年 1—4 月的干旱影响:至 2010 年 2 月末,香格里拉纳帕海急剧萎缩,水位下降了 4~5 m,许多支流已经断流,湿地内的高原鱼也因水少而大量死亡,以高原鱼为主食的黑颈鹤正面临着食物短缺的困境。因干旱罗平县油菜花花期缩短了一个月,2010 年 2 月下旬前往罗平县的游客量比往年同期明显下降;进入 2010 年 3 月,罗平九龙瀑布群已出现间歇式断流,其中上游的"情人瀑"、"神龙瀑"的"瀑"景观都已消失。文山州的坝美和普者黑两大景区的水源均来自地下水,由于持续干旱致水位下降,水生植物也不同程度受到影响。同时,因景观沿途和周围的山均为岩石,土层较薄,干旱致景区植被出现干枯,从而影响整个景区的景观质量。石林风景区的"大叠水瀑布"因上游南盘江支流巴江河几乎断流而"瘦身",严重影响了该风景区景观。河口县南溪河景区因旱水位下降了约 3 m,往年 3 月初就启动的漂流项目不得不后延。

虎跳峡景观途经玉龙雪山和哈巴雪山,由于近年来降水的减少,冰雪积累量也减少,引起冰川退缩,这对于虎跳峡景观径流量的冰雪补给也是极为不利的,从而导致虎跳峡险滩密布,飞瀑荟萃的美景受到影响。

(4)对鸟类迁徙的影响——以昆明红嘴鸥为例

昆明自 1985 年秋季以来,每年 11 月—翌年 3 月都有上万只红嘴鸥在市区内的翠湖公园、盘龙江等地觅食、活动,形成昆明的特色风景。昆明的红嘴鸥来自北西伯利亚,从贝加尔湖穿越俄罗斯和整个中国来到昆明过冬,之后再集体返回。红嘴鸥虽然不是昆明的,但却是昆明的骄傲。红嘴鸥在水面上悠游自在,对来往人群和船只毫不畏惧;游人也喜欢买些面包给它们吃,人与鸟之间建立了和谐的关系。

世界自然基金会(WWF)在《全球鸟类与气候变化情况》报告中指出,鸟类迁徙正受到日益严重的气候变化影响,一些鸟类已无法完成迁徙。报告称,许多科学证据都表明,气候变化正在影响鸟类的行为,越来越多的鸟类无法适应它们所处的生态系统的发展变化,其中海鸟和候鸟是对气候变化最敏感的群体。更为严重的是,全球变暖已使许多鸟类面临灭绝的危险(施秀芬,2007)。

红嘴鸥到昆明过冬已持续近 30 年,它们已成为"春城"昆明的一张名片。根据《红嘴鸥对昆明两个景点游览人数变化的影响》课题小组于 2007—2008 年在翠湖和滇池草海大堤历时 10 个月的定点定时调查数据,研究评估了越冬候鸟红嘴鸥对昆明景点旅游活动的影响。结果显示:在调查点上,有红嘴鸥期间的游览人数是无红嘴鸥期间的 2.8~2.9 倍,差异极显著(P<0.01),表明红嘴鸥对景点游览人数的影响是极显著的。红嘴鸥的到来还促进了景点有偿照

相者和小贩的经济收入(管晓霞等,2008)。

正如《全球鸟类与气候变化情况》报告所显示的,全世界各个地方的鸟类都在经受着气候变化所带来的恶劣影响。科学家们已经发现,一些鸟类种群的数量下降了近90%,其他鸟类中也出现了前所未有的整体性繁殖失败的记录。因此,要想避免昆明红嘴鸥的大量灭绝,就必须迅速、大量地减少温室气体的排放,减缓气候变暖。

(5)对高山生态景观的影响——以迪庆高山景观为例

迪庆藏族自治州特殊的地理环境和气候形成了其神奇美丽的自然景观。这里动植物资源丰富多样,大面积的原始森林和自然生态环境里,生长着高等植物2 183种、国家一二级野生保护动物60多种,因而有"寒温性高山动植物王国"、"世界园林之母"的美誉。区内具有完整而独特的高山生态系统,高山草甸、杜鹃林及云冷杉林最具特色。黄杜鹃、黑颈鹤等珍稀动物栖息其间,是"三江并流"区域内高原生物多样性集中体现的地区之一。

然而,高山生态系统对气候的变化非常敏感。随着气候的不断变暖,它对高山生态的影响逐步表现出来。风景被破坏,林木线转移,灌木增多;低纬度物种入侵,许多物种可能会灭绝。同时,气候变化还可能改变植物基本功能的时间性,植物开花和结果的时间变得不合乎"情理"了,进而影响到昆虫、鸟类和整个生态系统。到那时,迪庆藏族自治州将有可能失去"一日游遍北半球"的美誉,使其特有的旅游亮点资源受到影响,继而影响该地区旅游经济的快速发展。

12.1.2.2 对旅游舒适度的影响

旅游地的人体舒适度会对旅游者的行为产生影响,人体舒适度是人们在选择旅游目的地时除了景观、文化之外需要考虑的重要因素之一,人体舒适度不佳极有可能迫使旅游者改变目的地。

云南春季气候温暖、阳光明媚。秋季果实累累,秋高气爽。这两个季节,是人们外出旅游观光,欣赏自然美景的最佳季节。从气候条件上看,春秋两季平均气温在10~22 ℃,不冷不热,比较舒适宜人,是最佳旅游季节,也是我国大部分地区的实际旅游旺季。因此,春秋季的长短,也就是最佳旅游期的长短,是旅游气候资源优劣的重要指标。而云南气候夏无酷暑,冬无严寒,是消暑避寒理想之地(攸启鹤,1996)。

在全球变暖的背景下,云南夏季气温的增幅小于冬季气温,相对于国内其他省份,无论冬季的避寒还是夏季消暑,其舒适度比以往更具有优势。从这个意义上讲,气温的舒适度有一定程度的提高,这意味着云南适宜旅游时间的延长,初春和秋末可能成为继避暑旅游之后的新旅游经济的增长点。

但是,云南气温的升高也会造成对于人体舒适度的不利影响。例如云南夏季气温升高较缓只是一个相对的概念,进入21世纪以来夏季最高气温的升高也造成人体舒适度的下降;气温的升高也会造成用水量的增大而引发水资源的紧缺,增大了旅游成本。

气候变化对人体健康的影响将导致旅游安全系数降低,旅游安全事故增加。气候变化导致的极端天气气候事件频发和传染性疾病的传播也将使人们对外出旅游产生恐惧心理,从而减少人们对旅游的心理需求(杨伶俐,2006)。云南为雷暴多发区,雷暴是游客在野外景点对其生命安全威胁最大的灾害性天气之一,如2010年7月13日石林风景区就因雷击造成2名游客死亡,4名游客受伤。近50年来,云南大部地区雷暴频次呈减少趋势,其中保山市、德宏州西南部、普洱市西部等地减少最为明显,这表明雷暴对游客生命的威胁性随时间推移总体呈下降趋势。

12.1.3 适应对策建议

(1)统筹规划旅游业的发展

气候变化是长期渐进的过程,旅游业应当积极适应气候变化趋势,充分把握可利用因素,因势发展,顺势发展。把气候因素纳入旅游业发展全局之中,要善于利用和整合因气候变化衍生的新型旅游资源,重视开发与气候因素密切相关的旅游产品,充分利用气候变暖延长的适游期。同时,应当避免气候变化所带来的对旅游的不利影响,及时调整策略,保障旅游业可持续发展。

(2)加强旅游资源保护

加强山地灾害的综合整治,重视水体周边地区的植被恢复,保护旅游景观和旅游资源,保持水土涵养功能。旅游设施要注重严防雷击、滑坡、泥石流;易受湿、热、雨、雪等气候变化影响的遗址遗迹和旅游景观,要注重增强保护的科学性和有效性。必须主动防御灾害性天气气候事件,针对气候变化引发的各种灾害性事件,分类采取预防性措施,加强旅游资源保护和设施维护。要控制有害生物的蔓延,减轻有害生物的危害,避免生态景观过度退化。

(3)合理利用旅游资源

科学开发利用旅游资源,避免片面追求经济利益和短期回报,防止其他用途的开发利用影响旅游资源保护,加剧气候变化。旅游开发必须以保护生态环境和减缓气候变化为前提,适度开发,合理利用,鼓励探索有助于减缓气候变化的旅游开发方式。

(4)拓展旅游业的内涵

加大旅游文化的开发力度,拓展云南生态旅游的内涵。重点提升传统旅游产品,适度增加旅游新产品,加强引导客源流向,积极发挥气候变化有利因素的促进作用。例如大力发展消暑避寒旅游、民族文化旅游等等。

(5)旅游区加强气象灾害监测与预警

旅游区等建设气象监测设施和综合信息发布平台,在现有气象灾害监测网的基础上加强旅游区气象灾害监测站网建设,加强对暴雨、冰雹、洪涝、干旱、寒潮、低温冰冻、雷电等气象灾害的监测,及时发布气象灾害监测预报预警信息。

12.2 气候变化对人体健康的影响

人类疾病和健康状况与生态系统和环境变化密切相关,许多疾病与特定的环境和生态系统相联系。随着气候、生态和环境的演变,人类的疾病和健康状况也会随之发生变化。疾病不仅威胁生命和健康,也影响和阻滞社会、经济、文化和政治的发展与进步,反过来,社会、经济、文化政治也对人类的健康产生重要的影响。人群健康状态是衡量社会—经济政策成功与否的最重要指标,好的健康水平是可持续发展的保证。气候变化对人类健康的影响可分为直接影响(包括热浪、严寒、洪水、滑坡泥石流等等所引发的疾病及死亡率和发病率的变化)和间接影响(指由于气候变化引起生态、环境的变化而导致致病因子变化所产生的影响,如因气候变化使传染病病原体、媒介、宿主的密度分布范围和活动能力发生变化而导致有关病害的发生、增强等)。再者,生态环境本身的内在演化以及人文环境的变化也会影响人类的健康(Patz

等,2005)。

气候变暖危及人类健康,危及人类的生存和发展。人类有很强的适应气候变化的能力,这种适应能力是经数千年时间形成的,当前及未来气候变化的速率意味着人类适应的代价是昂贵的。世界卫生组织指出:每年因气候变暖而死亡的人数超过 10 万人,如果世界各国不能采取有力措施减缓气候变暖,到 2030 年,全世界每年将有 30 万人死于气候变暖(张庆阳等,2007)。

12.2.1 直接影响

直接影响主要包括气候变暖直接导致的高温热浪对人体健康的侵害以及由于气候变暖产生的极端天气气候事件的增加对人类健康的威胁。例如热胁迫增加、降水强度增大以及极端冷事件频繁等等。

(1)热浪影响

气候变暖使热浪袭击趋于频繁,或严重程度增加对人类的健康产生了直接影响。热浪、高温使病菌、病毒、寄生虫更加活跃,损害人体免疫力和抵抗力,导致与热浪相关的心脏、呼吸道系统等疾病的发病率和死亡率增加。这种影响对老人、儿童、发展中国家贫穷的群体尤为显著。世界卫生组织预计,到 2020 年全球死于酷热的人数将增加一倍。人们对气候变暖与死亡率的变化进行研究,提出了"热阈"的概念,当气温升高超过"热阈"时,死亡率显著增加。对上海 1980—1989 年研究结果表明,当夏季气温超过 34 ℃,死亡率急剧上升(张庆阳等,2007)。炎热强度及持续时间比瞬时最高温度对死亡率有更大影响,由于热岛效应,城市市区的高温不但高,而且持续的时间长,所以热浪对人类健康的影响一般是城市大于郊区和农村。有研究表明,低纬高原城市昆明的城市增温约为 0.5 ℃/30a(张一平等,2001)。

在云南,四季如春的气候开始逐步向夏季显现和延长的趋势变化,35 ℃以上高温的日数呈明显的上升趋势,高温热浪作为气象灾害逐步被人们认可。2006 年夏季的极端热事件,甚至造成了云南气象灾害史上因为热浪导致人员直接死亡 2 人的记录。

(2)天气气候事件影响

全球气候变暖使暴雨、干旱、冷事件等极端天气气候事件发生的频度和严重程度均有所增加,直接导致死亡率、伤残率上升,并增加社会心理压力。当极端干旱发生时,水源减少,水质下降,灾区可能会引发疾病;而极端暴雨会引起下水道溢出,大量雨水会把农田、草地、街道等处存在的微生物带入人类饮用水的供应源头,这些均可能导致饮用水质量的下降。

全球变暖是一个长期的过程,但极端冷事件却是一个短时事件,例如霜冻、雨雪冰冻等多属于突发事件。气候灾害记录表明,近年来云南的极端天气气候事件呈上升趋势。例如干旱、洪涝事件更加频繁,而虽然冷事件呈减少趋势,但极端冷事件却在加剧。2008 年初出现的低温雨雪冰冻灾害创下了云南气象灾害史上最严重的纪录。

气候变暖的一些影响可能是有益的,例如,有研究认为,在我国气候变暖将减少冬季因病的死亡率,甚至大于夏季高温引起死亡率的增加值(周启星,2001;何兴元,2004)。

降雨增加和温度的升高加剧了环境化学过程,导致环境中某些化学元素异常,从而引起疾病。降雨强度增加和频度提高,将进一步导致土壤侵蚀和水土流失,从而造成环境中某些化学元素异常,如缺乏、过剩或比例失调。现已证明,克山病均分布在低硒环境,而低硒环境是在地理地带性因素和非地带性因素共同作用下形成的,其中水土流失是造成整个生态系统物质循环中低硒通量的重要原因。从云南克山病病区看,从环境的岩石—土壤—水—作物—食物链到人体均处于低硒生态循环中(谭见安等,1985)。

12.2.2　间接影响

间接影响包括传染性疾病的增加、病原体变异、水污染和大气污染、食物供给能力与质量下降等造成的影响。

(1)对传染性疾病的影响

许多传染性疾病属于温度敏感型。全球气候变暖使传染性疾病的流行范围扩大,更严重的是会导致某些传染性疾病的传播和复苏。

气候变暖将引起昆虫传播媒介的地理分布网扩大,从而增加全球许多地方昆虫传播性疾病的潜在危险。随着气候变暖,疟疾、血吸虫病、登革热等虫媒疾病将殃及世界 40%～50% 人口的健康(于长水,1998)。如在美国已经绝迹的疟蚊因气候变暖又在一些地区出现。近年来我国的广东、广西、福建等省(区)也先后暴发了登革热。

由于云南地处低纬高原,终年无寒暑的气候特点比较有利于病原体的存活与流行。例如疟疾受温度、湿度、雨量以及按蚊生长繁殖情况的影响,气温一般在 16～30 ℃疟原虫在蚊体内发育比较有利,因而气候变暖有利于在云南南部出现终年适宜的温度和湿度,有利于按蚊孳生与流行。

(2)对传染病病原体的存活变异的影响

由于全球气候变暖与环境变化,导致传染病病原体的存活变异、动物活动区域变迁等。温带气候变暖,使感染或携带病原体的啮齿类动物的分布区域扩大,每年的危害期延长,使传染病区扩散。据有关调查,最近几十年新发现的传染病,有 3/4 与动物媒介疾病有关。全球变暖可能使水质恶化或引起洪水泛滥进而引发一些疾病的传播。由于居住环境变化、水短缺、卫生条件差以及人的抵抗力下降,会使霍乱、痢疾等水媒传染疾病流行。

许多细菌、病毒可引起腹泻,这些微生物可在水中存活数月,特别是在温暖气候条件下。降雨增多可使病原传播增加,使卫生条件差的贫穷国家腹泻病例剧增。

(3)气候变暖与 SARS、禽流感

已有的研究结果表明,最高气温、气温日较差和相对湿度等与 SARS 的传播有密切关系。世界卫生组织和我国卫生部的数据表明,在 SARS 病毒暴发的 9～10 d、日最高气温相对较低(26 ℃以下)、气温日较差较小、相对湿度较大的情况下,有利于 SARS 病毒的扩散和传播;反之亦然(张艳玲等,2004)。

国内外的一些初步研究结果还表明,气候变暖可能助长禽流感的发生和传播。世界卫生组织和我国卫生部均指出,禽流感病毒对热和紫外线敏感。我国 97% 的人禽流感个例都发生在亚热带季风区,很可能与这一地区的气候特点有关(张庆阳等,2007)。

(4)过敏性疾病的影响

全球气候变暖可使空气中的某些有害物质,如真菌孢子、花粉和大气颗粒物浓度随温度和湿度的增高而增加,使人群中患过敏性疾病如花粉症、过敏性哮喘和其他呼吸系统疾病的发病率增加。伴随气候变暖和日照增多,我国有些地区的豚草花粉浓度也显著上升,尤其是市郊和农村更为明显,花粉过敏源有向北推移之势。

(5)对空气污染的影响

气候变暖将加重空气污染,使空气质量下降,哮喘病等呼吸系统疾病加剧。气温上升引起了城市近地面大气中臭氧浓度的上升,氮氧化合物可以和挥发性的有机化合物迅速结合,尤其是在炎热天气,结合速度会加快。许多研究表明,臭氧浓度的上升与心脏疾病、肺部疾病死亡率升高有关,与哮喘发作导致死亡的发生率的升高也有关。

气候变暖还致使紫外线辐射增强并由此会引发一些疾病,如强烈阳光下的急性暴露引起红斑和雪盲,长期暴露则与皮肤癌和白内障有关。对于在全国属于紫外线较强的地区的云南而言,其受到的威胁就更大。

12. 2. 3　适应对策建议

(1)加强科学研究

气候的任何变化对环境、生物、社会经济和公共卫生产生深远的影响。应当深入探讨应用气候学、生物学和流行病学知识及其相互关系,进一步调查温度、海面升高及其他气候与病原相关的生态学联系,推动多学科的综合调查和研究。加强环境变化对人类健康影响的复杂途径和机制的研究,建立相关模型,进行多因素(气候变化、环境、健康等)综合分析,为社会可持续发展提供科学依据。同时,建立集气象、环境和疫情系统为一体的综合监测系统,加强医疗气象学科建设,结合陆地和海洋生态流行病学监督进行长期的传染病预报,并建立传染疾病的快速反应系统。加强传染病的预防与控制,管理传染源,切断传播途径,保护易感人群。

(2)提高社会对全球气候变暖与健康关系问题的关注度

对气候变暖及其对人类健康的危害进行宣传、教育,提高人们对保护环境、保护气候的意识,全社会重视和关注气候变暖,共同行动,减缓气候变暖,保障健康。加强宣传教育,增强全民应对气候变暖的自我保护意识。全球变暖不仅仅是政府的事,也与全民自身的健康紧密相连。只有人类有了保护环境的自觉行动,把保护环境,防止大气、水、食品和土壤的污染视为自己的应尽职责,人类才能拥有一个美好的未来。

(3)控制 CO_2 等温室气体的排放量

温室气体的累积主要是能源生产过程中人类对矿物燃料依赖的结果。依靠环境和能源政策防止生态系统的进一步破坏并促进生态恢复。要减少 CO_2 和其他温室气体的排放,一方面要增强电站、工业、民用能源的有效性,降低矿物燃料消耗,另一方面要寻求开发更清洁有效的能源,如风、水、太阳能等。同时,禁止或减少森林砍伐、保持物种多样性、保持良好的生态环境也是非常重要的。

(4)建立和完善健康保障体系

充分发挥传染病预警系统功能,预防传染病的复苏,加强公共卫生服务管理。气候变暖危及人类健康,应当大力开展国际国内的各种合作交流,包括政府合作与民间交流,加强对疾病的有效监测,增强抗御气候变暖、造福人类健康的能力。

第 13 章　云南气候变化不确定性分析

摘要:云南气候变化评估主要包括区域气候变化事实、未来气候变化预估、气候变化的影响三方面,这三个方面的结论都有一定的不确定性。云南气候变化事实的不确定性主要是由于观测资料的误差和城市化影响的不确定性造成。气候变化预估的不确定性主要来源于气候模式的不完善、物理过程参数化的缺陷和排放情景的不确定性。气候变化影响评估的不确定性,一是来自于气候变化影响评估方法和模型以及未来气候变化预估的不确定性,二是因收集的文献研究时段、研究区域、方法、使用资料的不足和差异造成的不确定性。

13.1　引言

所谓不确定性(Uncertainty)主要是指关于某一变量(如未来气候系统的状态)未知程度的表述。不确定性可源于缺乏有关已知或可知事物的信息或对其认识缺乏一致性。就气候变化的检测、预估、归因和影响而言,主要可归纳为以下几个方面:

(1)对于过去和未来气候变化认识的不确定性。由于目前有许多因素限制了检测和预测气候变化的能力,我们对于过去的气候变化仍然有许多需要加深认识的领域;对未来难以预见的大而迅速的气候系统变化,从其本身来讲是难以预测的。特别是它们会因气候系统的非线性特征而引起,当迅速受强迫时,非线性系统特别容易产生无法预测的快变甚至突变行为,从而对气候变化预测的不确定性将直接使气候变化影响评估带来难度。

(2)对于气候变化归因的不确定性。尽管 IPCC 第五次评估报告已经明确全球气候变化是由自然影响因素和人为影响因素共同作用形成的,但对于 1950 年以来观测到的变化,人为因素极有可能是显著和主要的影响因素。对未来温室气体排放预测仍然具有很大的不确定性,主要来源于不能准确地描述未来人口增长、社会经济、环境变化、土地利用变化、环境治理政策和技术进步等的非气候情景。非气候情景对于准确表述系统对气候变化的敏感性、脆弱性及适应能力是非常重要的,但准确预测未来几十年甚至上百年的非气候情景是评估气候变化面临的最大挑战。因此,气候变化与社会经济发展的交互作用的评估具有重大的不确定性。

(3)对气候变化影响认识的不确定性。气候变化对各种生态系统的影响及系统之间相互作用的了解不够全面,如对气候变化情景下的水资源供需对农业的影响缺乏深入的分析;在影响评估模型中考虑的因素不全面,技术进步和政策变化在评估模型中很少涉及,很难真正反映各生态系统对气候变化的响应。一般评估主要考虑了气候变化对生产力的影响,很少考虑气候变化对贸易、就业以及社会经济的综合影响,很少涉及适应措施对减轻脆弱性的作用,这需要更复杂的影响—脆弱性—适应模式。诸如此类是气候变化影响评估中的难点,在实际评估中目前很难做到。

13.2 云南气候变化事实的不确定性来源

13.2.1 资料的不确定性

历年的各种观测资料在用于气候变化研究时,会因观测仪器改变产生系统偏差,进而影响气候变化相关研究结果,而观测台站的迁移和观测规范的改变也同样会带来系统偏差(王绍武等,2001;龚道溢等,2002)。站址迁移对观测数据均一性的影响很大,尤其是对极端气温、雨量、风速等气象要素(吴增祥,2005)。台站环境、观测仪器类型及安装高度、地表裸露程度、观测方法的变动,对观测记录的均一性也有较大的影响。对云南气候变化事实的分析,选取的资料为 124 个台站资料。采用 SNHT、Buishand-range 以及 Pettitt 三种方法对云南 124 个观测站的年平均气温序列进行了均一性检验,将结果结合测站的历史沿革资料进行分析,最终确定云南 124 个台站有 56 个站不存在断点、均一性较好,有 45 个站存在断点,断点原因为迁移、观测场移动以及人为垫高观测场的有 28 个,周围环境变化原因的有 17 个台站,其余 23 个站经检验也存在断点,但原因不明。我们针对云南均一性站点资料、采用非均一性订正后的站点资料以及全部 124 个站点资料的变化趋势做了对比分析,发现上述资料对云南的气候变化事实情况分析结论基本一致,但仍然存在一定的区别。由于把站点资料带来的不确定影响带入到了气候变化事实分析中,由资料导致的不确定性造成了结论的不确定性。

13.2.2 城市化影响的不确定性

气候变化评估所用台站资料均来自于国家级气象站(指国家基准气候站和国家基本气象站)的地面观测记录。国家站多位于城镇附近,其地面气温记录可能受到增强的城市化影响。不少学者从台站或区域尺度上对此进行了评价,发现国家站中各类城镇站记录的地面气温趋势中,在很大程度上还保留着城市化的影响,大城市站受到的影响更明显(赵宗慈,1991;Ren 等,2008)。丁一汇等(1994)指出,测站环境变化特别是城市化的影响是造成气候变化分析中资料不确定性的重要因素。目前研究表明,在城市台站和局地尺度上,城市化对地面气温序列影响明显;区域尺度的研究结果存在较大的差异,但采用严格遴选乡村站资料的分析都得到了城市化影响很明显的结论。在我国国家级气象台站年平均地面气温的上升趋势中,可能有 27.3% 可归因于城市化影响;目前的研究仍然存在一些问题和困难,其中包括研究覆盖的区域和时间段有限、乡村站遴选标准不统一、城市化影响偏差订正方法有待完善等(任玉玉等,2010)。

云南各类台站年平均气温呈现不同程度的上升趋势,城市站、国家站的增温速率均高于乡村站。与全国大多数地区不同,云南的增温速率虽然偏小、平均热岛强度变化比许多地区弱,但其相对贡献仍然存在,表明城市化对区域气温趋势的绝对影响较弱,但相对影响较强(唐国利等,2008)。因此,云南城市化的发展对区域气候变化趋势分析结论带来一定程度的不确定性。

13.3　云南气候变化预估的不确定性

鉴于地球气候系统的复杂性,现阶段人类对其的理解有限,国际上现有各种不同复杂程度的气候模式本身亦存在着较大的不确定性,目前气候变化预估结果给出的只是一种可能变化的趋势和方向,还包含很大的不确定性。产生不确定性的原因很多,归纳起来主要有:①对气候系统过程与反馈认识的不确定性。气候系统本身极其复杂,目前尚无法完全了解气候变化的内在规律。对碳循环中地球物理化学过程认识及各种碳库估算、各种反馈作用及其相对地位的认识存在不确定性。②可用于气候研究和模拟的气候系统资料不足,海洋、高山、极地台站分布稀少,因而从站网布局、观测内容等方面都不能满足气候系统和气候变化模拟的要求。目前使用的地面温度观测记录大部分来自大城市,对城市化的热岛效应考虑不足。③温室气体的气候效应认识不足。从以往的气候历史看,CO_2 与温度的关系,一些学者研究认为历史上 CO_2 的变化要落后于温度的变化(Monnin 等,2001;Fischer 等,1999)。在气候模式模拟预估过程中,各种强迫因子的强度只能给出一个可能的变化范围,同时各种参数化方案也会引起预估结果的不确定性问题。不能排除气候的自然变率是造成气温升高主要原因的可能性。气候长期自然变化的噪音和一些关键因素的不确定使得定量确定人类对全球气候变化影响仍存在一定困难。④气候模式的代表性和可靠性。由于对气候系统内部过程与反馈缺乏足够认识,导致了气候模式对这些过程与反馈的描述存在不确定性。首先,气候模式采用有限时空网格的形式来刻画现实中的无限时空,而用次网格结构的物理量参数化代替真实的物理过程,影响利用气候模式预估未来气候变化的可信度(Shackley 等,1998)。其次,准确的初边值难于获得。气候模式还存在另一类不确定性问题,主要包括模式的计算稳定性、参数化的有效性、物理过程描述的合理性等,也就是目前通常说的模式不确定性问题。对于云南,一个特殊的问题是模式中青藏高原大地形的处理不当带来的误差,这种虚假误差有的很大,尤其是对降水分布。⑤未来温室气体排放情景的不确定性包括:温室气体排放量的估算方法存在不确定性;政府决策对温室气体排放量的影响不确定;未来技术进步和新型能源的开发与使用对温室气体排放量的影响不确定;目前排放清单不能完整反映过去和未来温室气体排放状况。正是由于未来温室气体和气溶胶排放存在不确定性,同时由于模拟的复杂性和成本限制,进一步增加了未来气候变化预估的不确定性。

气候模式建立在公认的物理原理基础上,能够模拟出当代的气候,并且能够再现过去的气候和气候变化特点,是进行气候变化预估的首选工具,可以得到较可靠的预估结果,但其中也存在着较大的不确定性。气候模式对过去气候变化的再现能力,是衡量它对未来预估结果可靠性的一个重要标尺。诸多证据表明,无论是大气环流模式,还是海气耦合模式,尽管它们对全球、半球大陆尺度的气候变化有较强的模拟能力,但是对区域尺度过去气候变化的再现能力,实际上比较有限,这是有必要发展区域气候模式的原因之一。区域气候模式,和全球气候模式类似,在进行气候变化预估时,其不确定性首先来源于温室气体排放情景,包括温室气体排放情景估算方法、政策因素、技术进步和新能源开发等方面的不确定性;其次是气候模式发展水平限制引起的对气候系统描述的误差,以及模式和气候系统的内部变率等。在区域尺度上,气候变化预估的不确定性则更大,一些在全球模式中有时可以忽略的因素,如土地利用和植被改变、气溶胶强迫等,都会对区域和局地尺度气候产生很大影响,而且目前气候模式对这些强迫的模拟之间差别很大。区域气候模式结果的可靠性,很大程度上取决于全球模式提供的侧边界场的可靠性,全球模式对大的环流模拟产生的偏差,会被引入到区域模式的模拟中,在某些情况下会被放大。此外,目前观测资料的局限性,也在区域模式的检验和发展中增加了不确定性,如当前区域气候模式的水平分辨率正在向 15～20 km 或更高分辨率发展,而现有观测站点的密度和格点化资料的空间分辨率都较难满足这些模拟的需要。

此外,对于当前气候变化预估中,还有一个重要问题是关于多模式集合计算方法。使用不同的多模式集合方法,对预估结果也有一定的影响。国家气候中心发布的《中国地区气候变化预估数据集》Version1.0、Version2.0、Version3.0 分别提供了简单集合平均(ME)和 REA(Reliability Ensemble Averaging)(Xu 等,2010;Filippo 等,2002,2003)加权平均得到的中国地区温度、降水预估数据。由简单集合平均值和 REA 加权平均值得到的全球气候模式集合平均值之间存在一定差别(许崇海,2010)。对于空间变化,REA 加权平均值能够反映出更多的局地信息,并且对降水的影响大于温度;从中国地区区域平均的温度、降水时间变化来看,两种集合方法在整体变化趋势上相同,但是也存在一定差别。

云南气候带从南到北包含了 7 个气候带,气候类型多,地形地貌复杂,局地因子影响较大,因此,形成云南多变的气候类型。气候的地域差异大,在很大程度上降低了气候模式在区域的适用性,增加了对区域气候变化情景评估的不确定性。

13.4 云南气候变化影响评估的不确定性的综合信度

参照 IPCC 不确定性描述方法(Manning,2006;孙颖,2012),在定性描述气候变化某个结论的不确定性时,IPCC 第五次评估报告根据证据的类型、数量、质量和一致性(如对机理认识、理论、数据、模式、专家判断),以及各个结论达成一致的程度,评估对某项发现有效性的信度。信度以定性方式表示。一般使用"证据数量的一致性"和"科学界对结论的一致性程度"两个指标。本《报告》参照 IPCC 不确定性描述方法,通过分析结论在图 13.1 中的位置来判断其不确定性特征。在图 13.1 中,A 的不确定性最大,I 的不确定性最小。

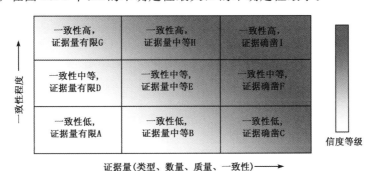

图 13.1 不确定性的定性定义

(引自"IPCC 第五次评估报告主要作者关于采用一致方法处理不确定性的指导说明")

观测到的云南气温和降水变化结论一致性高,证据量充分;其他观测到的气候变化事实结论一致性高,证据量中等。本《报告》中观测到的云南温度和降水变化的结论,由于各项研究一致性高,研究证据充分,因此,结论应处于图 13.1 中 I 的位置:一致性高,证据量充分。其他观测到的气候变化趋势,虽然通过资料质量控制、均一化检验选取代表站点等已将资料误差尽可能降到了最低,但由于不同资料序列覆盖的长度代表性不同,以及不同研究方法的差异对分析结果会产生影响,其结论应处于图 13.1 中 H 的位置。

云南未来气温、降水、极端天气气候事件以及气象灾害风险的预估结论一致性中等,证据量中等,处于图 13.1 中 E 的位置。《报告》中对未来气候变化趋势预估,采用多个全球气候模式集合平均模拟值以及区域气候模式模拟结果。不确定性主要来自排放情景和模式模拟精度的不确定性。模式对云南气温平均态有较好的模拟能力,对降水空间分布的模拟相对较差,基本能模拟出由于海拔高度的垂直变化而形成的温度差异,模式模拟降水与观测值相比整体偏高,一方面是因为区域模式对于局地尺度的模拟能力相对较弱。同时,由于排放情景的不确定性以及预估结果在不同研究中的差异,未来气候变化预估结论,应处于图 13.1 中 E 的位置。

对云南敏感领域影响评估的结论一致性中等,证据量中等。《报告》对于敏感领域的影响评估,主要基于出版文献。由于一些领域研究文献较少,同时各个文献中评估方法、研究所采用的资料和年代的不同,结果也有所差别。同时,气候变化影响评估模型仍然具有不确定性。对此部分的评估结论,应处于图 13.1 中 E 的位置:一致性中等,证据量中等。

白爱娟,翟盘茂.2007.中国近百年气候变化的自然原因讨论[J].气象科学,**27**(5):584-590.

包维楷,王春明.2000.岷江上游山地生态系统的退化机制[J].山地学报,**18**(1):57-62.

毕家顺,秦剑.2005.云南城市环境气象[M].北京:气象出版社.

毕玉芬,马向丽.2013.云南高原特色草地农业的发展潜力分析[J].云南农业大学学报,**7**(3):11-15.

蔡运龙,蒙吉军,1999.退化土地的生态重建-社会工程途径[J].地理科学,**19**(3):198-203.

曹建廷,秦大河,康尔泗,等.2005.青藏高原外流区主要河流的径流量变化[J].科学通报,**50**(21):2403-2408.

曹杰,陶云,段旭.2002.云南5月强降水天气与亚洲季风变化的关系[J].云南大学学报,**24**(5):361-365.

车志敏.2004.云南发展研究[M].昆明:云南民族出版社.

陈海山,孙照渤,闵锦忠.1999.欧亚大陆冬季积雪异常与东亚冬季风及中国冬季气温的关系[J].南京气象学院学报,**22**(4):609-615.

陈海山,孙照渤,朱伟军.2003.欧亚积雪异常分布对冬季大气环流的影响 II.数值模拟[J].大气科学,**27**(5):847-860.

陈凯先,汤江,沈东婧,等.2008.气候变化严重威胁人类健康[J].科学对社会的影响,**1**:19-23.

陈莉,方修琦,李帅,等.2008.气候变暖对中国夏热冬冷地区居住建筑采暖降温年耗电量的影响[J].自然资源学报,**23**(5):764-771.

陈丽,董洪进,彭华.2013.云南省高等植物多样性与分布状况[J].生物多样性,**21**(3):359-363.

陈玲飞,王红亚.2004.中国小流域径流量对气候变化的敏感性分析[J].资源科学,**26**(6):62-68.

陈隆勋,周秀骥,李维亮,等.2004.中国近80年来气候变化特征及其形成机制[J].气象学报,**62**(5):634-646.

陈能汪,章颖瑶,李延风.2010.我国淡水藻华长期变动特征综合分析[J].生态环境学报,**19**(8):1994-1998.

陈培金.2007.基于区域森林空间结构的防御病虫害能力评价方法研究[D].北京林业大学硕士学位论文.

陈艳,段旭,董文杰,等.2012.昆明地区城市热岛效应的再分析[J].高原气象,**31**(6):1753-1760.

陈艳.2006.东亚夏季风的暴发与演变及其对我国西南地区天气气候影响的研究[D].南京信息工程大学博士学位论文.

陈峪.2003.近40年气候变化对三峡库区气候生产潜力的影响.长江三峡工程生态环境监测系统局地前后监测研究[M].北京:气象出版社.

陈媛,王文圣,王国庆,等.2010.金沙江流域气温降水变化特性分析[J].高原山地气象研究,**30**(4):51-56.

程建刚,解明恩.2008.近50年云南气候变化特征分析[J].地理科学进展,**27**(5):19-26.

程建刚,王学锋,范立张,等.2009.近50年来云南气候带的变化特征[J].地理科学进展,**28**(1):18-24.

程建刚,王学锋,龙红,等.2010.气候变化对云南主要行业的影响[J].云南师范大学学报(哲学社会科学版),**42**(3):1-20.

程建刚,晏红明,等.2009.云南重大气候灾害特征和成因分析.北京:气象出版社.

程肖侠,延晓冬.2007.气候变化对中国大兴安岭森林演替动态的影响[J].生态学杂志,**26**(8):1277-1284.

程杨,杨林生,李海蓉.2006.全球环境变化与人类健康[J].地理科学进展,**25**(2):46-58.

崔阁英,董明玉,唐兴成,等.2011.云南省巧家县石漠化区不同治理措施下草地生产力动态监测研究[J].草业与畜牧,**6**:1-7.

戴丽.2006.云南农业循环经济发展模式研究[J].云南民族大学学报(哲学社会科学版),**23**(1):86-91.

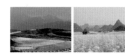
戴晓苏.2006.IPCC第25次全会在毛里求斯召开[J].气候变化研究进展,**2**(4):204-204.

第二次气候变化国家评估报告编写委员会.2011.第二次气候变化国家评估报告[M].北京:科学出版社.

丁一汇,戴晓苏.1994.中国近百年来的温度变化[J].气象,**20**(12):19-26.

丁一汇,任国玉,石广玉,等.2006.气候变化国家评估报告(I):中国气候变化的历史和未来趋势[J].气候变化研究进展,**2**(1):1-8.

丁一汇,任国玉,赵宗慈,等.2007.中国气候变化的检测与预估[J].沙漠与绿洲气象,**1**(1):1-10.

丁一汇,任国玉.2008.中国气候变化科学概论[M].北京:气象出版社.1-281.

丁一汇,张莉.2008.青藏高原与中国其他地区气候突变时间的比较[J].大气科学,**32**(4):794-805.

丁一汇.1997.IPCC第二次气候变化科学评估报告的主要科学成果和问题[J].地球科学进展,**12**(2):158-163.

丁一汇.2008.人类活动与全球气候变化及其对水资源的影响[J].中国水利,**2**:20-27.

董海萍,赵思雄,曾庆存.2005.我国低纬高原地区初夏强降水天气研究[J].气候和环境研究,**10**(3):443-458.

董美阶,徐钟麟,李枝金,等.2001.长江三峡库区气候条件与常见传染流行相关度研究[J].中国预防医学,**2**(3):207-208.

杜江江,张树兴.2005.云南省外来生物入侵现状及对策研究[J].中国地质大学学报,**5**(3):81-84.

杜寅,周放,舒晓莲,等.2009.全球气候变暖对中国鸟类区系的影响[J].动物分类学报,**34**(3):664-674.

段昌群.2003.全球变化研究与生态学在云南发展的机遇[J].云南大学学报(自然科学版),**25**(3):272-276.

段长春,朱勇,尤卫红.2007.云南汛期旱涝特征及成因分析[J].高原气象,**26**(2):402-408.

段旭,琚建华,肖子牛,等.2000.云南气候异常物理过程及预测信号的研究[M].北京:气象出版社.

段旭,陶云,杜军,等.2011.西南地区气候变化基本事实及极端天气气候事件[M].北京:气象出版社.

段旭,尤卫红,郑建萌.2000.云南旱涝特征[J].高原气象,**19**(1):84-90.

范可,王会军.2006.南极涛动的年际变化及其对东亚冬春季气候的影响[J].中国科学D辑,**36**(4):385-391.

方精云.主编.2000.全球生态学:气候变化与生态响应[M].北京:高等教育出版社.

傅桦.2007.全球气候变暖的成因与影响[J].首都师范大学学报(自然科学版),**28**(6):11-21.

高歌,陈德亮,任国玉,等.2006.1956-2000年中国潜在蒸散量变化趋势[J].地理研究,**25**(3):378-387.

高桥浩一郎.1979.从月平均气温、月降水量来推算蒸发量的公式[J].天气,**26**(12):29-32.

高学杰,赵宗慈,丁一汇,等.2003.温室效应引起的中国区域气候变化的数值模拟Ⅱ:中国区域气候的可能变化[J].气象学报,**61**(1):29-38.

高阳华,居辉,JanV,等.2008.气候变化对重庆农业的影响及对策研究[J].高原山地气象研究,**28**(4):46-49.

高原.2011.昆明市主城区环境空气质量及变化趋势[J].环境科学导刊,**30**(1):79-81.

高正文,赵俊臣,陈绍田.2005.云南生态情势报告(2004-2005)[M].昆明:云南大学出版社,67-68.

高正文.2005-09-06.云南生物多样性保护的现状与思考(J/OL).http://www.yndaily.com.

龚道溢,何学兆.2002.西太平洋副热带高压的上际变化及其气候影响[J].地理学报,**57**(2):185-193.

龚道溢,王绍武.2002.全球气候变暖研究中的不确定性[J].地学前缘,**9**(2):371-376.

龚道溢,王绍武.2003.近百年北极涛动对中国冬季气候的影响[J].地理学报,**58**(4):559-568.

谷桂华.2008.抚仙湖水温特征及趋势分析[J].人民珠江,**5**:38-39-57.

谷晓平,黄玫,季劲钧,等.2007.近20年气候变化对西南地区植被净初级生产力的影响[J].自然资源学报,**22**(2):251-259.

顾世祥,李俊德,谢波,等.2007.云南省水资源合理配置研究[J].水利水电技术,**38**:54-58.

顾世祥,谢波,周云,等.2007.云南水资源保护与开发研究[J].水资源保护,**23**(1):91-94.

郭辉军,龙春林.1998.云南的生物多样性[M].昆明:云南科技出版社.

郭剑英,王根绪.2011.贡嘎山风景名胜区的气候变化特征[J].冰川冻土,**33**(1):214-219.

郭菊馨,王自英,白波,等.2006.云南三江并流地区气候变化及其对生态环境的影响[J].云南地理环境研究,**18**(2):48-52.

郭荣芬,鲁亚斌,李燕,等.2005."伊布都"台风影响云南的暴雨过程分析[J].高原气象,**24**(5):784-791.

郭云海,何宏轩.2008.全球气候变暖与传染病[J].现代预防医学,**35**(22):4504-4505.

郭志荣.2007.怒江跨境径流量变化与云南气候变化的相关特征[J].气象教育与科技,**31**(1):46-52.

国家环境保护总局.2006.全国生态现状调查与评估-西南卷[M].北京:中国环境科学出版社.

国家环境保护总局自然保护司.1999.中国生态问题报告[M].北京:中国环境科学出版社.

国家旅游局.2008.旅游业应对气候变化问题若干意见[EB/OL].http://www.china.com.cn/.

国务院.2008.国务院关于进一步加强节油节电工作的通知[EB/OL].http://news.xinhuanet.com/.

何冬梅.2000.云南生物资源保护与开发初探[J].生态经济,**11**:49-51.

何萍,陈辉,李宏波,等.2009.云南高原楚雄市热岛效应因子的灰色分析[J].地理科学进展,**28**(1):27-32.

何萍,林成科,李宏波.2010.云南高原蒙自城市热岛效应分析[J].信阳师范学院学报(自然科学版),**23**(2):260-264.

何兴元,曾德慧.2004.应用生态学的现状与展望[J].应用生态学报,**15**(10):1691-1697.

何媛,杨若文,文军,等.2013.北半球春季雪盖对云南5月降水的影响[J].高原气象,**32**(6):1712-1719.

贺晋云,张明军,王鹏,等.2011.近50年西南地区极端干旱气候变化特征[J].地理学报,**66**(9):1179-1190.

贺庆棠,袁嘉祖,陈志泊.1996.气候变化对马尾松和云南松分布的可能影响[J].北京林业大学学报,**18**(1):22-28.

贺瑞敏,王国庆,张建云,等.2008.气候变化对大型水利工程的影响[J].中国水利,**2**:52-54.

胡明武.2005.云南能源现状分析[J].中国能源,**27**(9):35-38.

胡毅,朱克云,江毓忠.2001.成都及附近地区旅游气候资源研究[J].成都信息工程学院学报,**16**(4):237-242.

华南区域气候变化评估报告编写委员会.2011.华南区域气候变化评估报告[M].北京:气象出版社.

黄荣辉,刘永,王林,等.2012.2009秋至2010年春我国西南地区严重干旱的成因分析[J].大气科学,**36**(3):443-457.

黄易.2009.纳帕海湿地退化对碳氮积累影响的研究[J].安徽农业科学,**37**(13):6095-6097.

黄英,王宇.2003.云南省蒸发量时空分布及年际变化分析[J].水文,**23**(1):36-40.

黄中艳,朱勇.2009.1954-2007年云南农业气候变化研究[J].气象,**35**(2):111-118.

黄中艳.2010.1961-2007年云南干季干湿气候变化研究[J].气候变化研究进展,**6**(2):113-118.

贾静,张树兴.2006.云南生物多样性的特点与保护现状[J].绿色中国,**13**:50-54.

江涛,陈永勤,陈俊合,等.2000.未来气候变化对我国水文水资源影响的研究[J].中山大学学报(自然科学版),**2**(增刊):151-157.

江志红,丁裕国,陈威霖.2007.21世纪中国极端降水事件预估[J].气候变化研究进展,**3**(4):202-207.

姜彤,苏布达,王艳君,等.2005.四十年来长江流域气温、降水与径流量变化趋势[J].气候变化研究进展.**1**(2):65-68

姜艳娟.2008.西双版纳雾凉季低温对3种热带植物光合作用和抗氧化酶活性的影响[J].西北植物学报,**28**:1675-1682.

金兴平,黄艳,杨文发,等.2009.未来气候变化对长江流域水资源影响分析[J].人民长江,**40**(8):35-38.

琚建华,李艳黄,仪方.2001.ENSO对云南短期气候影响的研究[J].云南大学学报(自然科学版),**23**(6):439-446.

琚建华,任菊章,吕俊梅.2004.北极涛动年代际变化对东亚北部冬季气温增暖的影响[J].高原气象,**23**(4):429-434.

瞿忠琼,陈昌春.2004.全球变暖对人类健康的影响与对策研究[J].四川环境,**23**(5):72-75.

康斌,何大明.2007.澜沧江鱼类生物多样性研究进展[J].资源科学,**29**(5):195-200.

蓝红林.2001.云南高原湖泊的治理与保护初探[J].云南环境科学,**20**(40):26-28.

李崇银,杨辉,顾薇.2008.中国南方雨雪冰冻异常天气原因的分析[J].气候和环境研究,**13**(2):113-122.

李东梅,吴晓青,于德永,等.2008.云南省生态环境敏感性评价[J].生态学报,**28**(11):5270-5278.

李广,黄高宝.2006.北方农牧交错带气候变化对农作物生产力影响的诊断分析—以定西县为例[J].干旱区资源与环境,**20**(1):104-107.

李海蓉,王五一,杨林生,等.2005.气候变化与鼠疫流行的耦合分析[J].中国人兽共患病杂志,**21**(10):887-891.

李禾,武友德.2008.云南省主体功能区水资源开发利用初步研究[J].资源开发与市场,**24**(3):263-266.

李建平,曾庆存.2005.一个新的季风指数及其年际变化和与雨量的关系[J].气候与环境研究,**10**(3):351-365.

李科国.2003.云南省怒江干流区水文特性[J].云南水力发电,**19**(S):14-17.

李克让,曹明奎,於琍,等.2005.中国自然生态系统对气候变化的脆弱性评估[J].地理研究,**24**(5):653-663.

李丽娟,李海滨,王娟.2002.澜沧江水文与水环境特征及其时空分异[J].地理科学,**22**(1):49-56.

李丽琴,牛树奎,王立明.2010.云南松易燃可燃物径级分布规律研究[J].林业资源管理,**3**:87-90.

李林,王振宇,秦宁生,等,2004.长江上游径流量变化及其与影响因子关系分析[J].自然资源学报,**19**(6):694-700.

李蒙,朱勇,黄玮.2010.气候变化对云南气候生产潜力的影响[J].中国农业气象,**31**(3):442-446.

李明德.1989.鱼类生态学[M].天津:天津科技翻译出版公司.

李文华.2000.我国西南地区生态环境建设的几个问题[J].林业科学,**5**:10-11.

李祎君,王春乙,赵蓓,等.2010.气候变化对中国农业气象灾害与病虫害的影响[J].农业工程学报,**26**(增刊1):263-271.

李永华,卢楚翰,徐海明,等.2012.热带太平洋-印度洋海表温度变化及其对西南地区东部夏季旱涝的影响[J].热带气象学报,**28**(2):145-156.

李兆芹,滕卫平,俞善贤,等.2007.适合钉螺、血吸虫生长发育的气候条件变化[J].气候变化研究进展,**3**(2):106-110.

李志美.2009.云南森林病虫害的防治探讨[J].内蒙古林业调查设计,**32**(3):67-68.

林而达,王京华.1994.我国农业对全球变暖的敏感性和脆弱性[J].农业生态环境学报,**10**(1):1-5.

林万涛.2005.生态系统在全球变化中的调节作用[J].气候与环境研究,**10**(2):275-280.

刘波,姜彤,任国玉,等.2008.2050年前长江流域地表水资源变化趋势[J].气候变化研究进展,**4**(3):145-150.

刘波,肖子牛.2010.澜沧江流域1951-2008年气候变化和2010-2099年不同情景下模式预估结果分析[J].气候变化研究进展,**6**(3):170-174.

刘昌明,傅国斌.1993.气候变化对中国水文情势影响的若干分析[M].北京:气象出版社.205-210.

刘春蓁,杨建青.2002.我国西南区域年径流量变异及变化趋势研究[J].气候变化与环境研究,**7**(4):415-422.

刘春蓁.2000.中国水资源响应全球气候变化的对策建议[J].中国水利,**2**:36-38.

刘春蓁.2004.气候变化对陆地水循环影响研究的问题[J].地球科学进展,**19**(1):115-119.

刘建军,郑有飞,吴荣军.2008.热浪灾害对人体健康的影响及其方法研究[J].自然灾害学报,**17**(1):151-156.

刘九夫,张建云,贺瑞敏,等.2008.气候变化对水影响的适应性对策[J].中国水利,**2**:59-61.

刘绿柳,姜彤,徐金阁,等.2012.西江流域水文过程的多气候模式多情景研究[J].水利科学,**43**(12):1413-1421.

刘彦随,刘玉,郭丽英.2010.气候变化对中国农业生产的影响及应对策略[J].中国农业生态学报,**18**(4):905-910.

刘洋,张健,杨万勤.2009.高山生物多样性对气候变化响应的研究进展[J].生物多样性,**17**(1):88-96.

刘瑜,赵尔旭,黄玮,等.2007.2005年初夏云南严重干旱的诊断分析[J].热带气象学报,**23**(1):35-40.

刘瑜,赵尔旭,黄玮,等.2010.云南近46年降水与气温变化趋势的特征分析[J].灾害学,**25**(1):39-44.

龙红.2006.气候变暖对云南省冬作物影响[J].云南农业科技,**5**(3):9-11.

龙斯玉,李怀瑾.1985.中国度日分布特征[J].南京大学学报,**21**(4):719-734.

娄锋,吴志霜.2008.云南农业市场化面临的主要问题及对策研究[J].经济研究导刊,**15**:46-47.

陆佩玲,于强,贺庆棠.2006.植物物候对气候变化的响应[J].生态学报,**26**(3):923-929.

吕学都,王文远.2003.全球气候变化研究:进展与展望[M].北京:气象出版社.

罗庆仙,王学锋.2009.云南雷暴的气候变化特征[J].云南大学学报(自然科学版),**31**(2):159-164.

马波.2010.云南:科学分析干旱原因谋划"十策"兴水[N].科技日报,2010-04-02(01).

马建华.2010.西南地区今年特大干旱灾害的启示与对策[J].人民长江,**41**(24):7-12.

马荣华,杨桂山,段洪涛,等.2011.中国湖泊的数量、面积与空间分布[J].中国科学(D辑),**41**(3):394-401.

马瑞俊,蒋志刚.2005.全球气候变化对野生动物的影响[J].生态学报,**25**(11):3061-3066.

马世铭,林而达.2003.气候变化适应性和适应能力研究进展[J].中国农业气象,**24**(增刊):46-51.

蒙吉军,王钧.2007.20世纪80年代以来西南喀斯特地区植被变化对气候变化的响应[J].地理研究,**26**(5):857-865.

孟广涛,方向京,和丽萍,等.2006.云南省生态环境现状及其防治对策[J].水土保持研究,**13**(2):7-9.

莫美仙,张世涛,叶许春,等.2007.云南高原湖泊滇池和星云湖pH值特征及其影响因素分析[J].农业环境科学学报,**26**(增刊):269-273.

穆兴民,王飞,冯浩,等.2010.西南地区严重干旱的人为因素初探[J].水土保持通报,**30**(2):1-4.

宁宝英,何元庆,和献忠,等.2006.玉龙雪山冰川退缩对丽江社会经济的可能影响[J].冰川冻土,**28**(6):885-891.

牛书丽,万师强,马克平.2009.陆地生态系统及生物多样性对气候变化的适应与减缓[J].学科发展,**24**(4):421-427.

牛沂芳,李才兴,习晓环,等.2008.卫星遥感检测高原湖泊水面变化与气候变化分析[J].干旱区地理,**2**:284-290.

潘启雯.2010.西南大旱的现实成因与历史镜鉴:学界密切关注西南五省区市特大持续干旱[N].中国社会科学报,2010-04-01.

潘愉德,Melillo J M,Kicklighter D W.2001.大气CO_2升高及气候变化对中国陆地生态系统结构与功能的制约和影响[J].植物生态学报,**25**(2):175-189.

彭贵芬,刘瑜,张一平.2009.云南干旱的气候特征及变化趋势研究[J].灾害学,**24**(4):40-44.

彭贵芬,刘瑜.2009.云南各量级雨日的气候特征及变化[J].高原气象,**28**(1):214-219.

朴世龙,方精云,贺金生,等.2004.中国草地植被生物量及其空间分布格局[J].植物生态学报,**28**(4):491-498.

气候变化国家评估报告编写委员会.2007.气候变化国家评估报告[M].北京:科学出版社.

秦大河,陈振林,罗勇,等.2007.气候变化科学的最新认知[J].气候变化研究进展,**3**(2):63-73.

秦大河,丁一汇,苏纪兰.2005.中国气候与环境演变(上卷)[M].北京:科学出版社.

秦大河,丁一汇.2002.中国西部环境演变评估[M].北京:科学出版社.

秦大河.2002.中国西部环境演变评估.中国西部环境演变评估综合报告[M].北京:科学技术出版社.

秦大河.2003.气候变化对农业生态的影响[M].北京:气象出版社.

秦剑,琚建华,解明恩.1997.低纬高原天气气候[M].北京:气象出版社.

秦剑.2000.气候因子与云南粮食生产的关系[J].应用气象学报,**5**(2):213-220.

209

秦年秀,姜彤,许崇育.2005.长江流域径流量趋势变化及突变分析[J].长江流域资源与环境,14(5):589-594.

任国玉,封国林,严中伟.2010.中国极端气候变化观测研究回顾与展望[J].气候与环境研究,15(4):337-353.

任国玉,郭军.2006.中国水面蒸发量的变化[J].自然资源学报,21(1):31-44.

任国玉.2008.气候变暖成因研究的历史、现状和不确定性[J].地球科学进展,23(10):1084-1091.

任敬,何大明,傅开道,等.2007.气候变化与人类活动驱动下的元江—红河流域泥沙变化[J].科学通报,增刊52:142-147.

任永建,刘敏,陈正洪,等.2010.华中区域取暖、制冷度日的年代际及空间变化特征[J].气候变化研究进展,6(6):424-428.

任玉玉,张爱英.2010.城市化对地面气温变化趋势影响研究综述[J].地理科学进展,29(11):1301-1309.

师玉娥.2001.气候变化对云南持续农业影响的初步研究[D].西南师范大学硕士论文.

施秀芬.2007.莫让"鸟语花香"成空——解读WWF《全球鸟类与气候变化情况》报告[J].科学生活,1:8-9.

施雅风,姜彤,王俊,等.2003.全球变暖对长江洪水的可能影响及其前景预测[J].湖泊科学,2003(增刊):1-15.

石广玉,王喜红,张立盛,等.2002.人类活动对气候影响的研究Ⅱ.对东亚和中国气候变化的影响[J].气候与环境研究,7(2):255-266.

时明芝.2011.全球气候变化对中国森林影响的研究进展[J].中国人口资源与环境,7:68-72.

时兴和,秦宁生,许维俊,等.2007.1956-2004年长江源区河川径流量的变化特征[J].山地学报,5:513-523.

水利部水文局.2003.国家"十五"科技攻关计划(2001-BA611B-02-04)"气候变化对我国淡水资源的影响阈值及综合评价"技术报告[R].

宋富强,张一平.2007.动态物候模型发展及其在全球变化中的应用[J].生态学杂志,26(1):115-120.

宋富强,赵俊斌,张一平,等.2010.西双版纳区域气候变化对植物生长趋势的影响[J].云南植物研究,32(6):547-553.

苏维词.2002.中国西南溶岩山区石漠化的现状成因及治理的优化模式[J].水土保持学报.16(2):29-79.

隋鑫,邵彤.2007.气候变化对目的地旅游需求影响研究综述[J].沈阳师范大学学报(社会科学版),31(4):26-29.

孙芳,杨修.2005.农业气候变化脆弱性评估研究进展[J].中国农业气象,26(3):170-173.

孙颖,丁一汇.2008.IPCC AR4气候模式对东亚夏季风年代际变化的模拟性能评估[J].气象学报,66(5):765-780.

孙颖,秦大河,刘洪滨.2012.IPCC第五次评估报告不确定性处理方法的介绍[J].气候变化研究进展,8(2):150-153.

孙颖.2005.用于IPCC第四次评估报告的气候模式比较研究简介[J].气候变化研究进展,1(4):161-163.

索渺清,尤卫红,马学文,等.2005.思茅境内澜沧江径流量变化量与云南气候变化的关系[J].云南地理环境研究,17(3):1-8.

谭见安,郑达贤,朱文郁,等.1985.我国大骨节病的地理流行病学特点和环境病因研究[J].地理科学,5(1):30-37.

谭雅懿,王烜,王育礼.2011.中国寒区湿地研究进展[J].冰川冻土,33(1):197-204.

汤飞,毛忠华.2004.南盘江流域水文特性分析[J].红水河,23(2):2-6.

唐国利,任国玉,周江兴.2008.西南地区城市热岛强度变化对地面气温序列影响[J].应用气象学报,19(6):722-730.

唐国平,李秀彬,刘燕华.2000.全球气候变化下水资源脆弱性及其评估方法[J].地球科学进展,15(3):313-317.

陶文东.1999.云南高原湖泊环境的独特性及其研究方向初探[J].云南环境科学,18(3):1-3.

陶云,何华,何群,等.2010.1961-2006 年云南可利用降水量演变特征[J].气候变化研究进展,6(1):8-14.

陶云,何群.2008.云南降水量时空分布特征对气候变暖的响应[J].云南大学学报,30(6):587-595.

陶云,赵荻,何华,等.2007.云南省大气中水资源分布特征初探[J].应用气象学报,18(4):506-515.

田昆,陆梅,常凤来,等.2004.云南纳帕海岩溶湿地生态环境变化及驱动机制[J].湖泊科学,16(1):35-42.

童世庐,吕莹.2000.全球气候变化与传染病[J].疾病控制杂志,4(1):17-19.

汪丽娜,陈晓宏,李粤安.2009.西江流域径流量演变规律研究[J].水文,29(4):22-25.

王芳,葛全胜,陈泮勤.2009.IPCC 评估报告气温变化观测数据的不确定性分析[J].地理学报,64(7):828-838.

王馥棠,刘文泉.2003.黄土高原农业生产气候脆弱性的初步研究[J].气候与环境研究,8(1):91-100.

王馥棠,赵宗慈.2003.气候变化对农业生态的影响[M].北京:气象出版社.

王根绪,李元寿,王一博,等.2007.近 40 年来青藏高原典型高寒湿地系统的动态变化[J].地理学报,62(5):481-491.

王国庆,王云璋,康玲玲.2002.黄河上中游径流量对气候变化的敏感性分析[J].应用气象学报,13(1):117-121.

王国庆,张建云,章四龙.2005.全球气候变化对中国淡水资源及其脆弱性影响研究综述[J].水资源与水工程学报,16(2):7-10.

王剑,周跃.2005.云南省土地退化的现状、原因及防治对策[J].安全与环境工程,12(2):1-4.

王玲,塔依尔,王渺林,等.2009.长江上游径流量变化趋势分析[J].人民长江,40(19):68-69.

王绍武,龚道溢,陈振华.1999.近百年来中国的严重气候灾害[J].应用气象学报,10(1):43-53.

王绍武,龚道溢.2001.对气候变暖问题争议的分析[J].地理研究,20(2):153-160.

王绍武,叶瑾琳.1995.近百年全球气候变暖的分析[J].大气科学,19(5):545-553.

王绍武,赵宗慈.1995.未来 50 年中国气候变化趋势的初步研究[J].应用气象学报,6(3):333-342.

王树明,付本彪,邓罗保,等.2011.云南河口 1953 年植胶以来气候变化与橡胶树寒害初步分析[J].热带农业科学,31(10):87-91.

王顺久.2006.全球气候变化对水文与水资源的影响[J].气候变化研究进展,2(5):223-227.

王文圣,李跃清,解苗苗,等.2008.长江上游主要河流年径流量序列变化特性分析[J].四川大学学报(工程科学版),40(3):70-75.

王学锋,郑小波,黄玮,等.2010.近 47 年云贵高原汛期强降水和极端降水变化特征[J].长江流域资源与环境,19(11):1350-1355.

王学锋,朱勇,范立张,等.2009.1961-2007 年云南太阳总辐射时空变化特征[J].气候变化研究进展,5(1):29-34.

王雅琼,马世铭.2009.中国区域农业适应气候变化技术选择[J].中国农业气象,30(增 1):51-56.

王艳君,姜彤,施雅风.2005.长江上游流域 1961-2000 年气候及径流量变化趋势[J].冰川冻土,27(5):709-714.

王宇.1990.云南省农业气候资源及区划[M].北京:气象出版社.

王宇.1996.云南气候变化概论[M].北京:气象出版社.

王宇.2005.云南山地气候[M].昆明:云南科技出版社.

王志芸,贺彬,张秀敏,等.2006.云南省九大高原湖泊水污染现状调查与分析[J].云南环境科学,25(增刊 1):77-79.

文焕然,文榕生.2006.中国历史时期植物与动物变迁研究[M].重庆:重庆出版社.

吴佳,高学杰.2013.一套格点化的中国区域逐日观测资料及与其他资料的对比[J].地球物理学报,56(4):1102-1111.

吴建国,吕佳佳,艾丽.2009.气候变化对生物多样性的影响:脆弱性和适应[J].生态环境学报,**18**(2): 693-703.

吴建国,吕佳佳.2009.气候变化对滇金丝猴分布的潜在影响[J].气象与环境学报,**25**(6):1-10.

吴绍洪,潘韬,贺山峰,等.2011.气候变化风险研究的初探讨[J].气候变化研究进展,**7**(5):363-368.

吴幸强,龚艳,王智,等.2010.微囊藻毒素在滇池鱼体内的积累水平及分布特征[J].水生生物学报,**34**: 388-393.

吴增祥.2005.气象台站历史沿革信息及其对观测资料序列均一性影响的初步分析[J].应用气象学报,**16**(4): 461-467.

吴章文.2001.旅游气候学[M].北京:气象出版社.

吴征镒.2011.中国种子植物区系地理[M].北京:科学出版社.

吴志祥,周兆德.2004.气候变化对我国农业生产的影响及对策[J].华南热带农业大学学报,**10**(2):7-11.

伍立群.2004.云南省河流与水资源[J].人民长江,**35**(5):48-50.

武炳义,卞林根,张人禾.2004.冬季北极涛动和北极海冰变化对东亚气候变化的影响[J].极地研究,**16**: 211-220.

西南区域气候变化评估报告编写委员会.2013.西南区域气候变化评估报告决策者摘要及执行摘要(2012) [M].北京:气象出版社.

肖德荣,田昆,杨宇明,等.2007.高原退化湿地纳帕海植物多样性格局特征及其驱动力[J].生态环境,**16**(2): 523-529.

肖子牛,温敏.1999.云南5月降雨量与前期季节内振荡活动相互关系的分析研究[J].大气科学,**23**(2): 177-183.

谢春华,依旺香,周冬梅,等.2010.勐腊县傣族龙山森林植被类型分析[J].林业调查规划,**35**(3):76-83.

谢立勇,马占云,韩雪,等.2009.CO_2浓度与温度增高对水稻品质的影响[J].东北农业大学学报,**3**:1-6.

谢先红,崔远来,顾世祥.2007.区域需水量和缺水率的空间变异性[J].灌溉排水学报,**26**(1):9-13.

谢庄,苏德斌,虞海燕.2007.北京地区热度日和冷度日的变化特征[J].应用气象学报,**18**(2):232-236.

熊秉红,侯浩波,熊治廷.等.2004.水体富营养化生态学机制研究.生态学科学进展(第一卷)[M].北京:高等 教育出版社.

熊伟,陶福禄,许吟隆,等.2001.气候变化情景下我国水稻产量变化模拟[J].中国农业气象,**22**(3):1-5.

熊伟,许吟隆,林而达,等.2005.区域气候模式对作物模型联接的影响评估模拟实验及不确定性分析[J].生态 学杂志,**24**(7):741-746.

徐德应.2002.中国森林与全球气候变化的关系[J].林业科技管理,**4**:19-23.

徐影,丁一汇,李栋梁.2003.青藏地区未来百年气候变化[J].高原气象,**22**(5):451-457.

徐雨晴,陆佩玲,于强.2004.气候变化对植物物候影响的研究进展[J].资源科学,**26**(1):129-136.

许崇海,沈新勇,徐影.2007.IPCCAR4模式对东亚地区气候模拟能力的分析[J].气候变化研究进展,**3**(5): 287-292.

许崇海.2010.全球气候模式对中国地区极端天气气候事件的模拟和预估研究[D].中国科学院研究生院博士 学位论文.

许吟隆,张颖娴,林万涛,等.2007."三江源"地区未来气候变化的模拟分析[J].气候与环境研究,**12**(5): 668-675.

许振柱,周广胜,王玉辉.2005.草地生态系统对气候变化和CO_2浓度升高的响应[J].应用气象学报,**16**(3): 385-395.

晏红明,杞明辉,肖子牛.2001.云南5月雨量与热带海温异常及亚洲季风变化的关系[J].应用气象学报,**12** (3):368-376.

晏红明,王灵,周国连,等.2007.云南夏季旱涝与前期冬季环流变化的关系[J].应用气象学报,18(3): 340-349.

晏红明,王灵,朱勇,等.2009.2008年初云南低温雨雪冰冻天气的气候成因分析[J].高原气象,28(4): 870-878.

杨彪.2001.西部大开发中云南生态环境建设的问题与对策[J].广东林勘设计,1:16-18.

杨持,叶波,邢铁鹏.1996.草原区区域气候变化对物种多样性的影响[J].植物生态学报,20(1):35-40.

杨辉,李崇银.2008.冬季北极涛动的影响分析[J].气候与环境研究,13:395-404.

杨建明.2010.全球气候变化对旅游业发展影响研究综述[J].地理科学进展,29(8):997-1004.

杨伶俐,李小娟,王磊,等.2006.全球气候变暖对我国西南地区气候及旅游业的影响[J].首都师范大学学报 (自然科学版),27(3):86-89.

杨明,陶云.2004.亚洲夏季风对云南暴雨空间分布特征的影响[J].云南大学学报(自然科学版),26(3): 227-232.

杨文云,李昆.2002.云南森林树种种质资源保存策略初探[J].林业科学研究,15(6):706-711.

杨修,孙芳,林而达,等.2004.我国水稻对气候变化的敏感性和脆弱性研究[J].自然灾害学报,13(5):85-89.

杨修,孙芳,林而达,等.2005.我国玉米对气候变化的敏感性和脆弱性研究[J].地域研究与开发,24(4): 54-57.

杨月圆,王金亮,杨丙丰.2008.云南土地生态敏感性评价[J].生态学报,28(5):2253-2260.

杨智,朱以维.2008.大理市近50年气候变暖对生态和农业生产的影响[N].大理日报,2008.1.10.

姚檀栋,刘晓东,王宁练.2000.青藏高原地区的气候变化幅度问题[J].科学通报,45(1):98-106.

叶笃正,符淙斌,董文杰,等.2003.全球变化科学领域的若干研究进展[J].大气科学,27(4):435-450.

叶笃正.1996.全球变化与我国未来的生存环境[M].北京:气象出版社.

殷永元,王桂新.2004.当代科学前沿论丛-全球气候变化评估方法及其应用[M].北京:高等教育出版社.

尹文有,田文寿,琚建华.2010.西南地区不同地形台阶气温时空变化特征[J].气候变化研究进展,6(6): 429-435.

攸启鹤.1996.云南旅游气候资源的特点及区划[J].楚雄师专学报(自然科学版),3:122-128.

尤卫红,段旭,邓自旺,等.1998.全球、中国及云南近百年气温变化的层次结构和突变特征[J].热带气象学报, 14(2):173-179.

尤卫红,何大明,郭志荣.2005.澜沧江径流量变化与云南降水量场变化的相关性特征[J].地理科学,25(4): 420-426.

尤卫红,段长春,何大明.2006.纵向岭谷作用下的干湿季气候差异及其对跨境河川径流量的影响[J].科学通 报(增刊),51:56-65.

尤卫红,郭志荣,何大明.2007.纵向岭谷作用下的怒江跨境径流量变化及其与夏季风的关系[J].科学通报, (增刊):52:128-134.

尤卫红,吴湘云,郭志荣.2008.纵向岭谷区的怒江跨境径流量变化特征[J].山地学报,26(1):22-28.

于长水,张之伦,丛波泉.1997.全球变暖与传染病动向[J].中级医刊,32(4):24-26.

于慧斌.2010.气候因素与人体健康关系研究[J].科技资讯,33:134-136.

于洋,张民,钱善勤,等.2010.云贵高原湖泊水质现状及演变[J].湖泊科学,22(6):820-828.

郁珍艳,范广洲,华维,等.2011.近47年我国四季长度的变化[J].高原气象,30(1):182-190.

袁春明,郎南军,温绍龙,等.2003.云南省水土流失概况及其防治对策[J].水土保持通报,23(2):61-62.

袁婧薇,倪健.2007.中国气候变化的植物信号和生态证据[J].干旱区地理,30(4):465-473.

袁顺全,千怀遂.2004.气候对能源消费影响的测度指标及计算方法[J].资源科学,26(6):125-130.

云南省发展和改革委员会.2008.云南省应对气候变化方案[R].http://www.yndpc.yn.gov.cn.

云南省统计局,云南省工业和信息化委员会.2012.云南能源统计年鉴 2012 年[M].昆明:云南科学技术出版社.

云南省统计局.2012.云南统计年鉴-2012[M].北京:中国统计出版社.

臧润国,丁易.2008.热带森林植被生态恢复研究进展[J].生态学报,28(12):6292-6304.

曾四清.2002.全球气候变化对传染病流行的影响[J].国外医学(医学地理分册),23(1):36-38.

曾小凡,翟建青,姜彤,等.2008.长江流域年降水量的空间特征和演变规律分析[J].河海大学学报(自然科学版),36(6):727-732.

曾小凡,周建中,翟建青,等.2011.2011-2050 年长江流域气候变化预估问题的探讨[J].气候变化研究进展,7(2):116-122.

曾小凡,周建中.2010.长江流域年平均径流量对气候变化的响应及预估[J].人民长江,41(12):80-83.

翟盘茂,李茂松,高学杰,等.2009.气候变化与灾害[M].北京:气象出版社.

张家智,张茂松.2007.气候变暖对云南烤烟生产影响的初步分析[J].气象与环境科学,30(4):17-19.

张建平,赵艳霞,王春乙,等.2007.未来气候变化情景下我国主要粮食作物产量变化模拟[J].干旱地区农业研究,25(5):208-213.

张建云,章四龙,王金星,等.2007.近 50 年来中国六大流域年际径流量变化趋势研究[J].水科学进展,18(2):230-234.

张建云.2008.气候变化对水的影响研究及其科学问题[J].中国水利,2:14-18.

张昆,吕宪国,田昆.2008.纳帕海高原湿地土壤有机质对水分梯度变化的响应[J].云南大学学报(自然科学版),30(4):424-427.

张利平,杜鸿,夏军,等.2011.气候变化下极端水文事件的研究进展[J].地理科学进展,30(11):1370-1379.

张明军,周立华.2004.气候变化对中国森林生态系统服务价值的影响[J].干旱区资源与环境,18(2):40-43.

张清华,郭泉水,徐德应,等.2000.气候变化对我国珍稀濒危树种-珙桐地理分布的影响研究[J].林业科学,36(2):47-52.

张庆阳,琚建华,王卫丹,等.2007.气候变暖对人类健康的影响[J].气象科技,35(2):245-248.

张锐.2009.云南冬季农业开发打特色牌冬闲田变增收田[N].云南日报,2009-1-28.

张士锋,华东,孟秀敬,等.2011.三江源气候变化及其对径流量的驱动分析[J].地理学报,66(1):13-24.

张树清,张柏,汪爱华.2001.三江平原湿地消长与区域气候变化关系研究[J].地球科学进展,16(6):836-841.

张钛仁,颜亮东,张峰,等.2007.气候变化对青海天然牧草影响研究[J].高原气象,26(4):724-731.

张天宇,程炳岩,唐红玉.2009.重庆市热度日和冷度日的变化特征[J].大气科学研究与应用,1:63-72.

张万诚,肖子牛,郑建萌,等.2007.怒江流量长期变化特征及对气候变化的响应[J].科学通报,52(增刊 2):135-141.

张无敌,丁琨.2005.云南生物质能的开发利用现状与未来前景分析[J].可再生能源,6:64-68.

张先起,刘慧卿.2008.云南省水资源基本状况及供需水预测研究[J].人民长江,39(12):30-32.

张学波,舒小林,詹建立.2006.云南省水资源现状及可持续利用问题探析[J].云南地理环境研究,18(2):53-57.

张艳玲,寿绍文,张鹏,等.2004.SARS 流行时期天气气候特征分析[J].气象,30(2):46-49.

张业成.1999.我国洪涝灾害的地质环境因素与减灾对策建议[J].地质灾害与环境保护,10(1):1-13.

张一平,高富,何大明,等.2007.澜沧江水温时空分布特征及与下湄公河水温的比较[J].科学通报,52(增 II):123-127.

张一平,彭贵芬,李佑荣,等.2001.低纬高原地区城市化对室内外气温的影响研究[J].高原气象,20(3):5-10.

张颖,毕鹏.2008.气候变化与传染病关系述评[J].中国健康教育,24(10):781-783.

张泽恩,郑宏刚,余建新.2008.云南省生物质能发展可利用土地资源评估[J].云南农业大学学报,23(1):87-90.

张照伟,宋焕斌.2002.云南水资源可持续利用与发展[J].昆明理工大学学报,**27**(6):6-9.

张志川.2012.西南地区大量建设水电站的影响[J].科技信息,**25**:128-141.

赵黛青,廖翠萍.2008.气候变化对我国能源可持续发展的影响[J].科学对社会的影响,**1**:24-27.

赵东升,吴绍洪,尹云鹤.2011.气候变化情景下中国自然植被净初级生产力分布[J].应用生态学报,**22**(4):897-904.

赵凤君,舒立福,田晓瑞,等.2009.1957—2007年云南省森林火险变化[J].生态学杂志,**28**(11):2333-2338.

赵红旭.1994.青藏高原积雪与云南夏季降水及气温的关系[J].气象,**25**(4):48-51.

赵俊芳,郭建平,张艳红,等.2010.气候变化对农业影响研究综述[J].中国农业气象,**31**(2):200-205.

赵珂,饶懿,王丽丽,等.2004.西南地区生态脆弱性评价研究——以云南、贵州为例[J].地质灾害与环境保护,**15**(2):38-42.

赵茂盛,Ronald P N,延晓冬,等.2002.气候变化对中国植被可能影响的模拟[J].地理学报,**57**(1):28-37.

赵庆由,明庆忠.2010.1971-2009年金沙江流域气候变化特征及对生态环境的影响[J].气象与环境学报,**26**(6):18-23.

赵庆由,明庆忠.2010.近20年来昆明市城市化进程对城市热岛效应的影响研究[J].云南地理环境研究,**22**(4):87-92.

赵铁良,耿海东,张旭东,等.2003.气温变化对我国森林病虫害的影响[J].中国森林病虫,**22**(3):29-32.

赵元茂,杞明辉.2005.全球变化中的我国云南气候与生态响应[J].辽宁气象,**1**:20-22.

赵志江,谭留夷,康东伟,等.2012.云南小中甸地区丽江云杉径向生长对气候变化的响应[J].应用生态学报,**23**(3):603-609.

赵宗慈,王绍武,罗勇.2007.IPCC成立以来对温度升高的评估与预估[J].气候变化研究进展,**3**(3):183-184.

赵宗慈,王绍武,徐影,等.2005.近百年我国地表气温趋势变化的可能原因[J].气候与环境研究,**10**(4):808-817.

郑本兴,赵希涛,李铁松,等.1999.梅里雪山明永冰川的特征与变化[J].冰川冻土,**21**(2):145-150.

郑国光.2009.进一步加强应对气候变化能力建设[N].学习时报,2009-8-25.

郑建萌,任菊章,张万诚.2010.云南近百年来温度雨量的变化特征分析[J].灾害学,**25**(3):24-30.

郑江,辜学广,徐承隆,等.2003.三峡建坝生态环境改变与血吸虫病传播关系研究[J].医学研究通讯,**32**(5):7-10.

郑景云,葛全胜.2003.近40年中国植物物候对气候变化的响应研究[J].中国农业气象,**24**(3):28-32.

中国发展和改革委员会.2007.中国应对气候变化国家方案[R].http://www.ndrc.gov.cn/xwtt/200706/t20070604_139527.html.

中国可持续发展林业战略研究项目组.2003.可持续发展林业战略研究总论——战略卷[M].北京:中国林业出版社.

中国疟疾的防治与研究编委会.1991.中国疟疾的防治与研究[M].北京:人民卫生出版社.

中国生物多样性国情研究报告编写组.1998.中国生物多样性国情研究报告[M].北京:中国环境科学出版社.

中华人民共和国环境保护部.2009.长江三峡工程生态与环境监测公报2009[R].北京:中华人民共和国环境保护部.http://www.zhb.gov.cn/gzfw/xzzx/wdxz/201002/p020100224577470886246.pdf.

中华人民共和国民政部救灾司.2010.今年以来的旱情和救灾工作开展情况[OL].2010-04-06.http://jzs.mca.gov.cn.

钟楚,周臣,李金惠,等.2011.气候变化对云南耿马甘蔗生长发育的影响[J].中国糖料,**3**:38-42.

周广胜,王玉辉,白莉萍,等.2004.陆地生态系统对全球变化相互作用的研究进展[J].气象学报,**62**(5):692-707.

周家斌,徐永福,王喜全,等.2010.关于气象与人体健康研究的几个问题[J].气候与环境研究,**15**(1):

106-112.

周萍,刘国彬,薛萐.2009.草地生态系统土壤呼吸及其影响因素研究进展[J].草业学报,**18**(2):184-193.

周启星,黄国宏.2001.环境生物地球化学及全球环境变化[M].北京:科学出版社.

周启星.2006.气候变化对环境与健康影响研究进展[J].气象与环境学报,**22**(1):38-44

周曙东,周文魁,朱红根,等.2010.气候变化对农业的影响及应对措施[J].南京农业大学学报(社会科学版),**10**(1):34-39.

周天军,李立娟,李红梅,等.2008.气候变化的归因和预估模拟研究[J].大气科学,**32**(4):906-922.

周晓农,杨国静,孙乐平,等.2002.全球气候变暖对血吸虫病传播的潜在影响[J].中华流行病学杂志,**23**(2):83-86.

周跃,吕喜玺,许建初,等.云南省气候变化影响评估报告[M].北京:气象出版社,1-180.

周自江.2000.我国冬季气温变化与采暖分析[J].应用气象学报,**11**(2):251-252.

朱斌.1993.全球气候变化与中国能源发展[J].自然辩证法通讯,**15**(5):36-46.

朱建华,侯振宏,张小全.2009.气候变化对中国林业的影响与应对策略[J].林业经济,**11**:78-83.

朱颖洁,郭纯青,黄夏坤.2010.气候变化和人类活动影响下西江梧州站降水径流量演变研究[J].水文,**30**(3):50-55.

朱云梅,吕喜玺,周跃.2006.纵向岭谷区地表径流量对气候变化的敏感性分析以长江上游龙川江流域为例[J].科学通报,**51**(S1):73-80.

朱正杰,苏菲,陈敬安,等.2009.西南地区全新世气候变化概述[J].地球与环境,**37**(2):163-169.

祝青林,于贵瑞,蔡福,等.2005.中国紫外辐射的空间分布特征[J].资源科学,**27**(1):108-113.

邹宁,王政祥,吕孙云.2008.澜沧江流域水资源量特性分析[J].人民长江,**39**(7):67-70.

邹尚伟,刘颖.2008.中国气候状况及应对气候变化方案和措施[J].环境科学与管理,**33**(6):189-194

Andreas M,Christos B. 2004. Heating degree-days over Greece as an index of energy consumption[J]. *International Journal of Climatology*,**24**:1817-1828.

Barnett T P,Dümenil L,Schlese U,*et al*.1989. The effect of Eurasian snow cover on regional and global climate variation[J]. *J A S*,**46**(5):661-685.

Bindoff N L, Stott P A, AchutaRao K M, *et al*. 2013. Detection and attribution of climate change:from global to regional [M/OL]//IPCC. Climate change 2013:the physical science basis. Cambridge:Cambridge University Press,in press. 2013-09-30. http://www.climatechange2013.org/images/uploads/WGIAR5_WGI-12Doc2b_FinalDraft_Chapter10.pdf

Chui Z J. 2005. Global warming:retreating glaciers[J]. *Discovery of Nature*,**3**:12-14.

Cramer W,Bondeau A,Woodward F I,*et al*. 2001. Global response of terrestrial ecosystem structure and function to CO₂ and climate change:Results from six dynamic global vegetation models[J]. *Global Change Biology*,**7**(4):357-373.

Downton M W,Stewart T R. Miller K A. 1988. Estimating historical heating and cooling needs:per capita degree days[J]. *Journal of Applied Meteorology*,**27**(1):84-90.

Durmayaz A,Mikdat K. 2003. Heating energy requirements and fuel consumptions in the biggest city centers of Turkey[J]. *Energy Conversion and Management*,**44**:1177-1192.

Filippo G,Linda O M. 2002. Calculation of average,uncertainty range and reliability of regional climate changes from AOGCM simulations via the 'Reliability Ensemble Averaging (REA)'method[J]. *Journal of Climate*,**15**(10):1141-1158.

Filippo G,Mearns L O. 2003. Probability of regional climate change based on the Reliability Ensemble Averaging (REA) method[J]. *Geophysical Research Letters*,**30**(12):1629.

Fischer H, Wahl E, Smith J, et al. 1999. Ice core records of atmospheric CO_2 around the last three glacial terminations[J]. Science, **283**:1712-1714.

Frich P, Alexander L, Della M. 2002. Observed coherent changes in climatic extremes during the second half of the twentieth century[J]. Climate Res, **19**:193-212.

Gao X J, Shi Y, Song R Y, et al. 2008. Reduction of future monsoon precipitation over China: Comparison between a high resolution RCM simulation and the driving GCM[J]. Meteor Atmos Phys, **100**:73-86.

Gao X J, Zhao Z C, Giorgi F. 2002. Changes of extreme events in regional climate simulations over East Asia [J]. Adv. Atmos. Sci, **19**(5):927-942.

Giorgi F, Coppola E, Solmon F, et al. 2012. RegCM4: Model description and preliminary tests over multiple CORDEX domains[J]. Climate Research, **52**:7-29.

Greenough G, McGeehin M, Bernard S. 2001. The potential impacts of climate variability and change on health impacts of extreme weather events in the United States[J]. Environ Health Perspective, **109** (Supp l2): 191-198.

Guo G G, Li Z S, Zhao Q B, et al. 2009. Dendroclimatological studies of Picea likiangensis and Tsuga dumosa in Lijiang, China[J]. IAWA Journal, **30**:435-441.

Hahn D, Shukla J. 1976. An apparent relationship between Eurasian snow cover and Indian monsoon rainfall [J]. J A S, **33**(12):2461-2462.

Hari R E, Living S D, Siber R, et al. 2000. Consequences of climatic change for water temperature and brown trout populations in Alpine rivers and streams[J]. Global Change Biology, **12**:10-26.

Hegerl G C, Crowley T J, Allen M, et al. 2007. Detection of human influence on a new, validated 1500 year temperature reconstruction [J]. Journal of Climate, **20**:650-666.

Immerzeel W W, Beek L P, Bierkens M F. 2010. Climate Change Will Affect the Asian Water Towers[J]. Science, **328**(5984):1382-1385.

IPCC. 1990. Climate Change and Impact 1990[M]. Cambridge: Cambridge University Press.

IPCC. 1992. Climate Change 1992: The Supplementary Report to the IPCC Scientific Assessment 1992(Eds by Houghton J T, Callander B A, Verney S K) [M]. Cambridge: Cambridge University Press. 200.

IPCC. 1994. IPCC Technical Guidelines for Assessing Climate Change Impacts and Adaptation[M]. Cambridge: Cambridge University Press.

IPCC. 1996. Climate Change 1995: Impacts, Adaptation, and Mitigation [M]. Cambridge: Cambridge University Press.

IPCC. 1996. Climate Change 1995: The Science of Climate Change(Eds by Houghton J T, Meira Filho L G, Callander B A, et al) [M]. Cambridge: Cambridge University Press. 572.

IPCC. 2001. Climate Change 2001: The Scientific Basis, Summary for Policymakers and Technical Summary of Working Group I Report(Eds. By Houghton J T, Ding Yihui, Griggs D, et al) [M]. Cambridge: Cambridge University Press. 98.

IPCC. 2007. Climate Change 2007: Impacts, Adaptation and Vulnerability. Working Group II Contribution to the Intergovernmental Panel on Climate Change Fourth Assessment Report[R]. Cambridge, United Kingdom: Cambridge University Press.

IPCC. 2007. Climate Change 2007: Synthesis Report. Cambridge University Press Furtado, Jason C, Emanuele Di Lorenzo, Niklas Schneider, Nicholas A. Bond, 2011: North Pacific Decadal Variability and Climate Change in the IPCC AR4 Models[J]. J. Climate, **24**:3049-3067.

IPCC. 2007. Climate change 2007: The Physical Science Basis. Working Group I Contribution to the Intergov-

ernmental Panel on Climate Change Fourth Assessment Report[R]. Cambridge, United Kingdom: Cambridge University Press.

IPCC. 2007. *IPCC Fourth Assessment Report* (AR4) [M]. Cambridge: Cambridge University Press.

IPCC. 2013. Summary for policymarkers [M/OL]//IPCC. Climate change 2013: the physical science basis. Cambridge: Cambridge University Press, in press. 2013-09-30 [2013-09-30]. http://www. climate2013. org/images/uploads/WGI_AR5_SPM_brochure. pdf

Kazakis G, Ghosn D, Vogiat Z, et al. 2007. Vascular plant diversity and climate change in the alpine zone of the Lefka Ori. Crete[J]. *Biodiversity and Conservation*, **16**: 1603-1615.

Kiehl J, Hack J, Bonan G, et al. 1996. Description of the NCAR Community Climate Model (CCM3)[R]. NCAR Tech. Note, NCAR.

Klein J A, Harte J, Zhao X Q. 2004. Experimental warming causes large and rapid species loss, dampened by simulated gazing, on the Tibetan Plateau[J]. *Ecology Leters*, **7**(12): 1170-1179.

Lee M, Manning P, Rist J, et al. 2010. A global comparison of grassland biomass responses to CO_2 and nitrogen enrichment[J]. *Philosophical Transactions of the Royal Society* (B), **365**(1549): 2047-2056.

Lippmann M. 1989. Health effects of ozone: a critical review[J]. *Journal of the Air Pollution Control Association: the Journal of the Air & Waste Management Association*, **39**: 672-695.

Luo Y F, Lu D R, Zhou X J, et al. 2001. Characteristics of the spatial distribution and yearly variation of aerosol optics depth over China in last 40 years[J]. *Journal of geophysical research*, **106**(D13): 14501-14513.

Luo Y, Zhao Z C, Xu Y, et al. 2005. Projections of climate change over China for the 21st century[J]. *Acta Meteorologica Sinica*, **19**(4): 401-406.

Manning M. 2006. The treatment of uncertainties in the fourth IPCC assessment report[J]. *Advances in Climate Change Research*, **2**(Suppl. 1): 13-21.

Martin S K, Laird L M. 1998. Depauperate freshwater fish communites in sabah: the role of barriers to movement and habitat quality[J]. *J Fish Biol*, **53**(supplement A): 331-344.

Monnin E, Indermul E A, Dol E A, et al. 2001. Atmospheric CO_2 concentrations over the last glacial termination[J]. *Nature*, **391**: 112-114.

Moseley R K. 2006. Historical landscape change in northwestern Yunnan, China[J]. *Mountain Research and Development*, **26**: 214-219.

Ni J. 2000. A Simulation of biomes on the Tibetan Plateau and their response to global climate change[J]. *Mountain Research and Development*, **20**(1): 80-89.

Patz J A, Lendrum D C, Holloway T, et al. 2005. Impact of regional climate change on human health[J]. *Nature*, **438**: 310-317

Qian W H, Lin X. 2004. Regional trends in recent temperature indices in China[J]. *Climate Research*, **27**(5): 119-134.

Qiu J H, Lin Y R. 2001. A parameterization model of aerosol optical depths in China[J]. *Acta Meteor Sinica*, **59**(3): 368-372.

Sala O E, Chapin F S, Arnesto J J, et al. 2000. Biodiversity-Global Biodiversity Scenarios for the Year 2100[J]. *Science*, **287**: 1770-l774.

Shackley S, Young P, Parkinson S, et al. 1998. Uncertainty, complexity and concepts of good science in climate change modeling: Are GCMs the best tools [J]. *Climatic Change*, **38**: 1592-205.

Song Q H, Lin H, Zhang Y P, et al. 2013. The effect of drought stress on self-organisation in a seasonal tropical rainforest[J]. *Ecological Modelling*, **265**(2013): 136-139.

Stone D A,Allen M R,Stott P A. 2007. A multi-model update on the detection and attribution of global surface warming[J]. *Journal of Climate*,**20**:517-530.

Su T,Liu Y S,Frédéric M. B,*et al*. 2013. The intensification of the East Asian winter monsoon contributed to the disappearance of Cedrus (Pinaceae) in southwestern China[J]. *Quaternary Research*,**80**(2):316-325.

Thorn H,Brooks T,Fonseca G,*et al*. 2009. Warfare in biodiversity hotspots[J]. *Con-servation Biology*,**23**: 578-587.

Thuiller W. 2007. Biodiversity:climate change and the ecologist[J]. *Nature*,**448**:550-552.

Webster M D,Babiker M,Mayer M,*et al*. 2002. Uncertainty in emissions projections for climate models[J]. *Atmospheric Environment*,**36**(22):3659-3670.

Wood A, Stedman E, Mang J. 2000. *The Root Cause of Biodiversity Loss* [M]. Earthscan Publications Ltd. ,UK.

Wu T W,Yu R C,Zhang F,*et al*. 2010. The Beijing Climate Center atmospheric general circulation model:description and its performance for the present-day climate[J]. *Climate Dynamics*,**34**(1):123-147.

Xin X G,Wu T W,Zhang J. 2013. Introduction of CMIP5 experiments carried out with the climate system models of Beijing Climate Center[J]. *Advances in Climate Change Research*,**4**(1):41-49.

Xin X G,Zhang L,Wu T W,*et al*. 2013. Climate Change Projections Over East Asia With BCC_CSM1. 1 Climate Model Under RCP Scenarios[J]. *J Meteor. Soc.* ,**91**(4):413-429.

Xu C H,Xu Y. 2012. The projection of temperature and precipitation over China under RCP scenarios using a CMIP5 multi-model ensemble[J]. *Atmos Oceanic SciLett*,**5**(6):527-533.

Xu Y,Gao X J,Filippo G. 2010. Upgrades to the REA method for producing probabilistic climate change projections[J]. *Climate Research*,**41**:61-81.

Xu Y,Gao X J,Shen Y,*et al*. 2009. A daily temperature dataset over China and its application in validating a RCM simulation[J]. *Advances in Atmospheric sciences*,**26**(4):763-772.

Xu Y,Xu C H. 2012. Preliminary Assessment of Simulations of Climate Changes over China by CMIP5 Multi-Models[J]. *Atmospheric and Oceanic Science Letters*,**5**(6):489-494.

Yao Y,Luo Y,Huang J,*et al*. 2013. Comparison of monthly temperature extremes simulated by CMIP3 and CMIP5 models[J]. *J. Climate*,**26**:7692-7707.

Zhai P M,Zhang X B,Wan H,*et al*. 2005. Trends in Total Precipitation and Frequency of Daily Precipitation Extremes over China[J]. *J Climate*,**18**(1):1096-1108.

Zhang M G,Zhou Z K ,Chen W Y,*et al*. 2013. Major declines of woody plant species ranges under climate change in Yunnan,China[J]. *Diversity and Distributions*,**1**:1-11.

Zhao J B,Zhang Y P,Song F Q,*et al*. 2013. Phenological response of tropical to regional climate change in Xishuangbanna,south-western China[J]. *Journal of Tropical Ecology*,**29**(2013):161-172.

Zhou T J,Yu R C. 2006. 20th century surface air temperature over China and the globe simulated by coupled climate models[J]. *J. Climate*,**19** (22):5843-5858.

Zhou X J,Chen L X,Li W L. 1998. Research team of China climate change country study program. In:the Department of Energy of the United State and Science Technology commission of China edited. *Climate change impacts on China and adaptive strategics*,Chapter 4 of China Climate Change Country Study[M]. Beijing:Tsinghua University Press,107-124.

附录：基本概念

（1）天气：较短时间内（可以是几分钟或几天）大气中气象要素和天气现象的综合，如雷电、雨雪、冰雹、台风、大风等。

（2）天气预报：对未来一定时期内天气变化的事先估计和预告。天气预报按预报范围可分为区域天气预报和局地天气预报；按预报时效可分为短时、短期、中期和延伸期天气预报。

（3）气候：狭义上，气候通常被定义为天气的平均状况，或更严格地表述为：在某一个时期内对相关量的均值和变率做出的统计描述，而一个时期的长度从几个月至几千年甚至几百万年不等。通常求各变量平均值的时期是世界气象组织（WMO）定义的 30 年。这些相关量一般指地表变量，如气温、降水和风等。更广义上，气候就是气候系统的状态，包括统计上的描述。

（4）气候系统：由大气圈、水圈、冰冻圈、岩石圈（陆地表面）和生物圈五个圈层及其之间相互作用组成的高度复杂的系统。气候系统随时间演变的过程受到自身内部动力的影响，也受到外部强迫如火山爆发、太阳活动的影响，还受到人为强迫如不断变化的大气成分和土地利用变化的影响。

（5）气候平均值：气象要素 30 年或以上的平均值。本报告根据世界气象组织（WMO）有关规定取最近三个整年代（1981—2010 年）的平均值作为该要素的平均值。

（6）气候变化：政府间气候变化专门委员会（IPCC）把"气候变化"定义为：气候状态的变化，这种变化可以通过其特征的平均值和/或变率的变化予以判别（如通过统计检验），这种变化将持续一段时间，通常为几十年或更长的时间。气候变化的原因可能是由于自然的内部过程或外部强迫，或是由于大气成分和土地利用中持续的人为变化。《联合国气候变化框架公约》（UNFCCC）则把"气候变化"定义为：在可比时期内所观测到的在自然气候变率之外的直接或间接归因于人类活动改变全球大气成分所导致的气候变化。因此，前者的定义包括了"人为气候变化"和"自然气候变率"，而后者的定义中只涉及"人为气候变化"。

（7）气候预测：气候预测或气候预报是试图对未来的实际气候演变做出估算，例如：季、年际的或更长时间尺度的气候演变。由于气候系统的未来演变或许对初始条件高度敏感，因此，实质上这类预测通常是概率性的。

（8）气候预估：对气候系统响应温室气体和气溶胶的排放情景或浓度情景或响应辐射强迫情景所作出的预估，通常基于气候模式的模拟结果。气候预估与气候预测不同，气候预估主要依赖于所采用排放/浓度/辐射强迫情景，而气候预测则基于相关的各种假设，例如：未来也许会或也许不会实现的社会经济和技术发展，因此，具有相当大的不确定性。

（9）气候模式：根据基本的物理定律来确定气候系统中各个分量的演变特征的数学方程组，并将上述方程组在计算机上实现程序化后，就构成了气候模式。气候模式可以用来描述气候系统、系统内部各个组成部分及各个部分之间、各个部分内部子系统间复杂的相互作用,已经成为认识气候系统行为和预估未来气候变化的定量化研究工具。

(10)排放情景:为了预估未来全球和区域气候变化,必须事先提供未来温室气体和硫酸盐气溶胶排放的情况,即所谓的排放情景。排放情景通常是根据一系列因子(包括人口增长、经济发展、技术进步、环境变化、全球化、公平原则等)假设得到的。IPCC AR5 使用了最新的温室气体排放情景(典型浓度排放情景:Representative Concentration Pathways,RCPs)。这里,Representative 表示只是许多种可能性中的一种可能性,用 Concentration 而不用辐射强迫是要强调以浓度为目标,Pathways 则不仅仅指某一个量,而且包括达到这个量的过程,4 种情景分别称为 RCP8.5 情景(高)、RCP6.0 情景、RCP4.5 情景及 RCP2.6(低) 情景。

(11)降雨日数:本报告指出现降雨(雪)且日降水量≥0.1 mm 的日数。

(12)汛期:一年内降水集中的时段。由于降水集中经常带来洪汛故名汛期,本报告云南汛期指 5—10 月。

(13)气象干旱:某时段由于蒸发量和降水量的收支不平衡,水分支出大于水分收入而造成的水分短缺现象。

(14)气象灾害:因气象因素引发的直接或间接灾害,是自然灾害中的原生灾害之一,主要包括天气、气候灾害和气象次生、衍生灾害。

(15)人工影响天气:利用云和降水物理学原理,向云中撒播催化剂,使局地天气朝着预定方向转化,如人工增雨、人工防雹、人工消雾等。

(16)不确定性:关于某一变量(如未来气候系统的状态)未知程度的表述。不确定性可源于缺乏有关已知或可知事物的信息或对其认识缺乏一致性。

(17)均一性:指测站测得的气候资料序列仅仅反映气候系统的实际变化,而不受非气候因素(包括台站迁移、仪器变更和台站环境改变等)的影响。

(18)净初级生产力(NPP):指绿色植被在单位面积、单位时间内所累计的有机物数量,是由光合作用所产生的有机质总量中扣除自养呼吸后的剩余部分,是衡量植物群落在自然环境条件下生产能力的重要指标。

(19)径流量:雨水及(或)冰雪融水沿地表或地下汇集到流域出口断面的全部水流。

(20)气溶胶:空气中固态或液态颗粒物的聚集体,通常粒径大小在 0.01~10 μm,能在大气中驻留至少几个小时。

(21)生物质能:以化学能形式贮存在生物质中的太阳能,即以生物质为载体的能量,它直接或间接地来源于绿色植物的光合作用。

(22)物候期:动植物物候现象出现的日期,以年、月、日来表示。

(23)温室气体:指那些允许太阳光无遮挡地到达地球表面、而阻止来自地表和大气发射的长波辐射逃逸到外空并使能量保留在低层大气的化合物。包括水汽、二氧化碳、甲烷、氧化亚氮、六氟化硫和卤代温室气体等。工业革命以来,人类活动排放导致大气中温室气体浓度迅速上升,破坏了自然平衡,增强了温室效应,造成全球气候增暖。

(24)种植制度:一个生产单位内作物种植的种类与比例(作物布局)、一年种植的次数(复种)及种植方式与方法(轮作或连作、单作或间套作、直播或移栽等)。

(25)自然生态系统:地球表面未经人类干预的生物群落与无生命环境在特定空间的组合。

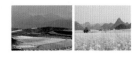

(26)生物多样性:所有来源的活的生物体中的变异性,这些来源包括陆地、海洋和其他水生生态系统及其所构成的生态综合体的多样化程度,包括物种内、物种之间和生态系统的多样性。

(27)适应气候变化:适应是指自然或人类系统对新的或变化的环境的调整。对气候变化的适应,就是自然或人类系统为应对现实的或预期的气候刺激或其影响而做出的调整,这种调整能够减轻损害或开发有利的机会。各种不同的适应形式包括预防性适应和应对性适应、个体性适应和集体性适应以及自发性适应和计划性适应。